物理学講義

統計力学入門

中央大学名誉教授
理学博士

松下　貢　著

裳　華　房

LECTURES ON PHYSICS

INTRODUCTION TO STATISTICAL MECHANICS

by

Mitsugu MATSUSHITA, DR. SC.

SHOKABO

TOKYO

JCOPY 〈出版者著作権管理機構 委託出版物〉

は　じ　め　に
― なぜ統計力学を学ぶのか ―

　私たちが日常的に目にする食卓，その上に置かれた茶碗，皿，コップやその中の水など，どれをとっても，個々には直接目に見えないミクロな原子・分子からできている．ただ，それぞれのものに含まれる原子・分子の数は巨大であって，アボガドロ定数に近いような数の原子・分子が集まってできているために，それぞれがマクロなものとして，私たちの目に見えたり，手で触れることができるのである．

　大学に入学して物理学でまず最初に学ぶ力学では，1つの物体を質量をもった点である質点とみなして，せいぜい1つか2つの質点の運動を扱う．しかし，上に述べたように，現実の身の回りの物体はアボガドロ定数に近い巨大な数の原子・分子の集まりでできており，その性質を個々の原子・分子に対する力学的な取扱いから求めることは，どんなに強力なコンピュータがあったとしても，到底不可能である．

　さらに物理学の学習が進んで量子力学を学び終わり，水分子のミクロな性質である分子構造やエネルギー状態が計算できるようになったとしよう．だからといって，それらを根拠にして，食卓の上にあるコップの中の水が液体であることを説明することはできないし，その水を冷凍庫で冷やすと0℃で固体の氷になったり，やかんで沸かすと100℃で気体の水蒸気に変わることを，簡単に説明することもとても無理である．

　このような，日常的に目にする巨視的なものの性質を考えるのが，物理学のもう1つの分野である熱力学である．ところが，熱力学では温度，体積，圧力，エネルギーなど，巨視的な状態を特徴づける量の間の関係を議論するだけである．例えば，系の温度を上げたり圧力を増すとエネルギーがどれくらい増加するかは熱力学で求められるが，水分子が室温でアボガドロ定数ほどの数も集まると，なぜ液体の水になるのかは説明できない．個別の巨視的なものの性質，例えば，通常の室温では水が液体であって，密度が約1g/cm³であり，比熱が約1cal/g·Kであることを，熱力学では経験的，実験的に取り

入れるのであって，それがなぜかを説明することはできないのである．

　科学の視点からすれば，このような巨視的なものの特性といえども，そのものを構成する原子・分子などの要素の振る舞いを支配する力学あるいは量子力学から出発して，それらを何とか説明したいと考える．すなわち，微視的な構成要素の力学あるいは量子力学と，巨視的な熱力学との橋渡しを試みるのは，科学の自然な流れというものである．

　考えてみると，日常的に目にするような巨視的なものの性質を調べたいとき，私たちはそれを構成する個々の原子・分子の詳しい振る舞いにはあまり興味がない．むしろ知りたいのは，熱力学で問題にする系のエネルギーや圧力などの，熱力学的な状態量の値である．そして，これらの巨視的な量は個々の原子・分子のエネルギーや作用の総和であり，それを原子・分子の総数で割れば，原子・分子１個当たりの平均値が得られる．このような平均値では，個々の細かい情報が消え去る代わりに，系全体としての情報が含まれており，それこそが，私たちの知りたい情報なのである．

　ところで，同じ種類のものがたくさん集まると，そのものの特性の統計に規則性が現れることはよく知られている．例えば，同じ年齢の男子大学生の身長を日本中で調べると，平均値が約 170 cm で，±6 cm ほどの幅をもつ正規（ガウス）分布を示すことがわかる．すなわち，男子大学生１人１人をみていてもわからないが，たくさん集めてグラフにすると，釣鐘状の見事な分布関数（正規分布）が得られ，平均身長がどれだけで，どれくらいばらつくかの幅がみえてきて，日本中探しても 250 cm の身長の学生はみつからないことがわかる．

　このようなことは，原子・分子の集まりについて考えるときにも期待できる．すなわち，系を構成する巨大な数の原子・分子などの要素の１つ１つの細かい微視的なことから出発して，巨視的な物理量の平均値を統計的に求めることを目標とすることは可能であろう．

　注目する系を構成する原子・分子などの要素の振る舞いを支配するのは，力学や量子力学である．そこでまず，力学あるいは量子力学を系に適用することによって，系の微視的な特性についての情報を集める．しかし，力学あるいは量子力学を使うのはここまでで，この後は，得られた微視的情報に確

はじめに

率・統計の手法を適用する．このようにして巨視的な世界にあるものの性質を統計的に理解することを目指し，ミクロとマクロの橋渡しを行おうというのが，本書でこれから学ぶ"統計力学"なのである．

このように，微視的な世界と巨視的な世界をつなぐという統計力学の重要性は容易にわかるのであるが，だからといって，その内容が理解しやすいかどうかは，全く別の問題である．実際，巷では統計力学は非常に難しい分野であるといわれている．しかし他方で，統計力学の以上のような性格のために，現在では，もともとの生誕地である物理学の中の物性物理，場の理論などの諸分野だけでなく，化学，特に物理化学，生物物理，さらに，現在では，認知科学，経済物理，社会物理などでも統計力学的な考え方が必要とされ，応用されている．

上でも述べたように，統計力学を理解するためには，力学や量子力学が必須であり，さらに，確率・統計の高度な数学も必要のように思われるかもしれない．確かに，大学院レベルの統計力学ではそれらの知識が前提となるであろう．しかし，統計力学をはじめて学ぶ場合には，力学や量子力学の基本的な考え方を理解していればいいし，確率・統計はそれらの常識的な考え方，簡単な計算の仕方がわかっていればよく，そのようなことは，すべて本書で示した．

本書は，つい計算の仕方が主体になって，なぜそのような計算をしなければならないのかの解説がおろそかになりがちな統計力学を「わかりやすく解説する」という困難なことを目標にしている．そこで，誰でも子供の頃から親しんできたサイコロ投げの話題からはじめ，データの数が増えると，どのような統計的規則性がみえてくるかを詳しく解説した．そして，サイコロ投げの背後にある最も基本的な規則性を浮き彫りにすることから，統計力学の最も重要な前提となる原理を紹介し，それから統計力学の骨組みを解説した．それが統計力学の他の分野との違いをはっきりと浮き上がらせることになり，遠回りのようでも，初学者には，統計力学がどのような分野であるかを理解する早道ではないかと思うからである．

統計力学を学び始めるとすぐにわかるように，数学的な計算，特に微分・積分の計算をしなければならないことが多い．しかし本書でも，拙著『物理学講義』シリーズの他書と同様，数学は本来の目標である物理学の理解のための道具であると考え，必要に応じて解説をしたが，数学に深入りすることは避けた．そして，統計力学の学習には欠かせない公式の導出や，本文の延長線上にあるけれどもより詳しい計算が必要な話題は，巻末の付録に置くことにした．したがって，統計力学をはじめて学ぶ読者は，本文だけを読んでその内容を理解するように努力すればよく，付録は無視してもかまわない．また，その他の数学的な議論に興味があったり，公式の導き方に興味のある読者は，『物理学講義』シリーズの姉妹編である『力学・電磁気学・熱力学のための 基礎数学』を参照してほしい．

　本書はあくまで，統計力学とはどのように考える分野であるかを，統計力学の初学者になるべくわかりやすく解説することを目標にしている．したがって，物理学科に限らず，理工系の学科に属していて，統計力学の基礎的な理解が必要とされるのであれば，どのような読者であっても問題なく理解できるように書いたつもりである．そのために，かえって物理系の学科の学生にとっては物足りないかもしれないが，そのような読者は，現在では数多くある，より進んだ教科書を参照してほしい．

　初稿の段階で丁寧に原稿を読んでいろいろなコメントをいただいたり，図をつくっていただいた山崎義弘，國仲寛人，小林奈央樹の各氏に深く感謝する．特に山崎氏には，サイコロのシミュレーションもしていただいた．もちろん，まだ残っているかもしれない誤りなどはすべて筆者の責任であり，読者諸氏のご指摘により随時修正していきたいと思う．遅筆な筆者を暖かく督促し，激励していただいた裳華房編集部の小野達也氏に心からのお礼を申し上げる．特に，これからの教科書の在り方についての小野氏の熱意には，常日頃から感服している．その上に，彼のいくつもの具体的な提案で大変お世話になっていることを，ここに記して謝意を表する．

　私事にわたって恐縮であるが，これまでの拙著のほとんどについて校正作業を手伝ってくれた妻 淑子が10数年前からパーキンソン症候群を患いはじ

め，その進行による身体機能の衰えが次第に目立つようになり，結局，誤嚥
性肺炎がきっかけで昨年12月にその一生を閉じた．長年の闘病にもかかわ
らず最後まで笑みを絶やすことのなかった彼女に，筆者がどれほど励まされ，
救われたかわからない．『物理学講義』シリーズの最後となる本書を彼女に
捧げたいと思う．

2019年6月

松 下 貢

本書の流れを図に示しておく．内容が抽象的で計算ばかりが多くて難しいといわれている統計力学を，初学者にも何とかわかりやすく解説してみようと試みたのが本書である．そのために，誰もが楽しんだことのあるサイコロ投げについての確率・統計を第1章に取り入れてみた．統計力学に現れる基本的な概念が，このサイコロ投げで説明できるからである．

　第2章では多粒子系の状態と状態数の数え方を学び，第3章ではそれを基に統計力学の最も基本的なことを解説したのであるが，もしここで考え方に躓（つまず）くようなことがあれば，ぜひまた第1章のサイコロ投げに戻って学び直してもらいたいと思う．

　第4章は，本書の中で最も抽象的な章であるが，統計力学の核心を解説した章でもある．数式の森に迷い込んだと感じたときには，ぜひともその章のはじめの4.1節に戻って読み直してもらいたい．量子力学に慣れていなかったり，あるいは当面必要としない読者は，第6章をスキップして第7章に進み，いずれ必要に迫られたときに第6章を読んでもらえればよい．

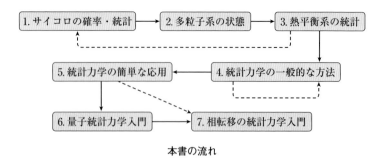

本書の流れ

目　　次

1. サイコロの確率・統計

1.1　偶然現象の実験 …………………………………………… *2*
1.2　統計分布の平均値と標準偏差 …………………………… *3*
1.3　2項分布 …………………………………………………… *4*
1.4　2項分布の特性 …………………………………………… *7*
1.5　中心極限定理 …………………………………………… *10*
1.6　系・状態数・アンサンブル …………………………… *13*
1.7　多数のサイコロからなる系の確率・統計 …………… *17*
1.8　サイコロの確率・統計から統計力学へ ……………… *23*
1.9　まとめとポイントチェック …………………………… *26*

2. 多粒子系の状態

2.1　自由粒子の量子状態 …………………………………… *29*
2.2　量子力学的な1個の自由粒子の状態数 ……………… *32*
2.3　古典力学的な1個の自由粒子の状態数 ……………… *34*
2.4　古典力学的なN個の自由粒子からなる系の状態数 …… *36*
2.5　熱平衡状態・孤立系・等確率の原理 ………………… *38*
2.6　まとめとポイントチェック …………………………… *39*

3. 熱平衡系の統計

3.1　孤立系の熱平衡状態 …………………………………… *42*
3.2　結合系の熱平衡状態 …………………………………… *45*
3.3　結合系の熱平衡条件 …………………………………… *48*
3.4　ボルツマン関係式 ……………………………………… *51*

3.5 熱浴とボルツマン因子……………………………………………………*53*
3.6 ギブス・パラドックス……………………………………………………*55*
3.7 まとめとポイントチェック………………………………………………*58*

4. 統計力学の一般的な方法

4.1 等確率の原理とアンサンブル…………………………………………*62*
4.2 ミクロカノニカル・アンサンブルの方法……………………………*67*
    4.2.1 原子・分子からなる系の微視的状態数………………………*68*
    4.2.2 粒子の熱平衡分布………………………………………………*72*
    4.2.3 ラグランジュの未定乗数 β の意味…………………………*74*
    4.2.4 簡単な応用 ― 古典理想気体 ―………………………………*76*
4.3 カノニカル・アンサンブルの方法……………………………………*78*
    4.3.1 カノニカル分布…………………………………………………*79*
    4.3.2 分配関数と自由エネルギー……………………………………*83*
    4.3.3 簡単な応用例 (1) ―熱容量とエネルギーの揺らぎ―………*85*
    4.3.4 簡単な応用例 (2) ―1次元調和振動子からなる系―………*86*
4.4 グランドカノニカル・アンサンブルの方法…………………………*88*
    4.4.1 グランドカノニカル分布………………………………………*89*
    4.4.2 化学ポテンシャル………………………………………………*91*
    4.4.3 グランドポテンシャル…………………………………………*93*
4.5 もう1つのグランドカノニカル分布…………………………………*95*
4.6 まとめとポイントチェック……………………………………………*97*

5. 統計力学の簡単な応用

5.1 理想混合気体…………………………………………………………*100*
5.2 2準位系…………………………………………………………………*103*
5.3 固体表面での分子の吸着………………………………………………*108*
5.4 化学反応における質量作用の法則……………………………………*111*
5.5 固体の格子振動による比熱……………………………………………*114*
    5.5.1 古典力学的調和振動子の平均エネルギー……………………*114*

目　次　　　xi

　　5.5.2　アインシュタイン・モデル ……………………………… 117
　　5.5.3　デバイ・モデル ……………………………………………… 118
　5.6　まとめとポイントチェック ………………………………………… 123

6.　量子統計力学入門

　6.1　ボース粒子の統計性 ……………………………………………… 126
　　6.1.1　ボース統計の微視的状態数 ……………………………… 126
　　6.1.2　ボース統計の熱平衡分布 ………………………………… 127
　　6.1.3　光子気体の熱平衡分布 …………………………………… 130
　6.2　フェルミ粒子の統計性 …………………………………………… 132
　　6.2.1　フェルミ統計の微視的状態数 …………………………… 132
　　6.2.2　フェルミ統計の熱平衡分布 ……………………………… 134
　6.3　理想フェルミ気体 ………………………………………………… 136
　　6.3.1　フェルミ分布関数 ………………………………………… 136
　　6.3.2　理想フェルミ気体の低温での熱力学的諸量 (μ, E, S, F)
　　　　　　 …………………………………………………………… 140
　　6.3.3　低温での金属中の電子による比熱 ……………………… 145
　6.4　理想ボース気体とボース – アインシュタイン凝縮 ……… 148
　6.5　量子統計からマクスウェル – ボルツマン統計へ ………… 154
　6.6　まとめとポイントチェック ………………………………………… 157

7.　相転移の統計力学入門

　7.1　相転移と臨界現象 ………………………………………………… 160
　7.2　イジングモデル …………………………………………………… 162
　7.3　平均場近似 ………………………………………………………… 165
　7.4　ランダウの相転移現象論 ………………………………………… 169
　7.5　臨界現象と臨界指数 ……………………………………………… 173
　7.6　まとめとポイントチェック ………………………………………… 176

付録

　付録 A　2項分布から正規分布へ ……………………………… *178*

　付録 B　スターリングの公式 …………………………………… *180*

　付録 C　n 次元単位球の体積 …………………………………… *181*

　付録 D　ラグランジュの未定乗数法 …………………………… *182*

　付録 E　フェルミ分布関数に関する低温での積分 …………… *185*

　付録 F　理想ボース気体の熱力学的諸量 ……………………… *188*

　付録 G　1次元イジングモデルの分配関数 …………………… *194*

あとがき ………………………………………………………………… *196*

問題解答 ………………………………………………………………… *199*

索　引 …………………………………………………………………… *213*

1 サイコロの確率・統計 → **2** 多粒子系の状態 → **3** 熱平衡系の統計 → **4** 統計力学の一般的な方法 → **5** 統計力学の簡単な応用 → **6** 量子統計学入門 → **7** 相転移の統計力学入門

1 サイコロの確率・統計

学習目標

・確率分布とは何かを理解する.
・分布の平均値と標準偏差について説明できるようになる.
・2項分布とその特徴を理解する.
・系の微視的状態とその状態数を理解する.
・多数のサイコロからなる系の統計的性質を理解する.

　本章では,統計力学の前提にある,最も基本的な概念としての確率・統計の考え方について解説する.まず,1個のコインやサイコロを投げるという偶然現象の結果は,確率分布の代表例である2項分布でその統計的な性質がすべて説明できることを示すとともに,その特徴を詳しく解説する.

　しかし,2項分布で偶然現象の統計的分析が可能なのは例外であり,一般に1個ではなく多くのものの集まりである系が示す偶然現象の場合には,その確率分布はわからないのが普通である.統計力学は,まさしくそのような場合について考える分野なので,具体例としてサイコロを取り上げ,多数のサイコロからなる系の統計的性質を調べる.系のサイコロの数を増やしていくと,個々のサイコロの出た目をいちいち指定する微視的状態は果てしなく複雑になるが,サイコロ1個当たりの出た目の平均値の分布に注目すると,サイコロの数が増えるにつれて,ある特定の値に鋭いピークをもつような分布を示すようになることがわかる.すなわち,この分布のピークを与える状態が系の最も確からしい状態であるという意味で,系の巨視的状態が確定するのである.

　一般に,系を構成する粒子の数が増えると,個々の粒子の状態をすべて指定するなどという細かいことはどんどん複雑になるだけでなく,それらについての興味も薄れていく.このような場合に,系の微視的なことにこだわらず,全体をならしてみるという統計的な分析を行うと,結果として系の巨視的な性質が得られる.大まかにいって,統計力学とはこのようなことを行う分野であり,本章ではわかりやすい例として,多数のサイコロからなる系の統計的分析をしてみよう.

1.1 偶然現象の実験

　簡単な例として，コイン投げを考えてみよう．手元にある 100 円玉を床に投げたときに表（花模様の面）が出るか，裏（100 と書いてある面）が出るかを実際にやってみて，表が出たら 1，裏が出たら 0 と記録する．この単純な実験を実際に 10 回繰り返した結果を順に記すと，

　　1, 0, 0, 0, 0, 0, 0, 0, 1, 1

が得られた．これだけをみると，この 100 円玉は裏が出やすいのかなと疑いたくなるが，ともかく表が出たのは 3 回であり，その割合を求めると 3/10＝0.3 であることがわかる．

　この実験をさらに繰り返し，はじめから 20 回目までの結果を記すと，

　　1, 0, 0, 0, 0, 0, 0, 0, 1, 1, 1, 0, 0, 1, 0, 0, 1, 0, 0, 1, 1

となり，表が出た回数は 7，その割合は 7/20 ＝ 0.35 である．この実験をさらに続けて，50 回目までの結果を記すと，

　　1, 0, 0, 0, 0, 0, 0, 0, 1, 1, 1, 0, 0, 1, 0, 0, 1, 0, 0, 1, 1, 0, 1, 1, 0, 1,
　　0, 1, 1, 0, 0, 1, 0, 1, 1, 1, 1, 1, 1, 1, 1, 1, 1, 0, 0, 1, 0, 0, 1, 0, 1

となって，表が出た回数は 26 回，その割合は 26/50 ＝ 0.52 であった．

　この実験をもう 50 回続けて，合計 100 回の結果を記すと，

　　1, 0, 0, 0, 0, 0, 0, 0, 1, 1, 1, 0, 0, 1, 0, 0, 1, 0, 0, 1, 1, 0, 1, 1, 0, 1,
　　0, 1, 1, 0, 0, 1, 0, 1, 1, 1, 1, 1, 1, 1, 1, 1, 1, 0, 0, 1, 0, 0, 1, 0, 1,
　　1, 0, 0, 1, 1, 1, 0, 1, 0, 1, 1, 0, 1, 0, 1, 0, 1, 1, 0, 1, 0, 0, 0, 1, 0,
　　0, 0, 1, 1, 0, 1, 1, 0, 0, 0, 1, 0, 1, 1, 0, 1, 1, 1, 0, 1, 0, 1, 0, 0

であった．これによると，表が 51 回，裏が 49 回出たことになり，表の出た割合は 51/100 ＝ 0.51 であったことがわかる．さらに回数を増やして 200 回のコイン投げを行ったところ，表の出た数は 96 であり，表の出た割合は 96/200 ＝ 0.48 であった．

　この一見単純な実験の結果は，偶然現象（偶然に支配された現象）の確率・統計を考える際にとても教訓的である．まず第 1 に，最初の 10 回のコイン投げの結果だけでは，このコインは裏が出やすいと判定されかねない．逆に，33 回目から 42 回目の 10 回の結果だけをみると，このコインは表しか出ない

偏った特性をもつものであると判定されるであろう．すなわち，コイン投げ
のような偶然現象の性質を調べるには，なるべく投げる回数を多くして実験
をしなければならない．そうしないと，「偶然ではなくて必然的にこうなる
はずだ」という，誤った結論に導かれかねないのである．

　実際，上のコイン投げの回数を 10 回，20 回，50 回，100 回，200 回と増や
すに従って，表が出る割合は 0.3, 0.35, 0.52, 0.51, 0.48 となっており，投
げる回数を増やすにつれて，その割合は 0.5 = 1/2 に近づいていくことがわ
かる．通常のコインは，床に投げたときに表か裏のどちらかが特に出やすい
ようにはつくられていないので，これはもっともな結論であるといえよう．

　このように，ある偶然現象（上の例ではコイン投げ）に関する試行（コイン
を投げること）において，可能な事象（コインが表か裏かという結果）のうち
のある 1 つの事象（コインが表であるという結果）が得られる割合が，試行
回数を増やすにつれて，ある一定の値に近づくというのが，数学の 1 分野で
ある確率論の**大数の法則**であり，この極限的な一定の値のことを，その事象
が起こる**確率**といい，一般に p で表す．

　上のコイン投げの例でいうと，表が裏に比べてより多く出る理由が全く考
えられないので，表が出る割合も裏が出る割合も半々であり，その確率はと
もに 1/2 であるということができる．なお，ある事象が確実に起こることが
わかっている場合の確率は 1 であり，絶対に起こらないことがわかっていれ
ば確率は 0 なので，確率は必ず $0 \leq p \leq 1$ の範囲にあることがわかる．

1.2　統計分布の平均値と標準偏差

　いま，N 個の値 $x = (x_1, x_2, \cdots, x_N)$ が得られ，それぞれの値が起こる
（得られる）確率を $P(x_i)$ $(i = 1, 2, \cdots, N)$ と表すとき，これらの値の**平均値**
（期待値ともいう）μ は

$$\mu \equiv \langle x \rangle = x_1 P(x_1) + x_2 P(x_2) + \cdots + x_N P(x_N) = \sum_{i=1}^{N} x_i P(x_i)$$

(1.1)

で与えられる．かぎ括弧 $\langle \ \ \rangle$ は，括弧の中の量の平均値を表す記号である．

また，≡ は，その右辺に示された式が左辺の量の定義であることを意味する記号である．

一般に，ある値 x が分布する（いろいろな値をとる）とき，その値を特徴づける量としては平均値 μ だけでなく，その値が平均値からどれくらいばらついているかを表す量である**分散** σ^2 というものも求めることができ，

$$\sigma^2 \equiv \langle (x - \mu)^2 \rangle = \sum_{i=1}^{N} (x_i - \mu)^2 P(x_i) \tag{1.2}$$

と表される．しかし，これは値 x の2乗に関係する量なので，値の分布を表すグラフなどと直接比較するには，その平方根をとった σ の方が便利であり，この σ のことを**標準偏差**という．

例題 1

いかさまでない公平なサイコロが1個あるとして，それを何度も振ったときに出る目の平均値はいくらか．

解 公平なサイコロなので，1から6まで6つある目を i とすると，そのどれについても，出る確率は $P(i) = 1/6$ である．したがって，出る目の平均値 μ は

$$\mu = \sum_{i=1}^{6} i P(i) = 1 \times \frac{1}{6} + 2 \times \frac{1}{6} + 3 \times \frac{1}{6} + 4 \times \frac{1}{6} + 5 \times \frac{1}{6} + 6 \times \frac{1}{6} = \frac{21}{6} = 3.5$$

となる．

問題 1 公平なサイコロを振ったときに出る目の標準偏差 σ を求めよ．

1.3　2項分布

1個のコインを投げる試行を100回繰り返した結果が1.1節で与えられたものであるとしても，全く同じことをもう一度繰り返すと，今度も合計100個の0と1からなる数列が得られるが，これは第1回目の実験の結果とは異なっているはずである．そのため，例えば試行回数 N を100に固定して，このコイン投げの実験を何度も繰り返したときに，表が出る数 $n (= 0, 1, 2, \cdots, 99, 100)$ の頻度とその分布がどうなるかという，新しい問題が生じる．

もちろん，表が出る確率が1/2であることはわかっているので，100回の

1.3 2 項分布

試行で表が出る回数は 50 である場合が多いことはわかっているとしても，48 や 51 になることもあるし，極端なことをいえば，表が全く出なかったり (0)，全部 (100) 出たりすることもあり得る．すなわち，1 個のコイン投げの 1 回の試行で表の出る確率 $p = 1/2$ がわかっているとき，N 回の試行からなるコイン投げの実験を何度も繰り返したときに，表の出る回数が $n(= 0, 1, 2, \cdots, N)$ となる確率がどのようになるかという確率の分布 (これを**確率分布**という) が，ここでの問題ということになる．

いま，コイン投げなどの，ある偶然現象の試行を 1 回行ったときに，ある事象 A が起こる確率を p とすると，この事象 A が起こらない確率 q は $q = 1 - p$ で与えられる．コイン投げのときは表も裏も同じ確率で起こるので，$p = q = 1/2$ であるが，例えばサイコロ振りでは 1 の目が出る確率は $p = 1/6$ であり，それ以外の目 (2 から 6 までの目のいずれか) が出る確率は $q = 1 - p = 5/6$ ということになる．このとき，試行を 10 回行って，すべて事象 A が起こる確率は p^{10} であり，一度も起こらない確率は q^{10} であることはすぐにわかるであろう．そこで，この問題をもう少し一般化して，この偶然現象について，試行を N 回行ったときに事象 A が $n(= 0, 1, 2, \cdots, N)$ 回起こる確率を求めてみようというわけである．

この N 回の試行からなる実験を 1 回だけ行ったときに事象 A が n 回起こるとすると，事象 A が起こらない試行回数は $N - n$ 回である．そして，そのようになる，ある 1 つの場合だけを考えると，それが起こる確率は $p^n q^{N-n}$ で表される．

ところが，N 回の試行の中で事象 A が n 回起こる場合というのは，N 個のものから n 個のものを選び出す場合の数だけあり，その総数は数学で組み合わせとよばれる

$$\binom{N}{n} \equiv \frac{N!}{n!(N-n)!} \tag{1.3}$$

で与えられる．ここで，$n! = 1 \times 2 \times 3 \times \cdots \times (n-1) \times n$ であり，1 から n までの整数を順番に掛け合わせることを表す記号である．ただし，事象 A が全く起こらない場合 ($n = 0$) も，組み合わせとしては 1 つあることになるので，その場合には

$$\binom{N}{0} = \frac{N!}{0!N!} = \frac{1}{0!} = 1$$

としなければならない．そこで，$0! = 1$ と約束する．

例えば，4回の試行の中で事象 A が2回起こる場合は，A ではない事象を B とすれば，

$$\text{AABB, ABAB, ABBA, BAAB, BABA, BBAA}$$

の6通りあり，これは (1.3) より

$$\binom{4}{2} = \frac{4!}{2!2!} = \frac{1 \times 2 \times 3 \times 4}{1 \times 2 \times 1 \times 2} = 6 \tag{1.4}$$

と求められる．

以上により，N 回の試行の中で事象 A がどの試行のときに起こるかを問題にしないで，ともかく $n(= 0, 1, 2, \cdots, N)$ 回起こる確率 $P_N(n)$ は，1つの場合だけが起こる確率 $p^n q^{N-n}$ に，その組み合わせの総数 (1.3) を掛けて

$$P_N(n) = \binom{N}{n} p^n q^{N-n} = \frac{N!}{n!(N-n)!} p^n (1-p)^{N-n} \tag{1.5}$$

で与えられることがわかる．これは試行回数 N と事象 A の起こる確率 p が与えられているときに，事象 A の起こる回数 n に対する確率分布を与える式であり，一般に **2項分布** とよばれる．

また，N 回試行したとすれば，事象 A の起こる回数 n は必ず $0, 1, 2, \cdots,$ N のどれかである．いい換えると，事象 A の起こる回数 n が $0, 1, 2, \cdots, N$ のどれかになることは確実なので，回数が n になる確率 $P_N(n)$ の，n についての総和をとると（各 n についての確率の値はバラバラでも，その値を全部足し上げれば），その結果は必ず 1，すなわち，

$$\sum_{n=0}^{N} P_N(n) = 1 \tag{1.6}$$

でなければならない．これを確率の **規格化条件** という．

2項分布 (1.5) が実際に (1.6) の規格化条件を満たすことは，数学で学ぶ 2項定理

$$(a+b)^N = \sum_{n=0}^{N} \binom{N}{n} a^n b^{N-n} \tag{1.7}$$

を使えば,容易に示される.また,(1.7) が成り立つことは,$(a+b)^2$ や $(a+b)^4$ などを実際に展開してみれば納得できるであろう.

問題 2 2項分布 (1.5) が (1.6) の規格化条件を満たすことを示せ.
[ヒント:$p+q=1$ であることに注意せよ.]

1.4 2項分布の特性

1.1 節で示した,コイン投げ ($p=1/2$) のデータに対応する,試行回数 $N=10, 20, 50, 100$ の場合の2項分布を棒グラフで示すと,図1.1 のようになる.これを一見してわかることは,ほぼ $n=Np$ のところで確率が最も大きくなり,N が大きくなるにつれて分布の形が滑らかな釣鐘状になっていくと同時に,釣鐘の幅は広がるが,N で割った相対的な幅は狭まっていくことである.このことを,2項分布の式 (1.5) を基にして順に調べてみよう.

まず,試行回数 N が与えられているとき,事象 A の起こる回数 n の平均

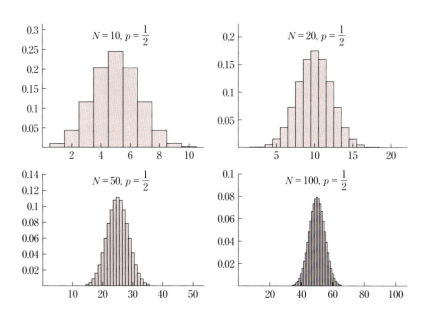

図 1.1 コイン投げ ($p=1/2$) の試行回数 $N=10, 20, 50, 100$ の場合の2項分布

値 $\langle n \rangle = \mu$ を求めてみよう．n は $0, 1, 2, \cdots, N$ のどれかであるが，回数 n のそれぞれが起こる確率は $P_N(n)$ で表されるので，その平均値は定義 (1.1) より

$$\mu = \sum_{n=0}^{N} n P_N(n) \tag{1.8}$$

から求められる．

例題 2

2項分布の場合，事象 A の起こる回数 n の平均値 μ が

$$\mu = Np \tag{1.9}$$

で与えられることを示せ．

解 (1.8) に (1.5) を代入して計算すると，

$$\mu = \sum_{n=0}^{N} n \frac{N!}{n!(N-n)!} p^n (1-p)^{N-n} = \sum_{n=1}^{N} \frac{N!}{(n-1)!(N-n)!} p^n (1-p)^{N-n}$$

$$= Np \sum_{n=1}^{N} \frac{(N-1)!}{(n-1)!\{(N-1)-(n-1)\}!} p^{n-1} (1-p)^{(N-1)-(n-1)}$$

$$= Np \sum_{m=0}^{N-1} \frac{(N-1)!}{m!\{(N-1)-m\}!} p^m (1-p)^{(N-1)-m}$$

$$= Np\{p + (1-p)\}^{N-1} = Np$$

となり，確かに (1.9) が成り立つことがわかる．ただし，計算の途中の3番目の等号の変形では Np を和の記号の外に出し，4番目の等号では $m = n-1$ とおいて和の範囲を 0 から $N-1$ とし，5番目の等号では2項定理 (1.5) を使った．

例題 3

2項分布 (1.5) の分散 σ^2 は

$$\sigma^2 \equiv \langle (n-\mu)^2 \rangle = Np(1-p) \tag{1.10}$$

であることを示せ．

解 (1.2) の定義式からわかるように，分散 σ^2 とは，ばらつきのある量の平均値からのずれを2乗平均したものであり，その量がどれくらいばらついているかを表す重要な統計量である．$\langle n \rangle = \mu$ なので，σ^2 の定義式 (1.2) は

$$\sigma^2 \equiv \langle (n-\mu)^2 \rangle = \langle n^2 - 2n\mu + \mu^2 \rangle = \langle n^2 \rangle - 2\langle n \rangle \mu + \mu^2 = \langle n^2 \rangle - \mu^2$$

$$\tag{1}$$

とも表される．ここで n は事象 A が起こる回数であって変数であるが，μ はその平均値であって定数なので，例えば，$2n\mu$ の平均値を求める場合には $\langle 2n\mu \rangle = 2\langle n \rangle \mu = 2\mu^2$ となることを使った．

(1) より，分散 σ^2 を求めるためには，n^2 の平均値 $\langle n^2 \rangle$（n の 2 乗平均という）を計算しなければならない．(1.9) を求めたのと同じようにして，

$$
\begin{aligned}
\langle n^2 \rangle &= \sum_{n=0}^{N} n^2 \frac{N!}{n!(N-n)!} p^n (1-p)^{N-n} = \sum_{n=1}^{N} n \frac{N!}{(n-1)!(N-n)!} p^n (1-p)^{N-n} \\
&= \sum_{n=1}^{N} \{1 + (n-1)\} \frac{N!}{(n-1)!(N-n)!} p^n (1-p)^{N-n} \\
&= \sum_{n=1}^{N} \frac{N!}{(n-1)!(N-n)!} p^n (1-p)^{N-n} + \sum_{n=1}^{N} (n-1) \frac{N!}{(n-1)!(N-n)!} p^n (1-p)^{N-n} \\
&= Np + N(N-1)p^2 \sum_{n=2}^{N} \frac{(N-2)!}{(n-2)!\{(N-2)-(n-2)\}!} p^{n-2} (1-p)^{(N-2)-(n-2)} \\
&= Np + N(N-1)p^2 \sum_{m=0}^{N-2} \frac{(N-2)!}{m!\{(N-2)-m\}!} p^m (1-p)^{(N-2)-m} \\
&= Np + N(N-1)p^2 \{p + (1-p)\}^{N-2} = Np + N(N-1)p^2 \\
&= Np(1-p) + N^2 p^2 \\
&= Np(1-p) + \mu^2 \tag{2}
\end{aligned}
$$

となる．最後の式の変形では (1.9) を使った．(2) を (1) に代入すると，確かに，分散 σ^2 が (1.10) で与えられることがわかる．

分散 σ^2 の平方根である σ は標準偏差とよばれることはすでに述べた．この標準偏差は，ばらつきのある量が実際にどの程度ばらついているかを定量的に表す重要な統計量である．2 項分布の場合の標準偏差 σ は，(1.10) より

$$
\sigma = \sqrt{Np(1-p)} \tag{1.11}
$$

で与えられる．実際，図 1.1 の $N = 100$ の場合について標準偏差を求めてみると，この場合は $p = 1/2$ なので，

$$
\sigma = \sqrt{100 \times \left(\frac{1}{2}\right)^2} = 5
$$

となる．

図 1.1 の $N = 100$ の場合の釣鐘状のグラフをみると，平均値 $\mu = 50$ を中心にして $\pm\sigma = \pm5$ の間に釣鐘の面積の大部分が含まれることがわかる．図 1.1 の他の場合も同様であって，確率分布 (1.5) の幅はおおむね 2σ で与えられるとみてよい．したがって，N が増すと，幅は $\sqrt{N}$ に比例して広がる

ことになる.

問題 3 サイコロ振りを 360 回繰り返したときに 1 の目が出る回数の平均値,および 1 の目が出る回数の頻度分布の分散を求めよ.[ヒント:1 の目が出る確率 p を考えよ.]

最後に,試行回数 N が増すにつれて,釣鐘状のグラフの形が相対的に狭まって,鋭くなる理由を考えてみよう.そのためには,釣鐘の幅がほぼ標準偏差 σ の 2 倍であることに注意して,標準偏差と試行回数の比 σ/N に注目してみよう.標準偏差の表式 (1.11) より

$$\frac{\sigma}{N} = \frac{\sqrt{Np(1-p)}}{N} = \frac{\sqrt{p(1-p)}}{\sqrt{N}} \propto \frac{1}{\sqrt{N}} \tag{1.12}$$

と表される.ここで,$\propto$ は,その左辺の量が右辺の量に比例することを表す記号である.上式は,試行回数 N が増すにつれて,事象 A が起こる回数の取り得る幅 N に比べて,その分布の幅が相対的に $1/\sqrt{N}$ に比例して狭まっていくことを表す,重要な結果である.

以上によって,1 個のコインを投げるような偶然現象について,1 回の試行で事象 A の起こる確率が p であるとき,N 回の試行で事象 A が起こる回数 n の確率分布は,2 項分布 $P_N(n)$ で与えられ,その分布を特徴づける平均値は $\mu = Np$,標準偏差は $\sigma = \sqrt{Np(1-p)}$ であることがわかった.さらに,N が大きくなるにつれて分布の形が滑らかな釣鐘状になっていき,釣鐘の相対的な幅が狭まっていくことも明らかになった.そして,ここまでの最も重要な教訓は,コイン投げやサイコロ振りのように,1 回 1 回の試行では結果がデタラメであるようにみえる現象でも,試行をたくさん重ねると確率分布に規則性が現れ,きれいな統計則に従うということである.

1.5　中心極限定理

図 1.1 では,コインの表が出る確率が $p = 1/2$ のコイン投げだったので,平均値 $\mu = N/2$ を中心とする左右対称な分布であったが,$p \neq 1/2$ の場合の

1.5 中心極限定理

2項分布はどうであろうか．1個のサイコロを繰り返しN回振り（試行回数N），1の目が出ることを事象Aとして，その回数nを調べてみよう．この場合も事象Aが起こる頻度分布は(1.5)の2項分布$P_N(n)$で与えられることは明らかで，ただ事象Aが起こる確率が$p=1/6$である点が，コイン投げの場合の$p=1/2$と異なるだけである．インチキのない公平なサイコロではそれぞれの目が出る確率は同じであるから，1の目が出る確率は$p=1/6$，それ以外の目が出る確率は$q=5/6$であることは容易にわかるであろう．

そこで，この場合についての2項分布を図1.1と同様に図示すると，図1.2のようになる．ただし，この図には試行回数Nが10の場合と100の場合だけが示してある．確かに，$N=10$の場合には図1.1の場合に比べて，分布の非対称が目立つ．しかし，$N=100$の場合には，図1.1の同じ$N=100$の場合と形状はほとんど変わらず，ほぼ左右対称である．少し細身にみえるが，それはいまの場合の標準偏差が$\sigma=\sqrt{100\times(1/6)\times(5/6)}\cong3.73$であって，図1.1の同じ場合の$\sigma=5$より小さいからである．

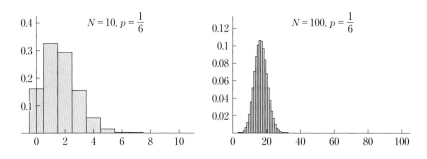

図 1.2 サイコロ振り($p=1/6$)の試行回数$N=10, 100$の場合の2項分布

これから予想されることは，これまでにみてきた2項分布は，pがどのような値であっても，Nが非常に大きくなると，相対的に幅が狭くて鋭い，左右対称な釣鐘状の分布になることである．これについては付録Aで，2項分布(1.3)が$N\gg1$のときに確かに釣鐘状の確率分布

$$P(x)=\frac{1}{\sqrt{2\pi\sigma^2}}\exp\left\{-\frac{(x-\mu)^2}{2\sigma^2}\right\}=\frac{1}{\sqrt{2\pi\sigma^2}}e^{-(x-\mu)^2/2\sigma^2} \quad(1.13)$$

になることを示しておいた．これが確率・統計の分野でしばしば現れる，**正規分布**あるいは**ガウス分布**とよばれる重要な確率分布である．

(1.13) に示した正規分布 $P(x)$ を図1.3に示す．正規分布は平均値 μ を中心に左右対称であり，幅が標準偏差 σ の2倍程度の釣鐘状である

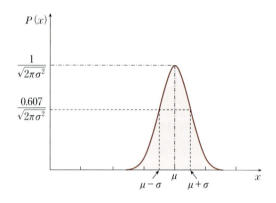

図 1.3 正規分布（μ は平均値，σ は標準偏差，釣鐘状の幅はほぼ 2σ）

ことが一目でわかるであろう．$\mu - \sigma \leq x \leq \mu + \sigma$ の範囲内の面積は (1.13) を数値的に積分することによって得られ，約 0.683 である．したがって，正規分布では，この範囲内で事象が起こる確率がほぼ 0.683 であるということになる．また，釣鐘の幅 2σ を与える高さは，釣鐘の高さの約 0.61 倍である．

コイン投げやサイコロ振りを何度か行うと，コインの表が出るとか，サイコロの1の目が出る場合の頻度分布が2項分布になるというのが，前節までの結論であった．そして，試行の数をどんどん増やしていくと，その確率分布が極限的に，より普遍的な正規分布に近づくというのが本節および付録Aの結論である．そして，これは数学の1分野である確率論の重要な定理である**中心極限定理**の結果の一例であることが知られている．

これまでに行ってきたように，コインやサイコロを投げ続けて結果を全体として眺めるというのは，いってみれば，偶然の積み重ねをみていることになるであろう．コイン投げやサイコロ振りに限らず，偶然の積み重ねの平均が極限的に一定値に近づくというのが大数の法則であり，さらに一歩踏み込んで，確率分布が正規分布に近づくというのが中心極限定理である．偶然現象がどんどん積み重なると，平均値よりも大きいのと小さいのとがほぼ同程度に起こり，互いに打ち消し合って，平均値の周りに集中するようになり（大数の法則），その集まり方が釣鐘状になる（中心極限定理）ことは，直観的

にも理解できることであろう.

　原子や分子がアボガドロ定数 $N_A (\cong 6.02 \times 10^{23} [\mathrm{mol}^{-1}])$ の程度も多数集まっている系（例えば，日常的に目にする大きさの容器に入っている気体や液体）の，原子・分子の熱運動などは偶然の積み重ねの極限のようなものである．このような多数の原子・分子からなる系の振る舞いを調べるのが統計力学であり，本書でも正規分布が随所に現れることを前もって述べておく.

1.6　系・状態数・アンサンブル

　これまでは1個のコインあるいはサイコロを投げたり，振ったりし続けて，例えば100回の試行を行った後にその結果を集計して，コインの表が何度出たかとか，サイコロの1の目がどれくらいの頻度で出たかなどの統計的な性質を述べてきた．これだけのことなら，例えば100個の同じつくりのコインあるいはサイコロを壺などの容器に入れて十分に振り，中身を一挙に床に投げ出して，表が何枚，あるいは1の目が何個出ているかを調べても同じことである．そこでここでは，これまでの，「1個のコインあるいはサイコロをN回投げる試行」の代わりに，「N個のコインあるいはサイコロを一度に投げることを1回の試行とみなす」ことにしよう.

　N個のコインあるいはサイコロを一度に投げる試行をM回繰り返せば，結果として，1個のコインあるいはサイコロを$N \times M$回投げたのと同じデータが得られることは明らかで，それに対しては，前節までの統計的手法がそのまま使える．しかしこれからは，コインあるいはサイコロなどの個数Nを固定し，それらを一度に投げ出す試行回数をMとして，その統計的な性質を調べることにしよう．いい換えると，コインやサイコロなどのN個の同じものの集まりを1つの系と考え，それと同じつくりの系をM個並べて，統計的な性質を考えていくことにする.

　1個のコインが表か裏か，あるいは1個のサイコロの出た目が1かそれ以外かというように，2通りの状態だけに注目する場合には，多数のコインやサイコロの示す統計的な性質は，前節までにみてきた2項分布できちんと説明できる．しかし，通常はコインのように表か裏かのような2者択一からな

る偶然現象は例外であり，サイコロでさえ，出る目は1から6までの6通り
あるのであって，そのうちのどれが出るかは2者択一的な偶然現象ではない．
したがって，多数のサイコロが示す統計的な性質は，一般には2項分布では
説明できない．

このように，一般の偶然現象でははじめから統計分布がわかっているとは
限らないので，本節では，そのような場合にどうすればよいかをわかりやす
い例を用いて考えてみようというわけである．そのため，本節で述べること
が，これから学ぶ「統計力学」の基本的な考え方や手法に直結することを前
もって注意しておく．

これからの議論をわかりやすくする
ために，サイコロを例にとることにし
よう．1個のサイコロがとり得る目
は，図1.4のように6種類ある．これ
を，これから学ぶ統計力学を念頭に置

$\{ \boxed{\cdot}, \boxed{\because}, \boxed{\therefore}, \boxed{::}, \boxed{\vdots\cdot}, \boxed{:::} \}$

図 1.4 1個のサイコロがとり得る
状態（状態数 $W = 6$）

いて，個々のサイコロがとり得る**状態**とよび，1個のサイコロがとり得る**状
態数** W は6である，ということにする．1回の試行でサイコロのある状態
が実現すると，他の状態は実現せず，それぞれの状態の間には差がないので，
それぞれの状態が実現する確率は皆等しく1/6である．これは状態数 $W = 6$ の逆数であることに注意しよう．

サイコロが2個の場合にとり得る状態は，図1.5のように図示でき，状態
数は

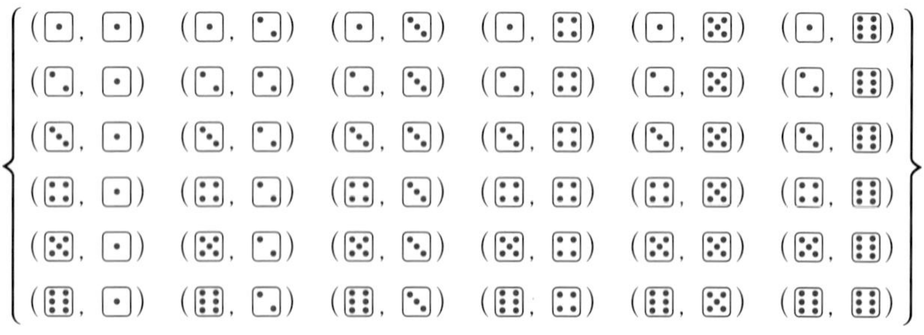

図 1.5 2個のサイコロがとり得る状態（状態数 $W = 6 \times 6 = 6^2 = 36$）

1.6 系・状態数・アンサンブル

$$W = 6 \times 6 = 6^2 = 36$$

だけあることがわかる．そして，それぞれの状態について，第 1 のサイコロの状態が実現する確率（実現確率）が 1/6 であり，第 2 のサイコロの状態の実現確率も同じく 1/6 なので，個々の状態の実現確率は皆等しく，$(1/6)^2 =$ 1/36 であることも容易にわかるであろう．これも，状態数 $W = 36$ の逆数であるが，それぞれの状態の実現確率が皆等しくて，状態数が 36 あるので，個々の状態の実現確率が状態数の逆数になるのは明らかであろう．

以上のことを，多数のサイコロがある場合に一般化することは容易である．いま，N 個のサイコロの集まりを考え，この集まりを 1 つの系とみなそう．すなわち，サイコロが構成要素となって，それが N 個集まって 1 つの系をつくっていると考えるわけである．もちろん，前節までのように，サイコロが 1 つだけの場合も $N = 1$ の系とみることができる．すなわち，図 1.4 には $N = 1$ の系がとり得るすべての状態を，図 1.5 には $N = 2$ の系がとり得るすべての状態を列挙したことになる．

ここで，例として $N = 10$ のサイコロの系をとり，それを壺に入れてよく振り，床に投げ出した場合に実現する状態を考えてみよう．この試行を 8 回繰り返し，それぞれの試行で得られた結果を列挙すれば，例えば図 1.6 のようになり，これまで通り，1 の目が出た頻度などの統計的な議論ができる．

しかし，ここでは図 1.6 の左端の数字 1～8 は壺の番号だとして，それぞれの壺で出たサイコロの目の数の総和と，1 個当たりの平均を考えてみよう．

例えば，第 1 の壺での目の数の総和は $2+4+4+5+6+5+5+3+2+2 = 38$ であり，サイコロ 1 個当たりの出た目の数の平均値は 3.8 であることがわかる．同様にして，第 2 から第 8 までの壺での目の数の総和は 44, 39, 36, 25, 39, 30, 32 で

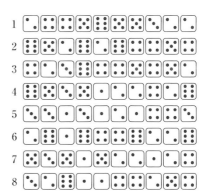

図 1.6 10 個のサイコロが入っている壺 1～8 を振り出したときのサイコロの目の例

あり，サイコロ1個当たりの出た目の数の平均値は，それぞれの数を10で割ることで与えられる．

こうして，今度は1つの壺当たりでサイコロの出た目の数の総和の平均値を求めることができ，図1.6の場合，

$$\frac{38 + 44 + 39 + 36 + 25 + 39 + 30 + 32}{8} = 35.375$$

という結果が得られる．したがって，1つの壺当たりでサイコロの出た目の数の総和の平均値を計算した後で，サイコロ1個当たりについて出た目の数の平均値を求めると，それは約3.54となることがわかる．

以上の結果は，サイコロのそれぞれの目が出る確率が1/6であることから，確率計算で容易に検証することができる．実際，1個のサイコロについて出る目の数の平均値は

$$1 \times \frac{1}{6} + 2 \times \frac{1}{6} + 3 \times \frac{1}{6} + 4 \times \frac{1}{6} + 5 \times \frac{1}{6} + 6 \times \frac{1}{6} = \frac{21}{6} = 3.5$$

と求められ，サイコロが10個入っている壺では，出る目の数の総和の平均値は35であることがわかり，図1.6の場合の結果を見事に説明できる．

このように，偶然現象を示す同一種類の構成要素（上の例では同じつくりのサイコロ）がN個入っている入れ物（上の例では$N = 10$の1個の壺）があるとき，それを1つの系とみなすことができる．もちろん，その入れ物（系）だけでも統計的に処理できる．しかし，同一種類の入れ物（系）がM個（上の例では同じつくりの壺が$M = 8$個）あるとし，それを基に統計的に処理する場合，これから学ぶ統計力学では，同一種類の入れ物（系）の集まりを**アンサンブル**（**統計集団**）という．そして，上の例の1つの壺当たりについて行ったような平均操作を**アンサンブル平均**（**集団平均**）とよぶ．

例えば，同じつくりのサイコロの代わりに，水素や酸素などの同一種類の分子が，1リットル程度の体積Vの容器にアボガドロ定数に近い$N = 10^{23}$個も入って1つの系をなし，この容器（系）が室温に近い温度Tに保たれているとしよう．このとき，温度T，体積V，粒子数Nをもつ，全く同じつくりの容器（系）の集まりがアンサンブルである．サイコロのアンサンブルについての統計的な計算を思い出すと，個々のサイコロの状態がいくつあって，

それぞれの状態の実現確率がいくらであるか，そして，そのサイコロが複数個ある場合にはそれぞれの状態の実現確率がいくらで，状態数がどれだけになるかが，確率の計算には必要であった．

これと同じように議論を進めようとすると，上のような場合にも，個々の分子が容器内でとり得る状態と状態数，その状態の実現確率，容器内で全分子がとり得る状態数，などを求めなければならないことになる．これは非常に難しい問題であるが，系の状態の実現確率についてのもっともらしい仮定を出発点にして状態数などを計算し，その容器内の全分子のエネルギーの総和の平均値 E や，分子1個当たりの平均エネルギー ε を T, V, N の関数として求めることなどが，次章以降の"統計力学"の目標なのである．

そこでその前に，本節までに記したサイコロの基本的な統計的性質を踏まえて，次節では，多数のサイコロからなる系の統計的な性質を調べてみよう．

1.7 多数のサイコロからなる系の確率・統計

1個のサイコロを振って現れる上の面をそのサイコロの状態とよんだときに，出た目の数を，そのサイコロの示す**状態量**ということにしよう．本節では，N 個のサイコロからなる系がとり得る状態数 W，それぞれの状態の実現確率 p，サイコロ1個当たりの**平均状態量** ν の確率分布 $P(\nu)$ など，多数のサイコロが示す統計的性質について詳しく議論する．ここで平均状態量というのは，N 個のサイコロが示した状態量（出た目の数）の，サイコロ1個当たりの平均値のことであり，図1.6の例でいえば，それぞれの壺で10個のサイコロが示した目の数の，サイコロ1個当たりの平均値のことである．

（1）　$N = 1$ の場合

この場合はほとんど自明で，出る目の状態量は1から6までの整数のどれかであり，状態数は $W = 6$，それぞれの状態の実現確率は $p = 1/W = 1/6$ である．また，サイコロ1個当たりの平均状態量 ν は状態量そのものなので，その確率分布 $P(\nu)$ を棒グラフで表すと図1.7のようになり，フラットな分布となる．そのため，状態量の平均値 μ は前節でもみたように

$$\mu = 1 \times \frac{1}{6} + 2 \times \frac{1}{6} + 3 \times \frac{1}{6} + 4 \times \frac{1}{6} + 5 \times \frac{1}{6} + 6 \times \frac{1}{6} = 21 \times \frac{1}{6} = 3.5$$
(1.14)

となる．なお，サイコロが何個あってもそれぞれのサイコロは全く独立に振る舞うので，この結果はサイコロの数 N に無関係であることに注意しよう．

（2） $N=2$ の場合

この場合にとり得るすべての状態が，図 1.5 に示したものである．2 つあるサイコロのうち，1 番目のサイコロの状態量が i，2 番目のサイコロの状態量が j のときの状態を (i, j) と記すことにすると，この場合の状態は $(1, 1)$, $(1, 2)$, $(1, 3)$, $\cdots$, $(2, 1)$, $(2, 2)$, $\cdots$, $(6, 6)$ であり，状態数が $W = 6^2 = 36$，それぞれの状態の実現確率は $p = 1/W = 1/36$ である．

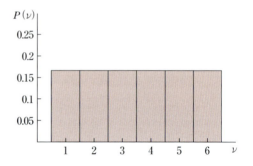

図 1.7　$N=1$ の場合の平均状態量 ν の確率分布 $P(\nu)$

36 個あるそれぞれの状態の状態量の，サイコロ 1 個当たりの平均状態量 ν は，例えば状態 $(1, 1)$ では $\nu = (1+1)/2 = 1$ であり，$\nu = 1$ を与える状態はこれだけで他にはないので，その実現確率は $1/36$ である．全く同様にして，状態 $(6, 6)$ の場合も $\nu = (6+6)/2 = 6$ であり，$\nu = 6$ を与える状態はこれだけなので，その実現確率は $1/36$ である．ところが，状態 $(1, 2)$ と $(2, 1)$ はともに

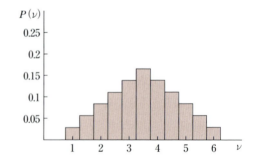

図 1.8　$N=2$ の場合の平均状態量 ν の確率分布 $P(\nu)$

$\nu = (1+2)/2 = (2+1)/2 = 1.5$ を与えるので,これに対応する状態数は2となり,平均状態量 $\nu = 1.5$ の実現確率は $2 \times 1/36 = 1/18$ となる.さらに,状態 $(1, 3)$, $(2, 2)$, $(3, 1)$ では,ともに平均状態量 $\nu = (1+3)/2 = (2+2)/2 = (3+1)/2 = 2$ を与えるので,これに対応する状態数は3となり,$\nu = 2$ の実現確率は $3 \times 1/36 = 1/12$ となる.

こうして,平均状態量 ν の実現確率を調べ尽くすと,その確率分布 $P(\nu)$ は,図1.8のように,1個のサイコロについての状態量の平均値 $\mu = 3.5$ を中心とする,左右対称な傘型の分布を示すことが容易にわかる.

(3) $N = 3$ の場合

この場合に実現する状態は $(1, 1, 1)$, $(1, 1, 2)$, $(1, 1, 3)$, $\cdots$, $(1, 2, 1)$, $(1, 2, 2)$, $\cdots$, $(6, 6, 6)$ であり,状態数は $W = 6^3 = 216$,それぞれの状態の実現確率は $p = 1/W = 1/216$ である.ところが,この場合の平均状態量 ν のとり得る値を調べると,$3/3 = 1, 4/3, 5/3, \cdots, 17/3, 18/3 = 6$ の16通りしかない.これは $N = 2$ の場合にすでにみたように,いくつかの状態が同じ平均状態量 ν をもつことを意味する.個々の状態の実現確率はどれも同じで $p = 1/216$ なので,平均状態量 ν の実現確率は,その ν の値をもつ状態数に p を掛けることで得られる.すなわち,平均状態量の確率分布は,それに対応する状態数の分布で決まることになる.このことは,これまでの議論から理解できるであろう.

例えば,平均状態量 $\nu = 3/3 = 1$ を与える状態は $(1, 1, 1)$ だけなので,その実現確率は $1/216$ であり,$\nu = 18/3 = 6$ を与える状態も $(6, 6, 6)$ だけなので,確率は同じく $1/216$ である.ところが,次の $\nu = 4/3$ を与える状態は $(1, 1, 2)$, $(1, 2, 1)$, $(2, 1, 1)$ の3つあり,$\nu = 4/3$ の実現確率

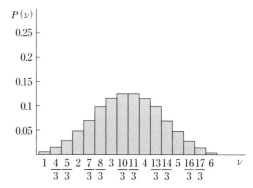

図 1.9 $N = 3$ の場合の平均状態量 ν の確率分布 $P(\nu)$

は $3 \times (1/216) = 1/72$ となる．さらに，$\nu = 5/3$ を与える状態は $(1, 1, 3)$，$(1, 3, 1)$，$(3, 1, 1)$，$(1, 2, 2)$，$(2, 1, 2)$，$(2, 2, 1)$ の 6 つあって，その確率は $6 \times (1/216) = 1/36$ である．

これを丁寧に続けて平均状態量 ν の確率分布を求めると，図 1.9 のようになることがわかる．この場合の確率分布は，1 個のサイコロについての状態量の平均値 $\mu = 3.5$ を中心として左右対称であり，$N = 2$ のときよりも平均値の近くに集中した，幅の広い釣鐘状になっていることが特徴である．

（4） $N = 10$ の場合

図 1.7 から図 1.9 まで順に眺めると，$N = 1, 2, 3$ と増すに従って，分布の形がフラットから平均値 $\mu = 3.5$ を中心とする傘型へ，さらに 3.5 を中心とする幅の広い釣鐘状へと変化していくことがわかる．これは，一度に振るサイコロの数が増すと，平均値 3.5 に近い値をとる状態数が増えてくることを表している．それでは，さらに N を増やすとどうなるであろうか．

10 個のサイコロを同時に振ったときに得られる状態の 1 つは，例えば，$(2, 3, 6, 4, 1, 5, 3, 2, 1, 5)$ で，この場合のサイコロ 1 個当たりの平均状態量 ν は容易に得られ，$\nu = 32/10 = 3.2$ である．このように状態が決まれば，その平均状態量は容易に求められるが，問題なのは状態数 W である．1 個のサイコロの状態数が 6 なので，10 個のサイコロの状態数は $W = 6^{10} \cong 6 \times 10^7$ のような，とてつもなく大きな数になる．これでは，ある平均状態量 ν の値を与える状態数を数えて，その ν の実現確率を求め，そこから確率分布 $P(\nu)$ を決めるこれまでの方法では計算が煩雑になってしまうので，手計算では大変である．

しかし，パソコンを使えば，この確率分布を簡単に調べることができる．上に記した，10 個のサイコロを同時に振ったときの状態は，実は 1 から 6 までの整数を 10 個並べた乱数の組であり，これがサイコロ 10 個からなる系の 1 つの状態を表す．そこで，このような乱数の組を，例えば $2 \times 10^4 = 20000$ 個集めてみよう．これは同じ性質をもつ系を集めたものであるから，前節で述べたアンサンブルであり，アンサンブル平均の手法が使えることになる．

こうしてつくったアンサンブルの，それぞれの系の平均状態量 ν を求めるのは容易で，2×10^4 個の系からなるアンサンブルでは ν の値が 2×10^4 個得

1.7 多数のサイコロからなる系の確率・統計

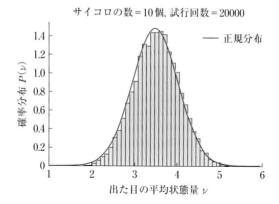

図 1.10 $N = 10$ の場合の平均状態量 ν の確率分布 $P(\nu)$

られるので，このデータを使って ν の確率分布 $P(\nu)$ を求めればよい．このようにして得られた結果を図示したのが図 1.10 である．

この図からわかるように，平均状態量 ν の確率分布は，1 個のサイコロについての状態量の平均値 $\mu = 3.5$ を中心としてほぼ左右対称であり，$N = 3$ の場合に比べて，幅がずっと狭い 1.5 程度の釣鐘状の分布を示す．このことは，10 個のサイコロからなる系では，2, 3 個の場合と違って，平均状態量 ν が 3.5 あるいはそれに近い値をもつ状態だけが実現し，$\nu = 2$ や 5 の状態はほとんど実現せず，ましてや $\nu = 1$ や 6 の状態はめったに実現しないことを意味する．

また，1 個のサイコロを振った場合の状態量の平均値 μ は 3.5 なので，この場合の分散 σ^2 は，その定義 (1.2) より

$$\sigma^2 = \frac{1}{6}\{(1-3.5)^2 + (2-3.5)^2 + \cdots + (6-3.5)^2\} = \frac{35}{12}$$

である (問題 1 の解答を参照)．N 個のサイコロを振った場合には，それぞれのサイコロは全く独立と考えられるので，状態量全体の分散は 1 個のサイコロの場合の N 倍の $(35/12)N$ となり，標準偏差はその平方根 $\sqrt{(35/12)N}$ となる．したがって，サイコロ 1 個当たりの平均状態量 ν の標準偏差 σ は，これをサイコロの個数 N で割って

$$\sigma = \sqrt{\frac{35}{12N}} \tag{1.15}$$

で与えられることになる．

　図 1.10 に示した曲線は，正規分布 (1.13) において，平均値 $\mu = 3.5$，標準偏差 $\sigma = \sqrt{(35/12 \times 10)} \cong 0.54$ として描いたものである．アンサンブル平均の計算結果（棒グラフ）と非常に良く一致していることがわかるであろう．

（5） $N = 100$ の場合

　100 個のサイコロを同時に振った場合についても，状態数は $W = 6^{100} \cong 10^{78}$ のような，極端に大きな数になる．それでも $N = 10$ の場合と同様の計算が可能であり，それを実行すると，図 1.11 のような結果が得られる．サイコロの数が増えたことにより，平均状態量の分布が一層鋭い釣鐘状になったことが明らかであろう．実際，この図の曲線は，正規分布 (1.13) において平均値はこれまで通り $\mu = 3.5$ で，標準偏差が (1.15) で $N = 100$ として得られるものであり，アンサンブル平均の結果（細かい棒グラフ）と良く一致している．

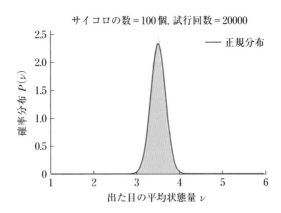

図 1.11 $N = 100$ の場合の平均状態量 ν の確率分布 $P(\nu)$

1.8　サイコロの確率・統計から統計力学へ　　23

問　題 4　$N = 100$ の場合のサイコロ 1 個当たりの平均状態量の標準偏差 σ を求めよ．

　（1）〜（5）の結果をまとめると，系を構成するサイコロの個数 N を増やすと，系の状態数 W は 6^N に従って指数関数的に増え，系の平均状態量 ν の確率分布 $P(\nu)$ は 1 個のサイコロについての状態量の平均値 $\mu = 3.5$ を中心にした釣鐘状になり，その幅がどんどん鋭く狭くなっていくことが，それぞれの場合のグラフから直観的にわかるであろう．さらに，分布の幅について標準偏差 (1.15) でわかることは，サイコロの個数 N が大きくなるにつれて，その幅が $N^{-1/2}$ に比例して限りなく狭くなっていくことである．

　このこと自体は，確率論での大数の法則と中心極限定理の結果に過ぎないということもできる．すなわち，2 項分布の場合について付録 A に示したように，系を構成するサイコロの平均状態量 ν の確率分布は，サイコロの個数 N が無限大の極限 $(N \to \infty)$ で，$N^{-1/2}$ に比例する標準偏差 σ をもち，1 個のサイコロについての状態量の平均値 $\mu = 3.5$ を中心とする正規分布 (1.13) になることが数学的に保証されているのである．したがって，確率的には $\mu = 3.5$ をもつ状態がこの系の最も確からしい状態であり，多数のサイコロからなる系で平均状態量 ν を測定すると，1 個のサイコロについての状態量の平均値 $\mu = 3.5$ およびそのごく近傍の値が確実に得られることになる．

1.8　サイコロの確率・統計から統計力学へ

　本節では，多数のサイコロからなる系の状態と状態数はどのようになるかという視点で，これまでの結果を見直してみよう．

　系のサイコロの個数が $N \gg 1$ のとき，系の状態数 $W = 6^N$ は巨大な数となり，個々の状態の実現確率は $p = 1/W = 1/6^N$ というごく微小な値をもつ．個々の状態は，たくさんあるサイコロの 1 つ 1 つの状態を詳しく微細に指定することで決まるので，次章以降で学ぶ統計力学を考慮して，これを微視的状態ということにしよう．すなわち，N 個のサイコロからなる系の微視的状態の実現確率 p はどれも等しく，$p = 1/6^N$ である．これを，微視的状態に対

する**等確率の原理**とよんでおこう（統計力学では**等重率の原理**ともよばれている）．

これに対して，前節までに議論してきたサイコロ 1 個当たりの平均状態量 ν は，たくさんのサイコロの個々の状態量の総和をとり，それをサイコロの総数 N で割った量なので，系の個々の構成要素についての細かいことは無視して，全体として大きくまとめて特徴づける量であり，系の**巨視的状態量**ということができる．

1.7 節でみたように，系のサイコロの個数が $N \gg 1$ のとき，系の微視的状態の状態数（以降，微視的状態数と記す）$W = 6^N$ は巨大な数となるが，個々の微視的状態の実現確率はすべて等しく $p = 1/6^N$ であって，等確率の原理が成り立っている．ところが，サイコロ 1 個当たりの平均状態量 ν の観点に立つと，大数の法則および中心極限定理によって，その確率分布は 1 個のサイコロについての状態量の平均値 $\mu = 3.5$ を中心とした鋭いピークをもつ正規分布を示すことがわかる．これは，例えば極端な例として，たくさんあるサイコロの状態がすべて $1(\nu = 1)$ やすべて $6(\nu = 6)$ の微視的状態はそれぞれたった 1 つしかないが，ν が $\mu = 3.5$ に近い値をもつような微視的状態は非常にたくさんあることを考えれば，直観的に理解できるであろう．

その上，ごく少数のサイコロしかない場合ならともかく，多数のサイコロからなる系では 1 つ 1 つのサイコロの状態を調べるのは大変だし，それほど意味もない．それに比べて，系全体に関わる巨視的状態量である平均状態量 ν の方が，よほど興味深い量である．サイコロの数が増えると，細かいことはどんどん複雑になるが，それにこだわらなければ，大数の法則や中心極限定理によって，かえって統計的性質は簡単になるというわけである．しかも，サイコロの数が多いゆえに，この巨視的状態量の値がほぼ確実に決まるというのであるから，これほど好都合なことはないということができる．これは，次章以下で学ぶ統計力学にもそのまま当てはまる重要な点であることを前もって注意しておく．

以上の議論は，もちろん，サイコロに限ったことではない．これまでの話のポイントは，N 個のサイコロからなる系の微視的状態数が $W = 6^N$ で決まっており，それぞれの微視的状態の実現確率が皆等しく $p = 1/W = 1/6^N$

であって，等確率の原理が満たされているということである．そして，このような系で $N \gg 1$ になれば，大数の法則や中心極限定理によって，確率的に $\mu = 3.5$ をもつ微視的状態が系の最も確からしい状態であるという形で，系の巨視的状態量の値が確定するのである．

そこで，現実の物理的な系として，体積 V の容器の中に温度 T で個数 N の分子が入っているような系を考えてみよう．1 mol 程度の気体が入った容器の中の気体分子では，N はアボガドロ定数に近い 10^{23} もの巨大な数である．もし，この系の微視的状態数 W が何らかの方法で算出でき，それらに対して等確率の原理が保証されるなら，上のサイコロの場合の議論がそのまま使えることになる．その場合，例えば分子 1 個当たりの平均エネルギーなどの物理量 α，さらに系全体の物理量 $A = N\alpha$ が確定することになる．

これから学ぶ統計力学では，基本的にはこのようなことを考察するのである．もちろん，勝手に動くことがなく，互いに作用し合うわけでもないサイコロと違って，原子・分子は常に動き回っているし，相互作用もするという複雑さがある．さらに，外からなされる仕事や熱の流入などがない限り，系全体としてエネルギーが変化せずに一定であるという，厳然たるエネルギー保存則も考慮しなければならない．

実をいうと，熱力学はこのエネルギー保存則を熱力学第 1 法則として，系の内部エネルギーや，温度，圧力，体積などの巨視的，熱力学的な諸量の間の関係を議論する科学の 1 分野である．しかし，例えば具体的な問題として，水分子がアボガドロ定数ほど集まってできる水の物理的，熱力学的な性質，例えば 0℃，1 気圧で水が氷に変わったり，逆に氷が水に変わったりするという誰もが知っていることに対して，熱力学は何も教えてくれない．それを理解するためには，水分子の性質を基礎にして，それが多数集まった系の統計的な性質を議論する統計力学によらなければならないのである．

ともかく，これまでのサイコロの話が理解できていれば，難しいといわれている統計力学の話の筋の第 1 歩は確実にわかったことになるのも事実である．したがって，統計力学を学んでいて，難しい数学的な取扱いに迷い込んで何をしているのかわからなくなったような場合には，前節および本節のサイコロの話に戻ってもう一度学び直せば，自ずと道が開けると思う．

1.9 まとめとポイントチェック

　本章では統計力学を学ぶ前に，その前提にある最も基本的な概念としての確率・統計の考え方について解説した．そのための最も簡単な具体例として，コインやサイコロを投げて得られる偶然的な結果としての数多くのデータを調べた．この場合，コインの表か裏，サイコロの1の目かそれ以外の目のように，2通りの状態だけに注目する場合には，2項分布でその統計的な性質が説明できる．そこで，2項分布とはどういうもので，どのような性質をもっている分布かということを詳しく述べた．

　しかし，2通りの状態だけからなる偶然現象は例外であり，1個のサイコロでも出る目は1から6までの6通りの状態があって，多数のサイコロからなる系において，出る目の状態をすべて考慮した場合の統計的性質は2項分布では理解できない．ましてや身の回りにある現実の物体を構成する個々の原子・分子自体は無数の状態をとり得るのであって，次章以降で学ぶ統計力学は，まさしく多数の原子・分子からなる系の統計的性質を問題にするのである．そこで，原子・分子よりはるかに考えやすい例としてサイコロをとり上げ，多数のサイコロからなる系の統計的性質を調べるにはどうすればよいかを考えた．

　1個のサイコロを投げたときに出る目をそのサイコロの状態，出た目の数を状態量とすると，多数のサイコロを一度に投げたときにサイコロ1個当たりの平均状態量 ν が得られる．これは，多数のサイコロからなる1つの系の中での平均値である．さらに，サイコロの個数を固定しておいて，このサイコロ投げを繰り返すと，サイコロ1個当たりの平均状態量 ν の分布が得られる．これは同じ個数のサイコロからなる系が多数あるアンサンブル（統計集団）を考えていることになり，それから得られる平均状態量 ν の分布から平均値を求めるのがアンサンブル平均の考え方である．このとき，系のサイコロの個数を増やしてこの実験を繰り返すと，サイコロ1個当たりの平均状態量 ν の分布が，1個のサイコロについての状態量（出る目の数）の平均値 $\mu = 3.5$ を平均値とする正規分布に近づき，分布の幅が次第に狭くなっていくことがわかった．

このこと自体は，確率論における大数の法則と中心極限定理の結果に過ぎないが，その背後に，系の個々のサイコロがとる状態をすべて指定する微視的状態が，どれもすべて等しい実現確率をもつという，等確率の原理が成り立っていることが重要なのである．そのために，平均状態量 ν が $\mu = 3.5$ に近い微視的状態が圧倒的に多くなり，$\mu = 3.5$ をもつ状態が系の最も確からしい状態であるという形で，系の巨視的状態量の値が確定するのである．これから学ぶ統計力学の最も重要な前提が，この等確率の原理であることが納得できるであろう．

ポイントチェック

次章に進む前に本章で学んだことをチェックしてみよう．もしよくわからなかったり，理解があいまいだったりするところがあれば，ただちに本章の関連する節に戻ってはっきりさせることが，これからの学習に非常に重要である．これは次章以下のポイントチェックでも同様である．

- ☐ 偶然現象とは何かを理解した．
- ☐ 統計分布の平均値と標準偏差は何かが理解できた．
- ☐ 2項分布とはどんなもので，どのような性質があるかが理解できた．
- ☐ 大数の法則と中心極限定理は何を主張しているかがわかった．
- ☐ アンサンブルとは何かが理解できた．
- ☐ 系の微視的状態とは何で，その状態数とはどのような量かを説明できるようになった．
- ☐ 多数のサイコロからなる系のサイコロの数を増やしていったときの統計的特徴が理解できた．

1 サイコロの確率・統計 → 2 多粒子系の状態 → 3 熱平衡系の統計 → 4 統計力学の一般的な方法 → 5 統計力学の簡単な応用 → 6 量子統計力学入門 → 7 相転移の統計力学入門

2 多粒子系の状態

学習目標

・自由粒子の量子力学的な取扱いを理解する.
・1個の自由粒子の状態数の求め方を理解する.
・多数の自由粒子の状態数を求める.
・熱平衡状態,孤立系とは何かを説明できるようになる.
・等確率の原理の重要性を理解する.

　前章において多数のサイコロからなる系の統計的な性質を調べたような議論を,現実の原子・分子からなる系に適用するには,いくつか準備が必要である.まず,N 個のサイコロからなる系のすべてのサイコロの目を指定するような微細な状態の状態数が $W = 6^N$ で与えられることは容易にわかるが,N 個の分子からなる系の微視的状態数 W はどのように求められるのであろうか.

　実は,注目する系が気体,液体,固体などどのような状態にあっても,それらを記述する最も基本的な理論体系は量子力学であって,それによると,系の状態は波動関数で表され,系がとり得る個々の微視的状態は,波動関数のもつ量子数で区別できることがわかっている.すなわち,系の波動関数を量子力学的に求めることによって,系がとり得る状態数を数え上げることができるのである.

　原理的にはそうであっても,分子間に相互作用がある場合に,具体的に量子状態を求めることは一般的には困難である.これから学ぶ統計力学は,系が多数の分子からなるということを基に,そういう量子状態をいちいち具体的に決めることなしに,統計的な性質を求めようと工夫する分野である.しかし,それは統計力学がどのようなものかわかってからの話であって,ここでは議論の背景にある考え方を理解するために,自由粒子の場合についてその量子状態を求め,この場合に状態数がどのように決められるかをみてみよう.実際に計算できる簡単な場合について求めておけば,状態数とはどれくらいの量であるかがわかるし,もっと複雑な場合でも大まかな予測が可能になる.

　古典力学的な自由粒子の場合,その状態は位置と運動量で指定され,これらは連続量であるために,状態数が求められないようにみえる.しかし,この場合にも量子力学とのつながりに注目すると,状態数が得られることを示そう.

　また,次章以降で系の基本的な状態として扱うことになる,熱平衡状態や,

注目する系とそれ以外の外界との関係などについても解説する．さらに，前章でみたように，多数のサイコロからなる系の統計的取扱いが容易であったのは，その微視的状態の実現確率がすべて等しいという等確率の原理が成り立っているおかげであった．そこで，統計力学でも，注目する系のすべての微視的状態の実現確率に等確率の原理が成り立つという，基本的な仮定を行うことを説明する．

2.1 自由粒子の量子状態

質量 m の1個の自由粒子の量子力学的な状態は，**シュレーディンガー方程式**

$$-\frac{\hbar^2}{2m}\left(\frac{\partial^2}{\partial x^2} + \frac{\partial^2}{\partial y^2} + \frac{\partial^2}{\partial z^2}\right)\psi(x, y, z) = \varepsilon\psi(x, y, z) \qquad (2.1)$$

に従うことが知られている．ここで左辺にある $\hbar$ は $\hbar = h/2\pi$ で定義され，h は量子力学において最も重要な普遍定数である**プランク定数**である．また，例えば $\partial^2/\partial x^2$ は，それに続く関数 $\psi(x, y, z)$ を変数 x について2回続けて微分する記号であり，その際，他の変数である y と z は定数とみなして固定しておく．このような微分の仕方を**偏微分**といい，$\partial^2/\partial x^2$ は x についての**2階偏微分**という．したがって，数学的には (2.1) は関数 $\psi(x, y, z)$ と固有値 ε を求めるための2階偏微分方程式であるが，物理的には $\psi(x, y, z)$ は粒子の量子力学的な状態を表す波動関数であり，ε はこの粒子の**エネルギー固有値**である．すなわち，1個の自由粒子の量子力学的な状態を知るためには，2階偏微分方程式であるシュレーディンガー方程式 (2.1) を解かなければならない．

シュレーディンガー方程式 (2.1) は自由粒子に対して成り立つ普遍的な方程式であり，自由粒子の具体的な量子力学的な状態を知るためには，その粒子がどのような環境に置かれているかを指定しなければならない．そのために，この粒子が1辺 L の立方体（体積 $V = L^3$）の中にあるとし，図2.1のように，この立方体の1つの頂点を原点に，そこからの各辺を x, y, z 軸にする座標系をとることにしよう．さらに，立方体の境界での波動関数の振る舞いの取扱いを容易にするために，**周期的境界条件**を採用することにしよう．

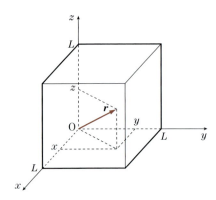

図 2.1 1 個の粒子が閉じ込められている立方体と座標系

これは，同じ立方体が前後左右上下に並んでおり，すべての立方体で粒子が同じ振る舞いをするという条件であり，x 方向についていえば $\phi(x+L, y, z) = \phi(x, y, z)$ が成り立ち，y, z 方向についても同様である．

このとき，シュレーディンガー方程式 (2.1) の解としての波動関数 $\phi(x, y, z)$ は

$$\psi_k(\boldsymbol{r}) = \frac{1}{\sqrt{V}} e^{i\boldsymbol{k}\cdot\boldsymbol{r}} \tag{2.2}$$

と表される．ここで，右辺の指数関数 $e^{i\boldsymbol{k}\cdot\boldsymbol{r}}$ は 3 次元空間中の波を表し，$\boldsymbol{k} = (k_x, k_y, k_z)$ は**波数ベクトル**とよばれ，その向きは波の向きと一致する．この波数ベクトル $\boldsymbol{k}$ は粒子の量子状態を表す波動関数 ψ を特徴づける量になっているので，波動関数 ψ に下付きの $\boldsymbol{k}$ を付けた．したがって，この $\boldsymbol{k}$ は粒子の量子状態を指定する量子数であるということができる．また，$\boldsymbol{r} = (x, y, z)$ は図 2.1 に示されているような粒子の位置ベクトルである．

(2.2) の右辺の指数関数の肩にある $\boldsymbol{k}\cdot\boldsymbol{r}$ は，ベクトルの内積の定義から $\boldsymbol{k}\cdot\boldsymbol{r} = k_x x + k_y y + k_z z$ なので，

$$\frac{\partial}{\partial x} e^{i\boldsymbol{k}\cdot\boldsymbol{r}} = ik_x e^{i\boldsymbol{k}\cdot\boldsymbol{r}}, \qquad \frac{\partial^2}{\partial x^2} e^{i\boldsymbol{k}\cdot\boldsymbol{r}} = -k_x^2 e^{i\boldsymbol{k}\cdot\boldsymbol{r}}$$

などを考慮して，(2.2) を (2.1) の左辺に代入して計算してみると

$$-\frac{\hbar^2}{2m}\left(\frac{\partial^2}{\partial x^2} + \frac{\partial^2}{\partial y^2} + \frac{\partial^2}{\partial z^2}\right)\psi_k(x, y, z) = \frac{\hbar^2 k^2}{2m}\frac{1}{\sqrt{V}}e^{i\boldsymbol{k}\cdot\boldsymbol{r}} = \frac{\hbar^2 k^2}{2m}\psi_k(\boldsymbol{r}) \tag{2.3}$$

2.1 自由粒子の量子状態

となる．ここで $k^2 = k_x^2 + k_y^2 + k_z^2$ であり，k は波数ベクトル $\bm{k}$ の大きさを与える．

ここで重要なことは，波数ベクトル $\bm{k}$ は粒子の波動関数を特徴づける数量なので，上式の最右辺は波動関数に数値 $\hbar^2 k^2/2m$ が掛かっている形になっており，シュレーディンガー方程式 (2.1) の右辺と同じ形になっていることである．したがって，(2.1) のエネルギー固有値 ε が，下付きの $\bm{k}$ を付けて

$$\varepsilon_k = \frac{\hbar^2 k^2}{2m} \tag{2.4}$$

で与えられることがわかる．

以上をまとめると，自由粒子のシュレーディンガー方程式 (2.1) の解としての波動関数が (2.2) で与えられ，そのときのエネルギー固有値が (2.4) で与えられることがわかったことになる．さらに，周期的境界条件によって，例えば波動関数が，座標が x 方向に L だけ離れた位置 $(x+L, y, z)$ での値と，もとの位置での値とが変わらないことから

$$\frac{1}{\sqrt{V}} e^{i(k_x(x+L) + k_y y + k_z z)} = \frac{1}{\sqrt{V}} e^{i(k_x x + k_y y + k_z z)}$$

を満たさなければならず，これより，

$$k_x L = 2\pi n_x \quad (n_x = 0, \pm 1, \pm 2, \cdots)$$

でなければならない．そして，y, z 方向についても同様の関係が成り立つので，結局，波数ベクトルに対して

$$\begin{cases} k_x = \dfrac{2\pi}{L} n_x & (n_x = 0, \pm 1, \pm 2, \cdots) \\ k_y = \dfrac{2\pi}{L} n_y & (n_y = 0, \pm 1, \pm 2, \cdots) \\ k_z = \dfrac{2\pi}{L} n_z & (n_z = 0, \pm 1, \pm 2, \cdots) \end{cases} \tag{2.5}$$

という関係が得られる．

以上により，(2.5) で与えられる波数ベクトル $\bm{k}$ が自由粒子の量子状態を指定する量子数であり，自由粒子の運動量 $\bm{p}$ は $\bm{p} = \hbar \bm{k}$ で与えられることが知られている．すなわち，量子数である波数 (2.5) を指定することにより，運動量 $\bm{p} = \hbar \bm{k}$，エネルギー $\varepsilon_k = \hbar^2 k^2 / 2m$ をもつ量子状態が決まるのである．

2.2 量子力学的な1個の自由粒子の状態数

　前節の結果から，自由粒子の量子状態は，その量子数である波数ベクトル $\boldsymbol{k}$ を指定すれば決まることがわかった．さらに (2.5) によれば，その量子状態は整数の組 (n_x, n_y, n_z) によって決まる．したがって，この整数の組の数を数えれば，量子状態の数，すなわち状態数を求めることができる．以下では，このことを根拠に，自由粒子の状態数を求めてみよう．

　$d\boldsymbol{k}$ を微小な波数ベクトルとするとき，波数ベクトル $\boldsymbol{k}$ と $\boldsymbol{k} + d\boldsymbol{k}$ の間の波数とは，3次元の波数空間中の dk_x, dk_y, dk_z を隣り合う3辺とする体積 $dk_x dk_y dk_z$ の微小直方体の中にある波数のことである．ところが，(2.5) によれば，例えば波数 k_x は $2\pi/L$ を単位にして離散的に値をもつので，3次元の波数空間中には体積 $(2\pi/L)^3$ に状態が1つだけあることになる．したがって，体積 $dk_x dk_y dk_z$ の微小直方体の中に含まれる状態数は，その体積 $dk_x dk_y dk_z$ を $(2\pi/L)^3$ で割った

$$\frac{dk_x dk_y dk_z}{(2\pi/L)^3} = \frac{V}{(2\pi)^3} dk_x dk_y dk_z \tag{2.6}$$

で与えられる．ここで $V = L^3$ は，図 2.1 で示した，粒子が存在する系の体積である．

　ところで，自由粒子が含まれる系は巨視的であると考えているので，厳密には波数が離散的であるとしても，実際上の計算では連続的とみなしてよい．さらに，3次元の波数空間 (k_x, k_y, k_z) を3次元の極座標 (k, θ, φ)（k：波数，θ：極角，φ：方位角）で表すと，積分などの計算が容易になる（このことに興味のある読者は，拙著『力学・電磁気学・熱力学のための 基礎数学』第2章を参照）．このとき，図 2.2 に示したように，3次元の波数空間の微小直方体の体積は $dk_x dk_y dk_z$ の代わりに $k^2 \sin\theta \, dk \, d\theta \, d\varphi$ と表され，k は波数ベクトル $\boldsymbol{k}$ の大きさ $|\boldsymbol{k}|$ である．したがって，この微小直方体の中に含まれる状態数は，(2.6) の代わりに

$$\frac{V}{(2\pi)^3} k^2 \sin\theta \, dk \, d\theta \, d\varphi$$

となる．

2.2 量子力学的な1個の自由粒子の状態数

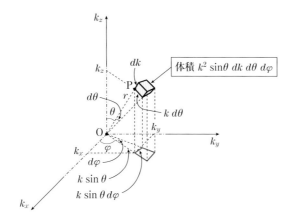

図 2.2 3次元の波数空間とその中の微小体積 $k^2\sin\theta\,dk\,d\theta\,d\varphi$

また，自由粒子については波数ベクトルに特別な向きはなく，等方的なので，上の結果を極角 θ，方位角 φ について積分すると，波数の範囲 k と $k+dk$ の間にある状態数 $d\Omega$ は，

$$d\Omega = \frac{4\pi V}{(2\pi)^3}k^2 dk \tag{2.7}$$

で与えられる．

問題 1 (2.7) を導け．

粒子のエネルギー ε は (2.4) より $\varepsilon = (\hbar^2/2m)\,k^2$ なので，$k=(2m/\hbar^2)^{1/2}\varepsilon^{1/2}$ であり，その微分は $dk=(2m/\hbar^2)^{1/2}\varepsilon^{-1/2}d\varepsilon/2$ となる．したがって，$k^2 dk=\{(2m)^{3/2}/2\hbar^3\}\,\varepsilon^{1/2}d\varepsilon$ と表される．これを (2.7) に代入すると，粒子のエネルギーが ε と $\varepsilon+d\varepsilon$ の範囲にある状態数は

$$d\Omega = \frac{2\pi(2m)^{3/2}V}{h^3}\varepsilon^{1/2}d\varepsilon \tag{2.8}$$

で与えられる．なお，ここではプランク定数 $h=2\pi\hbar$ が使われていることに注意しよう．

したがって，1個の粒子のエネルギーが 0 から ε まで（サイコロ投げでいえば，1個のサイコロを投げたときに出る目が 1 から 6 まで）の範囲にある

全微視的状態数 $\Omega(\varepsilon)$ は，(2.8) を 0 から ε まで積分して，

$$\Omega(\varepsilon) = \int_0^\varepsilon d\Omega = \frac{4\pi}{3}(2m)^{3/2}\frac{V}{h^3}\varepsilon^{3/2} \tag{2.9}$$

となることがわかる．

　以上により，1 個の自由粒子がとり得る量子力学的な状態の状態数が，粒子のエネルギーの関数として (2.9) で表されることがわかった．1 個のサイコロのとり得る状態の状態数は 6 であったが，1 個の自由粒子がとり得る量子力学的な状態の状態数は，そのエネルギーによって変わるのである．

2.3　古典力学的な 1 個の自由粒子の状態数

　ここでも前節までの量子力学的な自由粒子と同様，古典力学的な自由粒子が 1 辺 L の立方体の中にあるとし，図 2.1 のように，この立方体の 1 つの頂点を原点に，そこからの各辺を x, y, z 軸にする座標系をとることにしよう．古典力学的には，粒子の状態はその位置 $\boldsymbol{r} = (x, y, z)$ と運動量 $\boldsymbol{p} = (p_x, p_y, p_z)$ によって指定することができる．一般に，これらを合わせた 6 次元空間 (x, y, z, p_x, p_y, p_z) を，この粒子の位相空間とよぶ．すなわち，この位相空間の 1 点が粒子の 1 つの状態を表すということができる．そうすると，この位相空間の体積が状態数に比例することになるが，前節までにみてきたように，これは量子力学的には，波数空間の体積が状態数に比例したことと符合する．

　6 次元の位相空間の微小領域 $\boldsymbol{r}$ と $\boldsymbol{r} + d\boldsymbol{r}$，$\boldsymbol{p}$ と $\boldsymbol{p} + d\boldsymbol{p}$ の範囲にある微小体積は

$$dx\,dy\,dz\,dp_x\,dp_y\,dp_z$$

と表される．しかし，自由粒子の位置については立方体の中に特別な場所はなく，すべての位置が一様に状態数に寄与するので，位置に関しては積分して

$$V\,dp_x\,dp_y\,dp_z \tag{2.10}$$

とおく．この場合にも，自由粒子については運動量ベクトル $\boldsymbol{p}$ に特別な向きはなく，等方的なので，(2.6) から (2.7) を導いたのと同じようにして，(2.10) を 3 次元の極座標 (p, θ, φ) で表し，極角 θ，方位角 φ について積分

2.3 古典力学的な1個の自由粒子の状態数

すると，運動量が p と $p+dp$ の範囲にある6次元の位相空間の微小体積 dV は，

$$dV = 4\pi V p^2 dp \tag{2.11}$$

で与えられる．

ところで，自由粒子のエネルギーは $\varepsilon = (1/2m)p^2$ なので，前節と全く同様にして，上式を粒子のエネルギーで表すと，

$$dV = 2\pi(2m)^{3/2}V\varepsilon^{1/2}d\varepsilon \tag{2.12}$$

となる．したがって，1個の自由粒子のエネルギーが0から ε までの範囲にある全状態数に比例する位相空間の全体積 $V(\varepsilon)$ は，

$$V(\varepsilon) = \int_0^\varepsilon dV = \frac{4\pi}{3}(2m)^{3/2}V\varepsilon^{3/2} \tag{2.13}$$

で与えられることがわかる．

問題 2 (2.11) から出発して，(2.12) と (2.13) を導け．

このようにして求められた古典力学的な1個の自由粒子の状態数に比例する位相空間の体積 $V(\varepsilon)$ と，(2.9) で与えられた量子力学的な1個の自由粒子の状態数 $\Omega(\varepsilon)$ を見比べてみると，両者の間には

$$\Omega(\varepsilon) = h^{-3}V(\varepsilon) \tag{2.14}$$

という関係があることがわかる．物理的には，量子力学であろうと古典力学であろうと，1個の自由粒子の状態数は同じでなければならないので，(2.14) は，古典力学的な1個の自由粒子の状態数を求めるには，その状態を表す位相空間の体積をプランク定数の3乗である h^3 で割ればよいことを意味している．実は，これには量子力学の根本に関わる深い理由がある．

量子力学によると，粒子・波動の2重性によって，粒子の位置と運動量の測定値の精度には本質的な限界がある．例えば，x 方向の位置の測定精度 Δx と運動量の測定精度 Δp_x との間には不確定性関係 $\Delta x \Delta p_x \cong h$ があって，それ以上詳しく測定することはできない．したがって，位相空間で $\Delta x \Delta y \Delta z \Delta p_x \Delta p_y \Delta p_z = h^3$ 以下の小さい体積内に異なった状態があると考える意味がなく，h^3 の単位ごとに1つの状態が確定することになる．

以上により，古典力学的な1個の自由粒子の状態数を求めるには，それに

36　　　　　　　　　　　2. 多粒子系の状態

対応する位相空間の体積を h^3 で割れば，量子力学的に求めた結果と一致する状態数が得られることがわかった.

2.4　古典力学的な N 個の自由粒子からなる系の状態数

　これまでは，1 個の自由粒子がとり得る状態の状態数を求めてきた. 本節では，N 個の自由粒子からなる系の状態数を考えることにしよう.

　N 個の古典力学的な自由粒子が体積 V の立方体中にあるとき，その状態は，i 番目の粒子の位置と運動量をそれぞれ，$\boldsymbol{r}_i = (x_i, y_i, z_i)$，$\boldsymbol{p}_i = (p_{xi}, p_{yi}, p_{zi})$ として，$6N$ 次元の位相空間内の点

$(x_1, y_1, z_1, p_{x1}, p_{y1}, p_{z1}, x_2, y_2, z_2, p_{x2}, p_{y2}, p_{z2}, \cdots, x_N, y_N, z_N, p_{xN}, p_{yN}, p_{zN})$

で表される. これが，系に含まれる個々の粒子すべてについてくまなく状態が指定されているという意味で，系の 1 つの微視的状態である. エネルギーが 0 から E までの範囲の，この系全体のすべての微視的状態数 $\Omega(E)$ を求めるには，前節の結果から，これを満たす $6N$ 次元の位相空間の体積を計算し，h^{3N} で割ればよい. したがって，

$$\Omega(E) = \frac{1}{h^{3N}} \iint \cdots \int dx_1 dy_1 dz_1 dx_2 dy_2 dz_2 \cdots dx_N dy_N dz_N$$
$$\times \iint \cdots \int dp_{x1} dp_{y1} dp_{z1} dp_{x2} dp_{y2} dp_{z2} \cdots dp_{xN} dp_{yN} dp_{zN}$$

$$(2.15)$$

を計算すればよいことになる.

　(2.15) の位置についての積分は容易で，粒子 1 個につき体積 V が現れるだけなので，全粒子の位置についての積分は V^N であり，(2.15) は

$$\Omega(E) = \frac{V^N}{h^{3N}} \iint \cdots \int dp_{x1} dp_{y1} dp_{z1} dp_{x2} dp_{y2} dp_{z2} \cdots dp_{xN} dp_{yN} dp_{zN}$$

$$(2.16)$$

となる.

　運動量の積分には注意が必要であり，系の全エネルギーが E 以下なので，

$$\frac{1}{2m}(p_{x1}{}^2 + p_{y1}{}^2 + p_{z1}{}^2 + p_{x2}{}^2 + p_{y2}{}^2 + p_{z2}{}^2 + \cdots + p_{xN}{}^2 + p_{yN}{}^2 + p_{zN}{}^2) \leq E$$

を満たすように積分しなければならない. しかし, 上式を

$$p_{x1}{}^2 + p_{y1}{}^2 + p_{z1}{}^2 + p_{x2}{}^2 + p_{y2}{}^2 + p_{z2}{}^2 + \cdots + p_{xN}{}^2 + p_{yN}{}^2 + p_{zN}{}^2 \leq \{(2mE)^{1/2}\}^2$$

と表せばわかるように, (2.15) の運動量についての積分は, 半径 $(2mE)^{1/2}$ の $3N$ 次元球の体積を求めることに他ならない. このことは, 2 次元の座標系 (x, y) における半径 r の円 (半径 r の 2 次元球) の内部が $x^2 + y^2 \leq r^2$ で表され, 3 次元の座標系 (x, y, z) における半径 r の 3 次元球の内部が $x^2 + y^2 + z^2 \leq r^2$ で表されることから, 想像がつくであろう.

ところで, n 次元単位球 (半径 1 の n 次元球) の体積を C_n とすると,

$$C_n = \frac{\pi^{n/2}}{\Gamma\left(\dfrac{n}{2} + 1\right)} \tag{2.17}$$

で表されることが知られている (求め方に興味のある読者は付録 C を参照). ここで $\Gamma(s)$ は**ガンマ関数**とよばれ,

$$\Gamma(s) = \int_0^\infty e^{-t} t^{s-1} dt \tag{2.18}$$

で定義され, この定義から

$$\Gamma(s+1) = s\Gamma(s) \tag{2.19}$$

が容易に示される. 特に, s が自然数 n のとき,

$$\Gamma(n+1) = n! \tag{2.20}$$

であることも容易に示される.

問 題 3 ガンマ関数の定義 (2.18) から (2.19) と (2.20) を導け.

n 次元単位球の体積が (2.17) で与えられるので, 半径 r の n 次元球の体積は, その r^n 倍の $C_n r^n$ となる. したがって, 半径 $(2mE)^{1/2}$ の $3N$ 次元球の体積は $C_{3N}(2mE)^{3N/2}$ で与えられることになる. これを (2.16) の右辺の積分に代入することによって,

$$\Omega(E) = \frac{V^N}{h^{3N}} C_{3N} (2mE)^{3N/2} = \left(\frac{2\pi m}{h^2}\right)^{3N/2} \frac{V^N}{\Gamma\left(\frac{3N}{2}+1\right)} E^{3N/2}$$

(2.21)

が得られる．これが，N 個の自由粒子からなる系の，エネルギーが 0 から E までの範囲のすべての微視的状態数である．

2.5 熱平衡状態・孤立系・等確率の原理

　私たちは日常的な経験から，熱いコーヒーの入ったカップを書斎の机上に置いたままにしておくと，次第に冷めていって，ついには室温と同じになり，温度の変化がなくなることをよく知っている．また，そのコーヒーにミルクを入れてかき回しても，いずれその動きが遅くなって静止する．このように，系の状態が巨視的にみて全く時間変化がなくなったとき，その系は**熱平衡状態**にあるという．もちろん，この場合，巨視的にみて時間変化がないということが重要であって，微視的にみれば，例えば熱平衡状態にあるコーヒーの中の水分子などは，その温度に応じて激しく動き回っていることはいうまでもない．

　ある系があって，それが外界と相互作用を一切しない（つまり，エネルギーのやり取りをしない）とき，その系を**孤立系**という．孤立系ではそのエネルギーは保存し，一定であって時間変化はしない．このような孤立系でも，前節の N 個の古典力学的な自由粒子からなる系を想像してわかるように，様々な微視的状態があり，力学的にはどれも実現可能である．しかし，逆にいうと，この孤立系が熱平衡状態にあるときには，どれかの微視的状態が他の微視的状態に比べて優先的に実現するようなことも考え難い．そこで，多数のサイコロからなる系で，すべての微視的状態の実現確率が等しかったのと同じように，熱平衡状態にある孤立系の可能な微視的状態は，すべて等しい確率で実現するものと仮定しよう．これを**等確率の原理**といい，熱平衡系の統計力学の最も重要な出発点である．

　孤立系では系のエネルギー E は一定であるが，外界と相互作用しつつも

熱平衡状態にある系もある．上に述べた，机上のカップの中にある冷めた
コーヒーは，それだけをみると，書斎という外界とエネルギーを交換してい
ながら，熱平衡状態にある系とみることができる．このような場合も考慮し
て，系のエネルギーが 0 から E までの範囲にあるすべての微視的状態数を
$\Omega(E)$ とするとき，エネルギーが E と $E + \varDelta E$ の間の，微小なエネルギー幅
$\varDelta E$ にある微視的状態数

$$W(E) = \frac{d\Omega(E)}{dE} \varDelta E \qquad (2.22)$$

を定義しておくと便利である．この式の右辺の $d\Omega(E)/dE$ は，状態数 $\Omega(E)$
の系のエネルギー E に関する変化の割合なので，状態密度とよばれる．

　N 個の古典力学的な自由粒子からなる系の場合，微視的状態数 $W(E)$ は，
(2.21) を (2.22) に代入して

$$W(E) = \frac{3N}{2}\left(\frac{2\pi m}{h^2}\right)^{3N/2} \frac{V^N}{\varGamma\left(\frac{3N}{2} + 1\right)} E^{(3N/2)-1} \varDelta E \qquad (2.23)$$

で与えられることがわかる．この式は，今後，統計力学における具体的な計
算を実行する際にしばしば使うことを前もって述べておく．

2.6　まとめとポイントチェック

　本章ではまず，1 個の自由粒子からなる系の量子力学的な状態を求め，そ
れに現れる波数が状態を決めることを根拠に，この系の状態数を求めた．古
典力学的な自由粒子の場合は，個々の状態が粒子の座標と運動量からなる位
相空間の点で表されるので，状態数があるとすれば，それは位相空間の体積
に比例するはずである．実際，この位相空間の体積を求めてみると，確かに
量子力学的に求めた状態数と見事に対応することがわかり，量子力学におけ
る不確定性原理からの意味づけも可能なことから，古典力学的な自由粒子の
状態数の求め方も明らかになった．こうして，多数の自由粒子からなる系の
状態数を求めることができた．

　また，これから学ぶ統計力学においては，系の最も基本的な状態が熱平衡

状態なので，それについて解説した．さらに，注目する系とそれ以外の外界がどのように作用し合っているか，あるいは全く関係なく孤立しているかなどについても説明を加えた．

　前章でみたように，多数のサイコロからなる系の統計的取扱いが容易であったのは，個々のサイコロの目を1つ1つ指定するような微視的状態の実現確率がすべて等しいという等確率の原理が成り立っているおかげであった．そこで，これから学ぶ統計力学でも，熱平衡状態にある孤立系の可能な微視的状態の実現確率はすべて等しいという，等確率の原理の前提のもとで議論を進めることに言及した．

ポイントチェック

- ☐ 1個の自由粒子の量子力学的な取扱い方が理解できた．
- ☐ 1個の自由粒子の量子力学的な状態数の求め方がわかった．
- ☐ 1個の古典力学的な自由粒子の状態数の求め方がわかった．
- ☐ 多数の古典力学的な自由粒子からなる系の状態数の求め方がわかった．
- ☐ 熱平衡状態とは何か，孤立系とは何かを説明できるようになった．
- ☐ 等確率の原理の重要性がわかった．

■1 サイコロの確率・統計 → 2 多粒子系の状態 → 3 熱平衡系の統計 → 4 統計力学の一般的な方法 → 5 統計力学の簡単な応用 → 6 量子統計力学入門 → 7 相転移の統計力学入門

3 熱平衡系の統計

学習目標

・孤立系の熱平衡状態の実現確率を理解する.
・結合系の熱平衡状態の特徴を理解する.
・ボルツマン関係式を導き，その意味を理解する.
・熱浴中にある系の実現確率を求め，ボルツマン因子とは何かを説明できるようになる.

　本章ではまず，多数の自由粒子からなる孤立系の微視的状態数の特徴を調べることによって，熱平衡状態の実現確率を考察する. これを出発点にして，熱的に弱く相互作用している2つの系からなる1つの結合系が，周囲の系から孤立していて熱平衡状態にある場合を考える. そして，結合している一方の系があるエネルギーの値で熱平衡状態となる確率が，そのエネルギーの関数としてどのように表されるかを調べる.

　次に，熱力学的・巨視的な状態量であるエントロピーと，力学的・微視的な量である微視的状態数を結び付ける関係式であるボルツマン関係式を導く. この式は，統計力学において最も重要な関係式の1つである.

　結合系の一方の系が他方の系に比べて圧倒的に大きいとき，その系のことを圧倒的に小さな系に対する熱浴という. このとき，圧倒的に小さな系がもつエネルギーの値の実現確率がボルツマン因子に比例することをみる. これも統計力学に常に現れる重要な因子である.

　また，古典力学を基礎にしてボルツマン関係式からエントロピーを求めると，ギブス・パラドックスという矛盾に直面する. しかし，古典力学より基本的な理論体系として知られる量子力学を適用すれば，このパラドックスが解決されることを示す.

3.1 孤立系の熱平衡状態

エネルギーが $E \sim E + \Delta E$ の狭い範囲にある孤立系を考えよう．このエネルギーの範囲にある系の可能な微視的状態数を $W(E)$ と表すことは，すでに前章で述べた通りである．そして，この孤立系が熱平衡状態にあるとき，これらの可能な微視的状態はすべて同じ実現確率をもつことは，前章で等確率の原理として強調したように，本書の主題である熱平衡系の統計力学の大前提である．ただし，前章の古典力学的な自由粒子の場合の (2.23) にみたように，微視的状態数 $W(E)$ は系の体積 V や粒子数 N の関数でもあることには注意しなければならない．

図 3.1 のように，断熱壁で外界と完全に遮断された体積 V の容器があるとすると，この容器は孤立系とみなされる．それが図 3.1 (a) のように，はじめ薄い仕切りで左右に等分割され，左の部分にだけ N 個の古典力学的な自由粒子があり，仕切りの右側の部分には粒子が全くないものとしよう．このときの微視的状態数を $W_{\rm i}(E)$（添字の i は initial（はじめの）の意味）とすると，系の体積は $V/2$ なので，微視的状態数は，(2.23) で V を $V/2$ と置き換えて

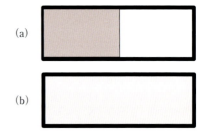

図 3.1 孤立系のはじめの状態 (a) と終わりの状態 (b)

$$W_{\rm i}(E) = \frac{3N}{2}\left(\frac{2\pi m}{h^2}\right)^{3N/2}\frac{\left(\frac{V}{2}\right)^N}{\Gamma\left(\frac{3N}{2}+1\right)}E^{(3N/2)-1}\Delta E \quad (3.1)$$

となる．

次に，図 3.1 (a) にあった仕切りを取り払うと，図 3.1 (b) のように，粒子は体積 V の容器全体を占めることができるようになり，このときの微視的状態数を $W_{\rm f}(E)$（添字の f は final（終わりの）の意味）とすると，これは (2.23) で与えられる．

3.1 孤立系の熱平衡状態 　43

ここで，(3.1) と (2.23) より，$W_\mathrm{i}(E)$ と $W_\mathrm{f}(E)$ の比をとると

$$\frac{W_\mathrm{i}(E)}{W_\mathrm{f}(E)} = \frac{\dfrac{3N}{2}\left(\dfrac{2\pi m}{h^2}\right)^{3N/2}\dfrac{\left(\dfrac{V}{2}\right)^N}{\Gamma\left(\dfrac{3N}{2}+1\right)}E^{(3N/2)-1}\varDelta E}{\dfrac{3N}{2}\left(\dfrac{2\pi m}{h^2}\right)^{3N/2}\dfrac{V^N}{\Gamma\left(\dfrac{3N}{2}+1\right)}E^{(3N/2)-1}\varDelta E} = \left(\dfrac{1}{2}\right)^N \quad (3.2)$$

が得られ，粒子数 N が通常の巨視系でみられるようにアボガドロ定数の程度の数だと，はじめの状態数 $W_\mathrm{i}(E)$ が，終わりの状態数 $W_\mathrm{f}(E)$ に比べて圧倒的に小さいことがわかる．すなわち，図 3.1 (a) のような状態は自然には非常に起こりにくいことがわかる．

例 題 1

　図 3.1 で，はじめに容器の体積の 2/3 のところに仕切りをつけ，そこにだけ N 個の古典力学的な自由粒子を入れておく．次に，その仕切りを取り外してしばらくすると，粒子は容器全体に広がって一様な状態に落ち着いた．この場合のはじめと終わりの微視的状態数の比を求めよ．

解 はじめの系の体積は $2V/3$ なので，はじめの微視的状態数は，(2.23) で V を $2V/3$ とおいて

$$W_\mathrm{i}(E) = \frac{3N}{2}\left(\frac{2\pi m}{h^2}\right)^{3N/2}\frac{\left(\dfrac{2V}{3}\right)^N}{\Gamma\left(\dfrac{3N}{2}+1\right)}E^{(3N/2)-1}\varDelta E$$

となる．終わりの微視的状態数は (2.23) と同じなので，両者の比は

$$\frac{W_\mathrm{i}(E)}{W_\mathrm{f}(E)} = \frac{\dfrac{3N}{2}\left(\dfrac{2\pi m}{h^2}\right)^{3N/2}\dfrac{\left(\dfrac{2V}{3}\right)^N}{\Gamma\left(\dfrac{3N}{2}+1\right)}E^{(3N/2)-1}\varDelta E}{\dfrac{3N}{2}\left(\dfrac{2\pi m}{h^2}\right)^{3N/2}\dfrac{V^N}{\Gamma\left(\dfrac{3N}{2}+1\right)}E^{(3N/2)-1}\varDelta E} = \left(\dfrac{2}{3}\right)^N$$

となり，やはり図 3.1 のときと同様に，はじめの微視的状態数の方がまだ非常に小さいことがわかる．

ただし，この例題の場合のはじめの微視的状態数を，図 3.1 の場合のはじめの微視的状態数と比べると，その比は $(2/3)^N/(1/2)^N = (4/3)^N \gg 1$ となって，ずっと大きい．すなわち，はじめの体積を増やすと，微視的状態数も圧倒的に増えるのである．結局，粒子が容器全体に一様に分布するときに系の微視的状態数が最大になることがわかる．これは (2.23) の右辺の体積依存性から明らかなのであるが，しっかり確認しておくべきことである．

問題 1 はじめに容器の体積の 3/4 のところに仕切りをつけて粒子を閉じ込めた場合には，例題 1 に比べて，はじめと終わりの微視的状態数の比は一層大きくなることを確かめよ．

以上のことを，「多数の自由粒子からなる孤立系では，すべての可能な微視的状態が等確率で起こる」とする等確率の原理に従って考えてみよう．上でみたように，図 3.1 で左側に偏って存在する巨視的な状態（はじめの状態）より，系全体に一様に存在する巨視的状態（終わりの状態）の方が圧倒的に状態数が多く，したがって，等確率の原理より，圧倒的に実現確率が高いのである．これをさらに一般化すれば，粒子が系内のどこかに局在したりして一様に分布していない状態は非常に起こりにくく，一様に分布している状態の実現確率が最大であるということになる．

このことは，経験的にはほとんど自明なことであろう．仕切りを取り除いても，気体分子が左半分の部分にずっと居残り続けたり，逆に，勢い余って右半分に移動してそこに留まり続けることなど到底考えられず，最終的には，一様な熱平衡状態に落ち着く．すなわち，熱平衡状態というのは，巨視的にみて一様な状態に微視的状態数が集中しているという意味で，その実現確率が最大の状態であるということができる．しかし，ここでのポイントは，このことが断定できるための前提に，等確率の原理があるということである．

本節では，熱平衡状態の性質を具体的，定量的に示すために，古典力学的な自由粒子からなる系を例にしたが，本節で述べたことは自由粒子系に限らないことは，日常的な経験からも明らかであろう．部屋の中の空気がほんの一瞬でも部屋の半分だけに集中したり，コップの水の中に溶け込んだインクが水中の一方だけに偏ることはあり得ないのである．

3.2 結合系の熱平衡状態

次に，図 3.2 のように，孤立系 $A^{(0)}$ の中に系 A があるとしよう．$A^{(0)}$ の中の A 以外の部分を系 A' とし，A と A' の間にはわずかながらもエネルギーのやり取りがあるとしよう．すなわち，孤立系 $A^{(0)}$ は 2 つの系 A と A' からなり，A と A' は弱い熱的な相互作用があるものとする．ここで，これまで通り，系 A のエネルギー範囲 $E \sim E + \varDelta E$ の中の微視的状態数を $W(E)$，系 A' のエネルギー範囲 $E' \sim E' + \varDelta E'$ の中の微視的状態数を $W'(E')$ とおくことにする．

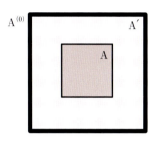

図 3.2 孤立系の中の系

孤立系 $A^{(0)}$ のエネルギーを $E^{(0)}$，系 A と A' のエネルギーをそれぞれ E, E' とすると

$$E^{(0)} = E + E' \quad (一定) \tag{3.3}$$

と表され，孤立系 $A^{(0)}$ のエネルギー $E^{(0)}$ は保存して一定であるが，系 A と A' の間には弱いながらも熱的相互作用があるので，系 A のエネルギー E は一定ではなく，変化し得ることに注意しなければならない．すなわち，系 A のエネルギーが E のとき，系 A' のエネルギーは $E' = E^{(0)} - E$ と決まってしまう．

このときの孤立系 $A^{(0)}$ の微視的状態数を $W^{(0)}$ とすると，これは系 A のエネルギーが E であることによるので (E' にもよるが，E' も E の関数なので) E の関数であり，$W^{(0)}(E)$ と表される．いい換えると，系 A のエネルギーが $E \sim E + \varDelta E$ の範囲にあるとき，孤立系 $A^{(0)}$ の微視的状態数は $W^{(0)}(E)$ と表されるのである．

熱平衡状態では等確率の原理により，孤立系 $A^{(0)}$ の個々の微視的状態の実現確率は系 A のエネルギー E によらず，すべて等しい．また，(3.3) より E は 0 から $E^{(0)}$ までの値をとることができるので，孤立系 $A^{(0)}$ の全微視的状態数 $W^{(0)}{}_\mathrm{T}$ は

$$W^{(0)}{}_{\mathrm{T}} = \sum_{E=0}^{E^{(0)}} W^{(0)}(E) \tag{3.4}$$

と表される．ここで下付きの T は，全部 (total) の頭文字から付けた．どの微視的状態の実現確率も等しいので，系 A がエネルギー範囲 $E \sim E + \mathit{\Delta} E$ の中にあるという状態の実現確率 $P(E)$ は微視的状態数の比で表され，

$$P(E) = \frac{W^{(0)}(E)}{W^{(0)}{}_{\mathrm{T}}} = C\,W^{(0)}(E), \qquad C = \frac{1}{W^{(0)}{}_{\mathrm{T}}} = \frac{1}{\sum_{E=0}^{E^{(0)}} W^{(0)}(E)} \tag{3.5}$$

が得られる．

ところで，結合系の1つの微視的状態は，一方の系の1つの状態に他方の系の1つの状態が対応してでき上がっているので，結合系のすべての微視的状態数は結合している系の微視的状態数の積で表される．いまの場合，系 A の微視的状態数が $W(E)$ であり，系 A' の微視的状態数が $W'(E') = W'(E^{(0)} - E)$ なので，これら両者の結合系としての孤立系 $\mathrm{A}^{(0)}$ の微視的状態数は，

$$W^{(0)}(E) = W(E)\,W'(E^{(0)} - E) \tag{3.6}$$

となる．したがって，系 A の実現確率 $P(E)$ は，(3.6) を (3.5) に代入して

$$P(E) = C\,W(E)\,W'(E^{(0)} - E) \tag{3.7}$$

となる．

古典力学的な自由粒子の場合の (2.23) をみれば想像がつくように，系 A の微視的状態数 $W(E)$ は，系のエネルギー E の極端に速く増加する関数である．系 A' の微視的状態数 $W'(E')$ も同様であるが，$W'(E^{(0)} - E)$ は E が

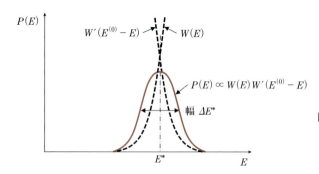

図 3.3 系 A の実現確率 $P(E)$ が E^* でピークになる大まかな様子

3.2 結合系の熱平衡状態 47

増えるとその引数 $E^{(0)} - E$ が減るので，E の極端に速く減少する関数である．したがって，これらの積に比例する系 A の実現確率 (3.7) は，図 3.3 に示したように，あるエネルギーの値 E^* で鋭いピークをもつ関数ということになる．なお，(3.7) が一山のピークをもつことを強調するために，図 3.3 は非常に大まかな図になっていることに注意してほしい．

例 題 2

系 A を構成する粒子の数を N とするとき，この系の自由度 f は N のオーダーの数で与えられる．古典力学的な自由粒子の場合の (2.23) を参考にすれば，一般に系 A の微視的状態数 $W(E)$ を E の関数としてみると，$W(E) \propto E^{(3N/2)-1} \propto E^f$ とおくことができるであろう．同様に，系 A′ についても $W'(E') \propto E'^{f'}$（f' は系 A′ の自由度であり，系の粒子数 N' のオーダーの数）である．

このとき，(3.7) の対数 $\log P(E)$ は E の関数として単一のピークをもつことを示せ．対数関数が単純な増加関数であることを考慮すると，これは取りも直さず，$P(E)$ が図 3.3 のような単一のピークをもつ関数であることを意味する．

解 系 A の実現確率 $P(E)$ は，(3.7) と上の考察より

$$P(E) = C W(E) W'(E^{(0)} - E) \propto E^f E'^{f'} = E^f \{E^{(0)} - E\}^{f'} \tag{1}$$

となる．そこで $P(E) = \alpha E^f \{E^{(0)} - E\}^{f'}$（$\alpha$ は E によらない比例定数）とおくと，その対数は

$$\log P(E) = \log \alpha + f \log E + f' \log \{E^{(0)} - E\} \tag{2}$$

と表される．(2) を E で微分すると，

$$\frac{d \log P(E)}{dE} = \frac{f}{E} - \frac{f'}{E^{(0)} - E} \tag{3}$$

となり，これを 0 とおくことによって

$$E = E^* = \frac{f}{f + f'} E^{(0)} \tag{4}$$

が得られ，$\log P(E)$ は $E = E^*$ でのみ極値をもつことがわかる．

いまの場合，$E < E^*$ で (3) の右辺が正，$E > E^*$ で負となるので，この極値は最大値である．したがって，$P(E)$ は $E = E^*$ で最大となり，確かに $P(E)$ は図 3.3 のような振る舞いを示すことがわかる．

問 題 2 $\log P(E)$ の極値が最大値であることを確かめよ.

図 3.3 に示した系 A の実現確率 $P(E)$ の大まかな様子は,1.7 節で述べた多数のサイコロからなる系の平均状態量の分布の議論からも理解できる.サイコロの場合の図 1.6 のアンサンブルのように,この場合にも図 3.2 と同じような系を多数用意してアンサンブルとし,アンサンブル平均の立場から実現する巨視的状態を考えるのである.

前にも述べたように,等確率の原理によって,孤立系 $A^{(0)}$ の微視的状態の実現確率は系 A のエネルギー E によらず,すべて等しい.サイコロからなる系の場合には,これは自明である.多数のサイコロからなる系の場合に,サイコロの状態量についてアンサンブル平均をとった平均状態量 ν が,ある値(実際には 1 個のサイコロについての状態量の平均値 $\mu = 3.5$)およびそのごく近傍の値をもつ微視的状態に集中したように,この場合にも,あるエネルギー E^* およびそのごく近傍にのみ,微視的状態が集中するようになり,系 A の実現確率 $P(E)$ は図 3.3 のような振る舞いを示すことになる.そして,詳しい計算によれば,確率分布は正規(ガウス)分布になることが示される.

このとき,ピークの幅 ΔE^* とピークのエネルギー E^* との比は,サイコロの場合の (1.12) と同様,大数の法則および中心極限定理によって,

$$\frac{\Delta E^*}{E^*} \propto \frac{1}{\sqrt{N}} \tag{3.8}$$

で与えられ,系 A の実現確率 $P(E)$ は極端に狭い幅をもつことになる.

本節では,微視的状態数 $W(E)$ が自由粒子のものでなければならないことは一切いっていないことに注意しよう.すなわち,本節で述べたことは,自由粒子からなる系を超えて,一般の系にいえることである.

3.3 結合系の熱平衡条件

古典力学的な自由粒子の系の微視的状態数を表す式 (2.23) をみてわかるように,(3.7) で与えられる $P(E)$ は E の急激に変化する関数であるが,その対数をとった $\log P(E)$ の方は変化がずっと緩やかになり,見通しが良く

3.3 結合系の熱平衡条件

なる．しかも，前節の例題でも述べたが，対数関数が増加関数なので，系 A の実現確率 $P(E)$ のピークの位置は $\log P(E)$ のピークのそれと一致する．このことは，以下の計算から直ちにわかる．

$\log P(E)$ のピークの位置は

$$\frac{\partial \log P(E)}{\partial E} = \frac{1}{P(E)} \frac{\partial P(E)}{\partial E} = 0 \tag{3.9}$$

より決定される．ここで偏微分の記号 $\partial/\partial E$ を使った理由は，一般には $P(E)$ が系の体積 V や粒子数 N の関数でもあるからである．上式自体は対数の微分公式を使っただけであるが，この式からも $\partial \log P(E)/\partial E = 0$ のとき $\partial P(E)/\partial E = 0$ なので，$\log P(E)$ と $P(E)$ のピークの位置が一致することがわかるのである．

(3.7) より $\log P(E) = \log C + \log W(E) + \log W'(E^{(0)} - E) = \log C + \log W(E) + \log W'(E')$ であり，$E' = E^{(0)} - E$ なので，これを (3.9) に代入すると，

$$\frac{\partial \log W(E)}{\partial E} + \frac{\partial \log W'(E')}{\partial E'} \frac{\partial E'}{\partial E} = \frac{\partial \log W(E)}{\partial E} - \frac{\partial \log W'(E')}{\partial E'} = 0$$
$$\tag{3.10}$$

が得られる．上式で，$E' = E^{(0)} - E$ $(E^{(0)}$ は定数) より $\partial E'/\partial E = -1$ となることを使った．ここで

$$\beta(E) \equiv \frac{\partial \log W(E)}{\partial E} \tag{3.11}$$

を定義しておくと，(3.10) は

$$\beta(E) = \beta'(E') \tag{3.12}$$

であることを意味する．もちろん，$\beta'(E') = \partial \log W'(E')/\partial E'$ である．

定義 (3.11) からわかるように，$\beta(E)$ は系 A に固有な量であり，$\beta'(E')$ も系 A′ に固有な量である．したがって，(3.12) は，それぞれの系に固有なこれらの量が $\log P(E)$ のピークの位置 $E = E^*$ で等しいことを主張している．

ここで，孤立系 A$^{(0)}$ は熱平衡状態にあるとしたことを思い出そう．すなわち，系 A と A′ は熱的に接触しているが，一方から他方に熱エネルギーが流

50   3. 熱平衡系の統計

れ続けるようなことは決して起こらない．すでに学んだ熱力学を思い出す
と，2つの系 A と A′ の温度をそれぞれ T, $T′$ とすると，このような熱平衡
状態ではそれらは等しく，

$$T = T′ \tag{3.13}$$

が成り立つことがわかっている（例えば，拙著：『物理学講義 熱力学』の第1
章を参照）．これはまさしく (3.12) を思い起こさせる．(3.11) の右辺にあ
る微視的状態数 $W(E)$ はただの数なので，$β(E)$ はエネルギーの逆数の次元
（[J^{-1}]，J はエネルギーの単位ジュール）をもつ．

そこで k を定数として

$$β = \frac{1}{kT} \tag{3.14}$$

とおくと，(3.12) は熱力学でよく知られた熱平衡条件 (3.13) を表すことが
わかる．実は，定数 k については後でボルツマン定数 k_B であることがわか
るのであるが，この段階では，単なる定数として導入されているに過ぎない
ことに注意しよう．

(3.14) を (3.11) に代入すると，

$$\frac{1}{T} = \frac{\partial\{k\log W(E)\}}{\partial E} \tag{3.15}$$

という，系の微視的状態数 $W(E)$ を巨視的状態量である温度 T と関係づけ
る式が導かれる．他方で，熱力学第1法則から容易に導かれる関係式

$$\frac{1}{T} = \frac{\partial S}{\partial E} \tag{3.16}$$

がある（例えば，拙著：『物理学講義 熱力学』の第7章を参照）．ここで S は
系のエントロピーであり，系の巨視的状態を表す熱力学的状態量の1つである．

(3.15) と (3.16) の比較から，エントロピー S に対して

$$S = k\log W(E) \tag{3.17}$$

という関係式が導かれ，これはエントロピーという系の巨視的状態量を微視
的状態数に結び付ける関係式である．エントロピーは系の乱雑さを表す量で
あり，微視的状態数が大きければ大きいほど，系が複雑で乱雑さも増すこと
を考えると，直観的には，この式はもっともなものと考えられる．

(3.17) は，これに最初に気付いたボルツマンにちなんで，**ボルツマン関係式**とよばれる（図 3.4 を参照）．ただしここでも，定数 k は単なる定数として導入されているに過ぎず，それがボルツマン定数 k_B であることは，後でわかることである．

問題 3 熱力学第 1 法則（エネルギー保存則）$dE = TdS - pdV$（p は系の圧力）を用いて，(3.16) が成り立つことを確かめよ．

図 3.4 ウィーンの中央墓地にあるボルツマンの墓碑．頭上に $S = k \log W$ の刻印がある（筆者撮影）

本節で述べたことも，前節と同様に，自由粒子からなる系だけでなく一般の系についていえることに注意しよう．

3.4 ボルツマン関係式

理想気体というのは，それを構成する気体分子が相互作用をしないで動き回るという意味で，自由粒子の集まりとみなすことができる．そこで以下では，体積 V の容器の中に，古典力学的な自由粒子が N 個ある理想気体の系を考えることにしよう．

この系の微視的状態数は (2.23) で与えられるので，系のエントロピー S は (2.23) を (3.17) に代入することによって，

$$S = k \left[\log \left\{ \frac{3N}{2} \left(\frac{2\pi m}{h^2} \right)^{3N/2} \bigg/ \Gamma \left(\frac{3N}{2} \right) \right\} + N \log V + \frac{3N}{2} \log E + \log \varDelta E \right] \tag{3.18}$$

と求められる．ただし，系の粒子数 N はアボガドロ定数ほどであり，それに比べて 1 は全く無視できるものとして省略した．また，熱力学的にはエントロピーは示量変数（全く同じ系を 2 つ合わせて 1 つの系をつくると，ちょうど 2 倍になるような熱力学的な変数）であるが，以下の議論には関係しない

ので, (3.18) のエントロピーが示量変数になっているかどうかは, 後の 3.6
節で議論する.

(3.18) のエントロピー S の式で, 系の粒子数 N が一定であるとして,
その微分 dS をつくると,

$$dS = \frac{\partial S}{\partial V} dV + \frac{\partial S}{\partial E} dE$$

$$\frac{\partial S}{\partial V} = \frac{\partial}{\partial V}(kN \log V) = \frac{kN}{V}, \qquad \frac{\partial S}{\partial E} = \frac{\partial}{\partial E}\left(k\frac{3N}{2}\log E\right) = \frac{3kN}{2E}$$

となるので,

$$dS = \frac{kN}{V} dV + \frac{3kN}{2E} dE \qquad (3.19)$$

が得られる. ここで ΔE がエネルギーの範囲を表し, 勝手に選べる定数であ
ることから, 微分から除いた.

一方, 系のエネルギー保存則を表す熱力学第 1 法則 $dE = TdS - pdV$ を
用いれば,

$$dS = \frac{1}{T} dE + \frac{p}{T} dV \qquad (3.20)$$

が成り立つ (例えば, 拙著:『物理学講義 熱力学』の第 6 章を参照). この
(3.20) と (3.19) を比較することにより,

$$E = \frac{3}{2} NkT \qquad (3.21)$$

$$p = \frac{2E}{3V} = \frac{NkT}{V} \qquad (3.22)$$

が導かれる.

ところが, 温度 T, 体積 V, 圧力 p, 粒子数 N の理想気体については,
そのエネルギー E が

$$E = \frac{3}{2} Nk_{\mathrm{B}}T \qquad (3.23)$$

で与えられ, 状態方程式

$$pV = Nk_{\mathrm{B}}T \qquad (3.24)$$

が成り立つことはよく知られている．ここで，k_B は前に述べた**ボルツマン定数**であり，

$$k_B = 1.380658 \times 10^{-23} [\mathrm{J \cdot K^{-1}}] \tag{3.25}$$

という値をもつ．

(3.21) と (3.23)，あるいは (3.22) と (3.24) を比較することにより，

$$k = k_B \tag{3.26}$$

が得られ，これまで使ってきた定数 k が，実はボルツマン定数 k_B であることがわかった．したがって，**ボルツマン関係式** (3.17) はボルツマン定数 k_B を使って

$$S = k_B \log W(E) \tag{3.27}$$

と表されることになる．

系の微視的状態数 $W(E)$ が力学的な量であり，エントロピー S が巨視的な熱力学的量であることを考えると，このボルツマン関係式 (3.27) は，微視的な力学と巨視的な熱力学を関係づける統計力学の最も重要な関係式であるということができる．

前節で導いたボルツマン関係式 (3.17) は，自由粒子からなる系あるいは理想気体に限らず一般に成り立つ関係式であるために，そこに導入された定数 k は普遍定数である．したがって，(3.17) は当然，理想気体についても成り立つ．本節では，そのことを使って，普遍定数 k がボルツマン定数 k_B であることを示したのである．

3.5　熱浴とボルツマン因子

図 3.2 のような結合系で，系 A が i 番目の微視的状態にあり，そのエネルギーが E_i であるとしよう．系 A がこの状態にある確率は，(3.7) より

$$P(E_i) = C' W'(E^{(0)} - E_i) \quad (C' = C W(E_i)) \tag{3.28}$$

で与えられる．ここでは微視的状態を 1 つに決めたので $W(E_i) = 1$ とおきたいところであるが，量子力学によると，単一のエネルギーをもつ状態がいくつもある場合があり，そのような場合のことを，状態が**縮退**しているという．このことも考慮して，上式では係数を C' とした．

ここで，図 3.2 と違って図 3.5 のように，系 A が A′ に比べて圧倒的に小さいとしよう．例えば，温度が一定に保たれた台所にテーブルがあって，小さなおちょこに入ったお酒がその上に置かれているような様子を想像すればよいであろう．はじめ人肌だったお酒も，少し経つと台所の温度と同じになる．このような場合の圧倒的に大きい方の系 A′ のことを，系 A の**熱浴**という．ただ，系 A

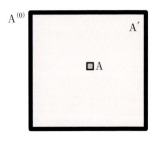

図 3.5 注目する系 A とその熱浴 A′

と A′ が熱的に相互作用があることは前提であるが，その相互作用は弱く，$E^{(0)} = E_i + E'$ という，エネルギーの加算性はあるものとする．

ここで，前節までの結果を用いて，(3.28) の右辺を見通しの良い形にすることを考えてみよう．系 A のエネルギー E_i は全系 $A^{(0)}$ のエネルギー $E^{(0)}$ よりはるかに小さく，$E_i \ll E^{(0)}$ である．そこでまず，(3.28) の右辺にある系 A′ の微視的状態数 $W'(E^{(0)} - E_i)$ の対数 $\log W'(E^{(0)} - E_i)$ をとり，それを $E^{(0)}$ の周りでテイラー展開すると，

$$\log W'(E^{(0)} - E_i) = \log W'(E^{(0)}) - \left(\frac{\partial \log W'}{\partial E'}\right)_{E' = E^{(0)}} E_i + \cdots$$
(3.29)

が得られる．

(3.29) の右辺の第 2 項にある係数 $(\partial \log W'/\partial E')_{E'=E^{(0)}}$ は $\log W'$ の $E' = E^{(0)}$ での微分値であるが，(3.11)，(3.14) および (3.26) より，これは $\beta = 1/k_B T$ であり，T は系 A′ の温度に他ならない．系 A に比べて非常に大きい熱浴 A′ はほとんど孤立系 $A^{(0)}$ と等しく，T は孤立系 $A^{(0)}$ の温度とみなすことができる．しかも系 A が圧倒的に小さいので，その温度も孤立系 $A^{(0)}$ のそれと等しいとみてよく，T は系 A の温度とみなされる．

系 A のエネルギー E_i が $E^{(0)}$ より圧倒的に小さいので，(3.29) の右辺第 3 項以下は十分良い近似で省略することができ，結局，

$\log W'(E^{(0)} - E_i) = \log W'(E^{(0)}) - \beta E_i, \quad \therefore \quad W'(E^{(0)} - E_i) = W'(E^{(0)})e^{-\beta E_i}$
(3.30)

と表される．これを (3.28) に代入すると，
$$P(E_i) = Ce^{-\beta E_i} \quad (3.31)$$
が得られる．ここで係数 C は (3.7) にあったものではなくて，改めて確率の規格化（実現可能なすべての状態の確率を足し合わせると 1 になる）から決まる定数である．

(3.31) の右辺にある指数関数 $e^{-\beta E_i}$ は**ボルツマン因子**とよばれ，次章からの統計力学の展開のあらゆる局面に現れる重要な因子である．(3.31) を導くまでの議論からわかるように，前提となっているのは，系 A′ が熱浴であり，系 A の熱的相互作用が弱いということだけである．したがって，系 A が巨視的な系である必要はない．例えば，系 A′ が巨視的な固体結晶であり，系 A がそれのどこかにとらわれた微視的な分子であっても構わない．また，ここでも自由粒子であることは一切使われていないので，一般の系について成り立つことに注意しよう．

ボルツマン因子が現れる直観的な理由は，系 A のエネルギー E_i が高くなると，熱平衡状態でそのようなエネルギーの高い状態が実現する可能性が低くなるためであると考えられる．数学的には，古典的な自由粒子の微視的状態数 (2.23) をみてわかるように，微視的状態数というのはエネルギーが増すと極端に速く増加する関数であるために，(3.30) の左辺にある系 A′ の微視的状態数 $W'(E^{(0)} - E_i)$ は，E_i が増すと急速に減少しなければならない．この効果を表す関数が，(3.31) の右辺のボルツマン因子 $e^{-\beta E_i}$ なのである．そして，ここで最も重要なのは，その効果が単純な指数関数で表されるということである．

3.6 ギブス・パラドックス

体積 V の容器中に古典力学的な自由粒子が N 個ある系のエントロピー S が (3.18) で与えられることは，すでに述べた．ところが，この表式は熱力学的に深刻な問題をはらんでいる．本節では，どこが問題で，どのようにすればこの問題が解決できるかを考えてみよう．これも統計力学全体に関わる重大な問題だからである．

56 　3. 熱平衡系の統計

(3.18) に含まれるガンマ関数は，(2.20) を使うと $\Gamma(3N/2) = (3N/2)!$ であり，さらに付録 B のスターリングの公式 (B.3) から $\log(3N/2)! \cong (3N/2)\log(3N/2) - 3N/2$ とおくことができる．このとき (3.18) は，(3.26) より $k = k_{\mathrm{B}}$，(3.23) より $E = (3/2)Nk_{\mathrm{B}}T$ なので，

$$
\begin{aligned}
S &= k_{\mathrm{B}}\left\{\frac{3N}{2}\log\left(\frac{2\pi m}{h^2}\right) + \log\left(\frac{3N}{2}\right) - \frac{3N}{2}\log\left(\frac{3N}{2}\right) + \frac{3N}{2} + N\log V \right. \\
&\qquad\qquad \left. + \frac{3N}{2}\log\left(\frac{3Nk_{\mathrm{B}}T}{2}\right) + \log \varDelta E\right\} \\
&= k_{\mathrm{B}}\left[N\log V + \frac{3N}{2}\log T + \frac{3N}{2}\left\{\log\left(\frac{2\pi m k_{\mathrm{B}}}{h^2}\right) + 1\right\} + \log\left(\frac{3N}{2}\right) + \log \varDelta E\right] \\
&= Nk_{\mathrm{B}}\left(\log V + \frac{3}{2}\log T + \sigma\right) \tag{3.32}
\end{aligned}
$$

と表される．ただし，σ は定数で

$$
\sigma = \frac{3}{2}\left\{\log\left(\frac{2\pi m k_{\mathrm{B}}}{h^2}\right) + 1\right\} \tag{3.33}
$$

と表され，(3.32) の 2 つ目の等号の右辺の中の $\log(3N/2) + \log \varDelta E$ は，アボガドロ定数に近い粒子数 N に比べてはるかに小さいとして，省略した．

ここで，温度 T，体積 V および粒子数 N が全く同じである 2 つの系を合わせて 1 つの系にすると，このように合成した系の温度は変わらず，T のままである（このような熱力学的変数を示強変数という）が，もちろん，体積や粒子数は 2 倍になる（このような熱力学的変数を示量変数という）．したがって，この合成系のエントロピー S' は，(3.32) が正しいとしてそれに従えば，その中の V を $2V$ に，N を $2N$ に置き換えればよいことになり，

$$
\begin{aligned}
S' &= 2Nk_{\mathrm{B}}\left(\log 2V + \frac{3}{2}\log T + \sigma\right) \\
&= 2Nk_{\mathrm{B}}\left(\log V + \frac{3}{2}\log T + \sigma\right) + 2Nk_{\mathrm{B}}\log 2 \\
&= 2S + 2Nk_{\mathrm{B}}\log 2 \tag{3.34}
\end{aligned}
$$

となって，S の 2 倍にはならない．

ところが，熱力学によれば，エントロピーは体積や粒子数と同様に示量変数なので，この合成系のエントロピー S' は S の 2 倍でなければならず，

3.6 ギブス・パラドックス

(3.34) の結果は熱力学と矛盾する．この矛盾を，発見者の名にちなんで**ギブス・パラドックス**といい，この矛盾を解決したのもギブス自身である．

　古典力学では，粒子はすべて互いに区別ができると考える．確かに粒子がビリヤードのボールのようなものであれば，どこかに違いをみつけることができて互いに区別できるが，粒子がごく小さくなると，原理的にはともかく，互いに区別することは困難になるであろう．そのような場合には，はじめから区別がつかないとすべきである．実際，微視的な世界の力学を支配する量子力学によれば，同種粒子の区別はつかないとしなければならないことがわかっている．すなわち，同種粒子が区別できないというのは，原理的な要請と考えなければならないことなのである．

　ここで，粒子はすべて区別ができるとして，N 個の粒子の可能な入れ換えの個数を考えてみよう．粒子の入れ換えとは，粒子の位置変数の組 $(\boldsymbol{r}_1, \boldsymbol{r}_2, \cdots, \boldsymbol{r}_N)$ を入れ換えることであり，その入れ換え方は，1 番目の変数をどれにするかで N 通りあり，1 番目を決めた後の決め方が $(N-1)$ 通りあり，1，2 番目を決めた後の決め方が $(N-2)$ 通りあり，…などからわかるように，$N!$ 個だけある．

　すなわち，粒子が互いに区別できるとして求めた微視的状態数 (2.23) は，$N!$ 倍だけ余分に数えており，互いに区別ができないという基本的な要請を考慮した正しい微視的状態数は，(2.23) を $N!$ で割って，

$$W(E, V, N) = \frac{3N}{2}\left(\frac{2\pi m}{h^2}\right)^{3N/2} \frac{V^N}{N!\, \Gamma\!\left(\dfrac{3N}{2}\right)} E^{3N/2} \varDelta E \qquad (3.35)$$

としなければならない．ただし，上式でアボガドロ定数に近い巨視的な系の粒子数 N は十分大きいとして，1 を省略した．また，上式の表現からわかるように，系の微視的状態数はエネルギー E だけでなく，体積 V，粒子数 N の関数でもあることから，それをいままでの $W(E)$ から $W(E, V, N)$ へと，表現を改めたことに注意しておく．

　これまでのエントロピーの計算からわかるように，微視的状態数を (2.23) ではなく (3.35) として得られるエントロピーの表式には，(3.32) に $-k_\mathrm{B} \log N! = -Nk_\mathrm{B} \log N + Nk_\mathrm{B}$ が加わるだけである．したがって，この場

合のエントロピー S は

$$S = Nk_B\left(\log V + \frac{3}{2}\log T + \sigma\right) - Nk_B\log N + Nk_B$$

となり，

$$S = Nk_B\left(\log\frac{V}{N} + \frac{3}{2}\log T + \sigma_0\right) \tag{3.36}$$

と表される．ここで

$$\sigma_0 = \sigma + 1 = \frac{3}{2}\log\left(\frac{2\pi m k_B}{h^2}\right) + \frac{5}{2} \tag{3.37}$$

である．

問題 4 系のエントロピーが (3.36) で与えられるとき，ギブス・パラドックスが現れないことを示せ．

上の問題を考えればわかるように，(3.36) に与えられたエントロピーは示量変数であり，ギブス・パラドックスは現れず，それが解決されたことになる．もちろん，今後，自由粒子の微視的状態数やエントロピーが必要になった場合には，(3.35) あるいは (3.36) を使う．

3.7 まとめとポイントチェック

本章ではまず，多数の古典力学的な自由粒子からなる孤立系では，粒子が系全体に一様に分布する熱平衡状態の微視的状態数が，一方に偏っていたりする一様でない場合に比べて圧倒的に大きく，可能な状態の状態数の中で最大であることをみた．これは，等確率の原理に従えば，孤立系では熱平衡状態が，可能な状態の中で最大の実現確率をもつことを意味する．このことを出発点にして，熱的に弱い相互作用をしている 2 つの系からなる 1 つの結合系が孤立していて熱平衡状態にあるとき，一方の系の実現確率が，そのエネルギーの関数として鋭いピークをもつ分布を示すことがわかった．

次に，一方の系の状態の実現確率が最大の状態なので，これとともに熱平衡にある他方の系と温度が等しいという熱力学的な要請から，微視的状態数

3.7 まとめとポイントチェック 59

と温度との関係が未定の係数を含んだ形で導かれることをみた．そして，これを基にして熱力学的な状態量であるエントロピーの表式を求め，これを理想気体に適用してその状態方程式を導き，上の未定の係数がボルツマン定数であることを確かめた．こうして，熱力学的・巨視的な状態量であるエントロピーと力学的・微視的な量である微視的状態数を結び付ける関係である，ボルツマン関係式が導かれたのである．

結合系の一方の系が他方の系に比べて圧倒的に小さいとき，後者を前者の熱浴という．このとき，前者の実現確率がそのエネルギーの非常に単純な形の指数関数として表され，この指数関数をボルツマン因子という．このボルツマン因子は，次章以降の熱平衡系の統計力学に常に現れる重要な因子である．

熱力学的状態量であるエントロピーは，全く同じ系を2つ合わせたときに2倍になるという加算性をもつ示量変数で，もちろん体積や粒子数も示量変数である．他方で，温度や圧力などは全く同じ系を2つ合わせても変わらず，系の強さなど質的な特性を表す量で，示強変数という．ところが，古典力学を基礎にして微視的状態量から求めたエントロピーは示量変数になっておらず，熱力学的な量として矛盾することがわかり，これをギブス・パラドックスという．しかし，古典力学より基本的な理論体系として知られる量子力学では，同一粒子の区別ができないとしており，これを基にエントロピーを計算し直すと，ギブス・パラドックスが現れないということがわかって，このパラドックスは解決された．

本章では，ボルツマン因子やボルツマン関係式など，統計力学全体にわたって極めて重要な結果がいくつも導かれた．これらはすべて，系の微視的状態数 $W(E, V, N)$（あるいは V, N を省略した数 $W(E)$）と，すべての微視的状態が等しい確率で実現するという，等確率の原理から導かれていることに注意すべきである．次章以降では，本章で学んだことを基礎にして，"統計力学"について詳しく解説する．したがって，これから学ぶことで少しでもわからなかったり，あいまいだと思ったりしたら，ぜひとも本章に戻って学び直してほしい．

ポイントチェック

- [ ] 孤立系の熱平衡状態の実現確率とは何かを理解できた．
- [ ] 結合系とは何かがわかった．
- [ ] 結合系の一方の系の実現確率が，鋭いピークをもつ分布を示すことが理解できた．
- [ ] ボルツマン関係式の導き方と意味が理解できた．
- [ ] 熱浴とは何かがわかった．
- [ ] ボルツマン因子の導き方と意味が理解できた．
- [ ] ギブス・パラドックスとは何かを説明できるようになった．
- [ ] ギブス・パラドックスがどのように解決されたかを理解できた．

■1 サイコロの確率・統計 → ■2 多粒子系の状態 → ■3 熱平衡系の統計 → ■4 統計力学の一般的な方法 → ■5 統計力学の簡単な応用 → ■6 量子統計力学入門 → ■7 相転移の統計力学入門

4 統計力学の一般的な方法

学習目標

- ・統計力学において基本的なアンサンブルの方法を理解する.
- ・ラグランジュの未定乗数法の使い方に慣れる.
- ・ラグランジュの未定乗数 β の意味を理解する.
- ・分配関数とはどのような関数かを理解する.
- ・分配関数と熱力学との関係を説明できるようになる.

　熱力学によると, 例えば系のエネルギー, 体積, 粒子数など, 3個の熱力学的変数を指定すれば, 系の巨視的状態が1つ決まる. そこで, 3個の熱力学的変数が指定された系を考え, これと同じ系をたくさん集めて**アンサンブル**(統計集団)とすれば, このアンサンブルに固有の確率分布が導入され, この系の統計的取扱いが可能となる. 本章では, 多粒子からなる系の統計的性質を明らかにするために考案されたアンサンブルの方法をいくつか解説する.

　注目する系が外界に対して孤立していて, そのために系のエネルギーと粒子数が一定であり, 体積も固定されている場合のアンサンブルでは, 前章で詳しくみたように, 系の微視的状態は等確率の原理を満たす. このようなアンサンブルを**ミクロカノニカル・アンサンブル**という. ミクロカノニカル・アンサンブルの方法では, 微視的状態数が重要な役割を果たす.

　次に, 注目する系がそれよりはるかに大きい熱浴の中にあるとし, 系は熱浴と熱的な相互作用をしてエネルギーのやり取りをすると考える. そのため, この系は温度, 体積, 粒子数で指定される. このような系のアンサンブルを**カノニカル・アンサンブル**という. このアンサンブルの方法では, 微視的状態数に代わるものとして, 統計力学で最も重要な**分配関数**が定義され, それと熱力学で重要な**ヘルムホルツの自由エネルギー**との関係が導かれる. これは, 微視的・力学的な計算により統計力学的に得られた分配関数から, 巨視的・熱力学的な量である自由エネルギーへの橋渡しが可能であるという点で重要である.

　さらに, 注目する系が熱浴とエネルギーだけでなく, 粒子もやり取りするものとしよう. このとき, 熱浴の中で熱平衡にある系は, 温度だけでなく化学ポテンシャルも熱浴と同じ値をもつことがわかり, 系と熱浴の間の熱平衡条件は両者の温度と化学ポテンシャルが等しいことに相当する. このような系のアンサン

ブルを**グランドカノニカル・アンサンブル**といい，このアンサンブルの方法では**大分配関数**が定義され，これは熱力学的関数であるグランドポテンシャルに関係づけられる．

系と熱浴の間の熱平衡条件には両者の温度と圧力が等しい場合も考えられ，このとき，さらに別のグランドカノニカル・アンサンブルが導入される．また，それに伴う大分配関数は，やはり熱力学で重要な**ギブスの自由エネルギー**に関係づけられることにも言及する．

4.1　等確率の原理とアンサンブル

　多粒子からなる系を構成する個々の粒子についての微視的な力学から出発して，系の巨視的な熱力学的性質を求めるのが「統計力学」である．このことを具体的に進めるためには，系の微視的状態に対して何らかの統計的な取扱いをせざるを得ない．すなわち，まず系の微視的状態の出現確率を定め，それを拠り所にして適当な確率分布を決めて，それによる平均操作を行うのである．

　このことを理解するには，第1章で述べた多数のサイコロからなる系のことを思い出すとわかりやすい．N個のサイコロからなる系の個々の微視的状態の出現確率はすべて等しく，$1/6^N$であった．そして，N個のサイコロからなる系をMセット用意すると，M個の系からなる**アンサンブル**（統計集団）ができ上がる．例えば，1つの系についてのサイコロの出る目の平均値の，アンサンブル全体にわたる確率分布は，中心極限定理により，$M \to \infty$で正規（ガウス）分布になり，それによって，多数のサイコロからなる系の統計的性質が求められるということであった．

　多数のサイコロからなる系の場合には，ただ単に同じ個数のサイコロからなる系を多数集めてアンサンブルとすればそれでよい．このとき，出る目の平均値3.5およびそれに近い値をもつ微視的状態をもつ系が圧倒的に多いという形で微視的状態の集中が起こり，巨視的状態が実現する．この意味で，サイコロからなる系の場合のアンサンブルは非常に単純である．

　しかし，現実の原子・分子からなる系では，多数のサイコロからなる系に

4.1 等確率の原理とアンサンブル

はなかった. エネルギー, 温度, 体積, 圧力などが, 熱平衡状態にある系の性質を決める重要な物理量として無視できない. すなわち, 現実の系の統計力学では, これらの物理量を考慮したアンサンブルを想定しなければならないのである.

系のエネルギー保存則を表す熱力学第1法則は, すでに (3.20) に関連して与えておいたが, 系の粒子数 N も熱力学的変数とした場合には,

$$dE = T\,dS - p\,dV + \mu\,dN \tag{4.1}$$

と表される (例えば, 拙著:『物理学講義 熱力学』の第6章を参照). ここで, E, T, S, p, V はそれぞれ, 系の内部エネルギー, 温度, エントロピー, 圧力, 体積である. また, μ は系に粒子1個を付け加えるのに必要なエネルギーであり, 系の化学ポテンシャルとよばれる.

(4.1) の右辺第1項は系に流入する熱エネルギー, 第2項は系が外からなされる仕事, 第3項は系に粒子を追加するために必要な仕事である. すなわち, 系のエネルギー変化は外からのエネルギー流入だけであり, 系内だけで勝手に変わりはしないという意味で, (4.1) はエネルギー保存則を表しているのである.

熱力学第1法則 (4.1) は, 見方を変えると, 系の熱力学的な独立変数はエントロピー S, 体積 V, 粒子数 N の3つであり, それらの微小な変化 dS, dV, dN によって内部エネルギーの変化 dE が決まるという意味で, 内部エネルギー E が3変数 S, V, N の関数 $E(S, V, N)$ であることを表している. 熱力学によると, このことは一般化できて, 3個の熱力学的変数を指定すれば, 系の巨視的状態が1つ決まることになる.

そこで, (4.1) を変形して,

$$dS = \frac{1}{T}\,dE + \frac{p}{T}\,dV - \frac{\mu}{T}\,dN \tag{4.2}$$

と表すと, これは3つの熱力学的な独立変数が E, V, N であって, エントロピー S が3変数 E, V, N の関数 $S(E, V, N)$ で与えられることを表す. そこで, E, V, N が一定値をもつような熱平衡系を考えると, これは外界から遮断された孤立系である. このような系をたくさん集めたアンサンブルを, ミクロカノニカル・アンサンブルという.

64   4. 統計力学の一般的な方法

　熱平衡状態にある孤立系の微視的状態は，等確率の原理によって，すべて
等しい実現確率をもつ．したがって，全微視的状態数を $W(E, V, N)$ とす
ると，i 番目の微視的状態の実現確率 $P_i(E, V, N)$ は i によらず，

$$P_i(E, V, N) = \frac{1}{W(E, V, N)} \qquad (4.3)$$

となる．これがミクロカノニカル・アンサンブルの確率分布であり，ミクロ
カノニカル分布という．そして，系の巨視的・熱力学的な量であるエントロ
ピー $S(E, V, N)$ が，ボルツマン関係式 (3.27) によって，微視的・力学的な
量である微視的状態数 $W(E, V, N)$ から

$$S(E, V, N) = k_{\mathrm{B}} \log W(E, V, N) \qquad (4.4)$$

と求められる．

　以上がミクロカノニカル・アンサンブルの方法の基本的な枠組みであり，
この方法の対象となる系は，外界から遮断された孤立系である．そして，こ
の方法で最初に得られる熱力学関数は，(4.4) で与えられる系のエントロ
ピー $S(E, V, N)$ であるということになる．

　次に，熱力学で有用なヘルムホルツの自由エネルギー $F = E - TS$ を用い
て熱力学第 1 法則 (4.1) を表してみよう．$dF = dE - T\,dS - S\,dT$ なので，
これに (4.1) を代入すると，F による熱力学第 1 法則の表式は

$$dF = -S\,dT - p\,dV + \mu\,dN \qquad (4.5)$$

となり，この場合の系の熱力学的な独立変数は，温度 T，体積 V，粒子数 N
の 3 つである．

　実験的には，系の温度 T を指定する方が，内部エネルギー E を指定する
よりはるかに容易である．具体的には，体積 V，粒子数 N をもつ系を温度 T
の熱浴に浸して熱平衡状態にすれば，T, V, N を指定した系となる．このよ
うな系をたくさん集めてアンサンブルとしたとき，これをカノニカル・アン
サンブルという．

　体積 V と粒子数 N で指定された系のエネルギー固有値を量子力学によっ
て求めたとして，その i 番目のエネルギー固有値を E_i とすると，系がこのエ
ネルギーの値をもつ確率 $P(E_i)$ が (3.31) で与えられることは，すでに第 3
章のボルツマン因子のところで述べた．

4.1 等確率の原理とアンサンブル

確率の規格化 (とり得るすべての状態の確率の総和は 1) を考慮すると, 確率 $P(E_i)$ は

$$P(E_i) = \frac{e^{-\beta E_i}}{Z(T, V, N)}, \qquad Z(T, V, N) = \sum_i e^{-\beta E_i} \qquad (4.6)$$

と表される. ここで, Z は分配関数あるいは状態和とよばれる関数で, これから学ぶ "統計力学" で重要な役割を果たす. また, $\beta = 1/k_B T$ であり, エネルギー固有値 E_i を量子力学的に求める際に系の体積 V, 粒子数 N を指定して計算していることを考慮して, ここでは分配関数を T, V, N の関数 $Z(T, V, N)$ と明記した.

(4.6) の $P(E_i)$ がカノニカル・アンサンブルの確率分布であり, これをカノニカル分布という. カノニカル分布 (4.6) をミクロカノニカル分布 (4.3) と比べると, カノニカル・アンサンブルの場合には分配関数 $Z(T, V, N)$ がミクロカノニカル・アンサンブルの場合の微視的状態数 $W(E, V, N)$ の役割を果たすことがわかる. 実際, 後で詳しく示すように, 系の巨視的・熱力学的な量であるヘルムホルツの自由エネルギー F が, 微視的・力学的な量である分配関数 Z から

$$F(T, V, N) = -k_B T \log Z(T, V, N) \qquad (4.7)$$

と求められることがわかる.

以上がカノニカル・アンサンブルの方法の基本的な枠組みであり, この方法の対象となる系は, 熱浴中に浸されていて, 温度 T, 体積 V, 粒子数 N の 3 つの量が指定されているような系である. そして, この方法で第 1 に得られる熱力学関数は, (4.7) で与えられる系のヘルムホルツの自由エネルギー $F(T, V, N)$ ということになる.

さらに, 温度 T, 体積 V, 化学ポテンシャル μ の 3 つを指定する系も考えられ, この場合には, 熱浴に浸された系が熱浴とエネルギーだけでなく, 粒子もやり取りしているとすればよい. このとき, 系は温度だけでなく, 化学ポテンシャルも熱浴と同じ値をとって, 熱平衡状態になる. このような系をたくさん集めてアンサンブルとするとき, このアンサンブルをグランドカノニカル・アンサンブルという.

グランドカノニカル・アンサンブルの方法では, 大分配関数 $Z_G(T, V, \mu)$

が統計力学的に求めるべき量となり，これを (4.7) の Z の代わりに代入することで，巨視的・熱力学的関数であるグランドポテンシャルとよばれる $\Omega(T, V, \mu)$ が得られる．この場合の系の熱平衡状態での粒子数 N は，これらの関数から統計力学的に求められることになる．

もう1つの例として，温度 T，圧力 p，粒子数 N の3つを指定する系も考えられ，この場合には，熱浴に浸された系の体積が膨らんだり縮んだりするようにすればよい．このとき，系の温度と圧力が熱浴と同じ値をとって熱平衡状態になる．したがって，この場合には，系の体積 V が統計力学的に決めるべき量となる．このような系をたくさん集めてアンサンブルとするとき，このアンサンブルには適当な名称がないので，本書では，T-p グランドカノニカル・アンサンブルとよんでおくことにする．このアンサンブルの方法では，もう1つの大分配関数 $\Xi_G(T, p, N)$ が統計力学的に求めるべき量となり，これを (4.7) の Z の代わりに代入することで，巨視的・熱力学的関数として重要なギブスの自由エネルギー $G(T, p, N)$ が得られる．

いろいろなアンサンブルについての具体的な計算の仕方，特に2つのグランドカノニカル・アンサンブルについては，後で詳しく述べることにして，これまでに概要を記したアンサンブルの方法を表にまとめておこう．

表 4.1　いろいろなアンサンブル

アンサンブルまたは 分布の種類	系の指定変数	統計力学で求める 微視的・力学的関数	結果として得られる 巨視的・熱力学的関数
ミクロカノニカル	E, V, N	$W(E, V, N)$	$S(E, V, N)$
カノニカル	T, V, N	$Z(T, V, N)$	$F(T, V, N)$
グランドカノニカル	T, V, μ	$Z_G(T, V, \mu)$	$\Omega(T, V, \mu)$
T-p グランドカノニカル	T, p, N	$\Xi_G(T, p, N)$	$G(T, p, N)$

次節以降では，どうしても計算方法の説明が多くなるので，計算の迷路に迷い込み，何をしているのかよくわからなくなった場合には，ぜひとも本節に戻って学び直してほしいと思う．

4.2 ミクロカノニカル・アンサンブルの方法

本節では，外界から孤立した系（孤立系）の熱平衡状態に関する統計力学を取扱う．図 4.1 のように，系 A は孤立系なので，そのエネルギー E，体積 V，粒子数 N は常に一定である．図では，そのことを (E, V, N) と記してある．このような系の集まりであるアンサンブル（統計集団）をミクロカノニカル・アンサンブル（あるいは小正準集団）という．すなわち，本節ではミクロカノニカル・アンサンブルを用いて系の統計的な性質を考えようというわけである．

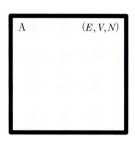

図 4.1 孤立系．系を指定する熱力学的変数は (E, V, N)．

孤立系のエネルギーは変わらないので，一定の値で指定できる．しかし，同じように孤立した系でもエネルギーの異なったものも考えられ，孤立系のエネルギー依存性について考えるためにも，系のエネルギーは便宜的にこれまで通り，$E \sim E + \mathit{\Delta} E$ のように幅 $\mathit{\Delta} E$ の範囲内にあるものとする．このとき，この孤立系の全微視的状態数は $W(E, V, N)$ と表され，特にこの系が古典力学的な理想気体からなる場合には，全微視的状態数は具体的に (3.35) で与えられる．

統計力学の原理として導入した等確率の原理によれば，系の微視的状態はすべて同じ確率で実現し得る．ここでは全微視的状態数が $W(E, V, N)$ で与えられているので，系の微視的状態の 1 つを i とすると，この微視的状態が実現する確率 $P_i(E, V, N)$ が (4.3) で与えられることは，すでに前節で述べた通りである．これは，N 個のサイコロからなる系のどの微視的状態も，全微視的状態数 $W = 6^N$ の逆数に等しい実現確率 $p = 1/6^N$ をもっていたのと全く同じである．この (4.3) で決まる確率分布を，ミクロカノニカル分布という．

ところで，前章では結合系の熱平衡条件から系の温度を導入したり，系のエントロピーを与えるボルツマン関係式や，系のエネルギー状態の実現確率を与えるボルツマン因子など，統計力学の最も基礎的な概念や関係式を導い

た．その際に使ったのは，まさしく系の全微視的状態数 $W(E, V, N)$ だけであることを思い出そう．すなわち，前章の結果は，すべてミクロカノニカル・アンサンブルによるものだったのである．

表4.1にまとめてあるように，ミクロカノニカル・アンサンブルの方法の基本的な枠組みは，系の全微視的状態数 $W(E, V, N)$ を微視的・力学的に計算し，ボルツマン関係式 (3.27) によって，系の巨視的・熱力学的な量であるエントロピー $S(E, V, N)$ を求めるというものである．後は，このエントロピーを基に熱力学を使って，いろいろな熱力学量を求めるということになる．

4.2.1 原子・分子からなる系の微視的状態数

上に述べたように，前章ではどのような系にも共通する一般的な統計的性質を導くのに，ミクロカノニカル・アンサンブルの方法を適用した．そこで，ここではより具体的に，相互作用のない原子・分子からなる系が示す統計的性質の考察に，このアンサンブルの方法を適用してみよう．すなわち，系を構成する原子・分子などの各粒子の間の相互作用は弱くて無視できるものとした上で，個々の粒子の状態にまで踏み込み，(4.3) のミクロカノニカル分布を前提にして，熱平衡状態で各々の粒子がそれらの状態を占める確率である熱平衡分布がどうなるかを考えてみようというわけである．

量子力学的には各粒子の微視的状態は原理的に決まるのであるが，巨視的な系を扱う私たちにとって，微視的に詳しいことはそれほど興味がない．そこで1粒子のとり得るエネルギー ε を，微視的には粗い（**粗視化**という）けれども巨視的には細かい程度（**準巨視的**という）にエネルギー準位で組分けし，ε_j ($j = 1, 2, 3, \cdots$) と番号付けをしておく．さらに，図4.2のように，同じ ε_j をもつ状態が $\varDelta_j$ 個だけあるものとする．すなわち，個々の粒子のエネルギー状態を，エネルギーの値 ε_j とその値をもつ状態の数 $\varDelta_j$ で組分けしようというわけである．したがって，それぞれの組は $j (= 1, 2, 3, \cdots)$ で区別される[†]．

いま，考えている系の中でエネルギーが ε_j である粒子の個数を n_j としよう．すなわち，図4.2に示したように，エネルギーの値 ε_1 で指定される組には，粒子のとり得る状態数は $\varDelta_1$ 個，この組に属する粒子数は n_1 であり，

4.2 ミクロカノニカル・アンサンブルの方法

エネルギーの値 ε_2 の組の状態数は Δ_2, 粒子数は n_2 であり, …, エネルギーの値 ε_j の組の状態数は Δ_j, 粒子数は n_j であり, …, ということになる. ただし, 上に述べたように, 微視的には非常に多くのエネルギー準位があるのを, 大まかにまとめるような粗視化を行って準巨視的にしたエネルギー準位に, 系のアボガドロ定数に近い巨大な数の粒子を組分けするので, それぞれの組の Δ_j, n_j は 1 より十分大きいとみなしてよく, これからは $\Delta_j, n_j \gg 1$ として議論を進める.

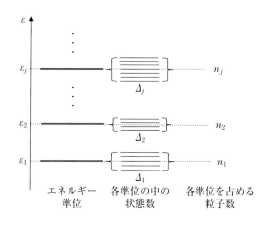

図 4.2 エネルギー準位, 状態数, 粒子数

このとき, 系の全粒子数 N と全エネルギー E は

$$N = \sum_j n_j \tag{4.8}$$

$$E = \sum_j n_j \varepsilon_j \tag{4.9}$$

と表される. ここでの系は孤立系なので, E と N は決まっている. そこで, (4.8) と (4.9) を満たす n_j の組 $(n_1, n_2, n_3, \cdots)$ (これをまとめて $\{n_j\}$ と記す) を 1 組決めると, 系の微視的状態が 1 つ決まることになる. もちろん, 系の体積 V も決まっており, それを基に系内の個々の粒子のエネルギー準位 ε_j が量子力学的に求められている. したがって, 系の状態を $\{n_j\}$ で指定することは, (4.8) と (4.9) を満たすという条件の下で, (E, V, N) を指定

---

† 量子力学に詳しい読者は, あるいは Δ_j を粒子のエネルギー状態の縮退度と思うかもしれない. しかし, 上に述べたように, これは量子力学的な微視的な量ではなくて, 巨視的にはエネルギーの差に区別がつかない程度の, 粗い近似的な量である. したがって, 量子力学での縮退度はせいぜい 1 程度の数であるが, ここでの Δ_j は 1 よりずっと大きい数を念頭に置いていることに注意してほしい.

するミクロカノニカル・アンサンブルの方法の範囲内で，系の微視的状態を指定していることになる．

しかし，(4.8), (4.9) を満たす n_j の組 $\{n_j\}$ はたくさんある．そこで，熱平衡状態において最も多く起こるという意味で，系の最も確からしい n_j の配分の仕方 $\{n_j{}^*\}$（＊は最も確からしい状態についての量を表す）はどんなものかが問題となる．これを次に考えようというわけである．

まず，N 個の粒子を $(n_1, n_2, n_3, \cdots) = \{n_j\}$ に配分する仕方の数を考えよう．N 個の粒子を並べ替えるだけなら，$N!$ だけの仕方がある．しかし，例えば組分けの最初の n_1 については，n_1 個の粒子を区別しないので，$N!$ の中の $n_1!$ だけ余分にカウントしていることになり，$N!$ を $n_1!$ で割らなければならない．$n_2, n_3, \cdots$ についても同様なので，結局，N 個の粒子を $\{n_j\}$ に配分する場合の数は

$$\frac{N!}{n_1! \, n_2! \, n_3! \cdots} = \frac{N!}{\displaystyle\prod_j n_j!} \tag{4.10}$$

で与えられる．

さらに，エネルギー準位 ε_j の組に配分された n_j 個の粒子が，この組の中にある $\varDelta_j$ 個の状態のうちの，どの状態になっても構わない．1 個の粒子につき $\varDelta_j$ 個の可能な状態があるので，n_j 個の粒子について $\varDelta_j{}^{n_j}$ だけの場合があることになる．したがって，1 組の $\{n_j\}$ に対しては

$$\varDelta_1{}^{n_1} \varDelta_2{}^{n_2} \varDelta_3{}^{n_3} \cdots = \prod_j \varDelta_j{}^{n_j}$$

だけの場合があり，状態数を求めるには，これを (4.10) に掛けて

$$\frac{N!}{\displaystyle\prod_j n_j!} \prod_j \varDelta_j{}^{n_j} = N! \prod_j \frac{\varDelta_j{}^{n_j}}{n_j!} \tag{4.11}$$

としなければならない．その上に，粒子は互いに区別できないという量子力学的要請として，3.6 節で述べたギブス・パラドックスからくる因子 $1/N!$ を (4.11) に掛ける必要がある．

こうして，(4.8), (4.9) を満たす n_j の組 $\{n_j\}$ を 1 つ決めた場合の微視的

状態数 $W_{\{n_j\}}$ は，

$$W_{\{n_j\}} = \prod_j \frac{\Delta_j{}^{n_j}}{n_j!} \tag{4.12}$$

と表される．

(4.12) の微視的状態数 $W_{\{n_j\}}$ は，(4.8)，(4.9) を満たすようにして $n_1, n_2, n_3, \cdots$ の値をすべて指定したときの，1 組の $(n_1, n_2, n_3, \cdots) = \{n_j\}$ の微視的状態数である．したがって，$W_{\{n_j\}}$ は，非常にたくさんある可能な組 $\{n_j\}$ に対して，いろいろの値をとって分布することになる．

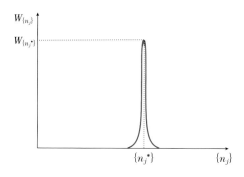

図 4.3 $W_{\{n_j\}}$ の分布の概念図

ところで，第 1 章の多数のサイコロからなる系の巨視的状態や前章の熱平衡状態は，図 1.11 や図 3.3 にみられるように，微視的状態が極端に数多く集中して分布しているという意味で，巨視的にみて実現の最も確からしい状態である．これらと同様に，いまの場合も $\{n_j\}$ が最も確からしい組 $\{n_j{}^*\}$ の近辺で，微視的状態数 $W_{\{n_j\}}$ が図 4.3 のように非常に鋭く集中した分布を示すであろう．このとき，$\{n_j\} = \{n_j{}^*\}$ で $W_{\{n_j\}}$ が鋭いピークの最大値 $W_{\{n_j{}^*\}}$ をとることになり，熱平衡状態ではほとんど確実に $\{n_j{}^*\}$ が実現していて，これが粒子の熱平衡分布を与えることになる．

(4.3) の分母にある全微視的状態数 $W(E, V, N)$ は，可能なすべての組 $\{n_j\}$ についての $W_{\{n_j\}}$ の和で与えられる．したがって，系の全微視的状態数は $W(E, V, N) = \sum_{\{n_j\}} W_{\{n_j\}}$ であるが，上に述べた理由によって，これは最大値 $W_{\{n_j{}^*\}}$ で近似することができ，

$$W(E, V, N) = W_{\{n_j{}^*\}} \tag{4.13}$$

となる．こうして，全微視的状態数を求めるための計算が $W_{\{n_j\}}$ の最大値 $W_{\{n_j{}^*\}}$ を求める問題に帰着したことになる．

4.2.2 粒子の熱平衡分布

対数関数は増加関数なので，微視的状態数 $W_{\{n_j\}}$ が最大になるとき，その対数 $\log W_{\{n_j\}}$ も最大になる．また，微視的状態数というのは非常に大きな数であり，ここでは粒子数 N がアボガドロ定数に近い巨大な数としているので，n_j も 1 よりはるかに大きい数である．そこで，(4.12) の対数をとり，$n_j!$ に付録 B のスターリングの公式 (B.3) を使うと，

$$\log W_{\{n_j\}} = N + \sum_j n_j \log \Delta_j - \sum_j n_j \log n_j \tag{4.14}$$

が得られる．

問題 1 (4.14) を導け．

$\log W_{\{n_j{}^*\}}$ が $\log W_{\{n_j\}}$ の最大値なので，$\{n_j\} = \{n_j{}^*\}$ で $\log W_{\{n_j\}}$ の n_j についての 1 階微分は 0 である．そのため，$\{n_j\} = \{n_j{}^*\}$ の近くで n_j の微小変化 δn_j をとると，それに対する $\log W_{\{n_j\}}$ の微小変化は 0 でなければならず，

$$\delta \log W_{\{n_j\}} = \sum_j \delta n_j \log \Delta_j - \sum_j \delta n_j (\log n_j + 1) = -\sum_j \delta n_j \left(\log \frac{n_j}{\Delta_j} + 1 \right) = 0 \tag{4.15}$$

が得られる．

ここで $\{n_j\} = \{n_j{}^*\}$ のときに $\log W_{\{n_j\}}$ が最大値になるからといって，通常の極値問題の場合のように，「上式の δn_j がどんなに勝手な値をとっても (4.15) が成り立つためには，その係数が 0 でなければならない」として，熱平衡分布 $n_j{}^*$ を求めるわけにはいかない．なぜなら，n_j には (4.8) と (4.9) を満たさなければならないという条件が付いているので，δn_j の変化の仕方に制限が付き，勝手に変えられないからである．

このように，条件が付いている場合の極値問題を解く有力な方法に**ラグランジュの未定乗数法**がある．ここでも，この方法を使って $n_j{}^*$ を求めよう（ラグランジュの未定乗数法がなぜ使えるのかについて興味のある読者は，付録 D を参照）．

ラグランジュの未定乗数法によれば，付加条件 (4.8) と (4.9) を直接的に考慮して $\{n_j\}$ の関数 $\log W_{\{n_j\}}$ の極値を求める代わりに，条件 (4.8) と (4.9)

4.2 ミクロカノニカル・アンサンブルの方法

に対してそれぞれ，ラグランジュの未定乗数 α', β を導入して，次の関数

$$\mathscr{F} = \log W_{\{n_j\}} - \alpha'N - \beta E \tag{4.16}$$

というものを導入する．そして，この関数に含まれる変数 $\{n_j\}$ がすべて独立であるとして，その極値を求める方法であり，非常に便利で使いやすい．

この方法を用いると，変数 n_j を微小量 dn_j だけずらしたときの (4.16) の微小変化量 $d\mathscr{F}$ は，(4.8), (4.9), (4.15) を考慮して

$$d\mathscr{F} = -\sum_j dn_j\Big(\log\frac{n_j}{\varDelta_j} + 1\Big) - \alpha'\sum_j dn_j - \beta\sum_j \varepsilon_j dn_j$$

$$= -\sum_j \Big(\log\frac{n_j}{\varDelta_j} + \alpha + \beta\varepsilon_j\Big)dn_j$$

となる．ここで $\alpha = \alpha' + 1$ とおき，$\delta\log W_{\{n_j\}}$ には (4.15) の右から 2 番目の表式を用いた．したがって，変数 $\{n_j\}$ がすべて独立な場合の極値条件は，dn_j がどんな値をとっても上式が $d\mathscr{F} = 0$ にならなければならないことから，dn_j の係数を 0 とおいて

$$\log\frac{n_j}{\varDelta_j} + \alpha + \beta\varepsilon_j = 0 \tag{4.17}$$

と表される．

ラグランジュの未定乗数法によれば，(4.17) を満たす n_j が，条件 (4.8) と (4.9) を満たしつつ，微視的状態数の対数 $\log W_{\{n_j\}}$ を最大にする分布ということになるので，これが求めたい熱平衡分布 $n_j{}^*$ に他ならない．したがって，$n_j{}^*$ は

$$n_j{}^* = \varDelta_j e^{-\alpha - \beta\varepsilon_j} \tag{4.18}$$

と表されることになる．

ただし，図 4.2 に関して述べたように，上式は，$\varDelta_j(\gg 1)$ 個もの 1 粒子状態がある j 番目のエネルギー準位を占める粒子数の熱平衡分布であることに注意しよう．ところが，今後の応用に当たってしばしば，1 つの状態当たりの熱平衡分布が必要となることがある．そのためには，(4.18) で $n_j{}^*/\varDelta_j$ をつくればよいので，1 つの状態当たりの熱平衡分布として

$$f(\varepsilon_j) \equiv \frac{n_j{}^*}{\varDelta_j} = e^{-\alpha - \beta\varepsilon_j} \tag{4.19}$$

を定義しておく.

(4.18) に含まれるラグランジュの未定乗数 α, β は, (4.18) を (4.8) と (4.9) に代入して,

$$\sum_j \varDelta_j e^{-\alpha-\beta\varepsilon_j} = N, \qquad \sum_j \varDelta_j \varepsilon_j e^{-\alpha-\beta\varepsilon_j} = E \tag{4.20}$$

より決定される. ここで

$$Z_1 = \sum_j \varDelta_j e^{-\beta\varepsilon_j} \tag{4.21}$$

という量を定義しておくと, これは状態 j についての和であり, (4.6) のところで述べたように, **分配関数**あるいは**状態和**とよばれる量である. 特にいまの場合, ε_j が 1 粒子のエネルギー状態を表し, 上式は 1 粒子に対する分配関数なので, わかりやすいように (4.21) の左辺に下付き 1 を付けてある.

(4.21) の Z_1 を使うと, (4.20) の第 1 式から

$$e^{-\alpha} = \frac{N}{Z_1} \tag{4.22}$$

となり, これを (4.20) の第 2 式に使うと

$$\frac{\sum_j \varDelta_j \varepsilon_j e^{-\beta\varepsilon_j}}{Z_1} = \frac{E}{N} \tag{4.23}$$

が得られる. 上式の右辺は, 1 粒子当たりの平均エネルギーであることに注意しよう.

4.2.3 ラグランジュの未定乗数 β の意味

ラグランジュの未定乗数 β が (4.20) から決められるとしても, その物理的な意味はすぐにはわからない. そこで, 熱平衡状態では (4.14) で与えられる微視的状態数の対数 $\log W(E, V, N)$ が, $\{n_j\} = \{n_j{}^*\}$ とおいた状態数の対数

$$\log W^*(E, V, N) = (1+\alpha)N + \beta E \tag{4.24}$$

4.2 ミクロカノニカル・アンサンブルの方法

で十分良く近似できることに注意してみよう．なお，上式の右辺を導く際に (4.18) および (4.8), (4.9) を使った．

このとき，系の熱平衡状態でのエントロピー S をボルツマン関係式 (3.27) より求めると，

$$S = k_\mathrm{B} \log W^*(E, V, N) = k_\mathrm{B}(1+\alpha)N + k_\mathrm{B}\beta E \tag{4.25}$$

が得られる．ここで，k_B は (3.26) で与えられるボルツマン定数である．

問題 2 (4.24) を導け．

ここで再び，絶対温度 T を与える熱力学関係式 (3.16) を思い出し，この式に (4.25) を代入すると

$$\frac{1}{T} = \frac{\partial S}{\partial E} = k_\mathrm{B} \beta$$

となり，これより

$$\beta = \frac{1}{k_\mathrm{B} T} \tag{4.26}$$

が得られる．これが，ラグランジュの未定乗数 β の意味を示す式である．

これまでの議論において，重要なポイントが2つある．第1に，ミクロカノニカル・アンサンブルの方法では系のエネルギー E が指定されているので，熱平衡状態で決まるのは温度 T である．(4.25) よりエントロピー $S = k_\mathrm{B} \log W^*(E, V, N)$ が微視的，統計力学的に決まり，それを (3.16) の $1/T = (\partial S/\partial E)$ に代入することで，温度 T が決定されることになるのである．

第2に，熱平衡状態で成り立つ (4.18) や (4.21), (4.23) に現れる因子 $e^{-\beta \varepsilon_j}$ は，すでに (3.31) でみてきたボルツマン因子であることがわかる．この結果からも，熱平衡状態でのボルツマン因子の重要性が理解できるであろう．実際，この因子は，これから展開される熱平衡系の統計力学に常に現れることになる．また，(4.21) の分配関数も，今後，手を変え品を変えて現れる量であることを，前もって述べておく．

いずれにしても，前章ではミクロカノニカル・アンサンブルの方法とは明記しなかったが，実際にはその方法によって一般論として導入された温度やボルツマン因子が，具体的な原子・分子の系でも間違いなく現れたというこ

76   4. 統計力学の一般的な方法

とができる.

4.2.4 簡単な応用 —古典理想気体—

　ここでは，これまでに得た結果をさらに具体的に，体積 V の容器の中で N 個の古典力学的な自由粒子が熱平衡状態にあるような理想気体の場合に適用してみる．自由粒子の状態は波数ベクトル $\boldsymbol{k}$ で指定されることが，第 2 章で示されたことを思い出そう．すなわち，質量 m の 1 個の粒子のエネルギー状態は，これまでの ε_j の代わりに，(2.4) に示された

$$\varepsilon_k = \frac{\hbar^2 k^2}{2m} = \frac{\hbar^2}{2m}(k_x{}^2 + k_y{}^2 + k_z{}^2) \tag{4.27}$$

で与えられる．ここで，$k = |\boldsymbol{k}|$ は波数ベクトル $\boldsymbol{k}$ の大きさである．

　この場合の分配関数 Z_1 は，(4.21) において j の代わりに波数ベクトル $\boldsymbol{k}$ で和をとることになる．このとき，それぞれの $\boldsymbol{k}$ に対して状態が 1 つずつあるので，(4.21) の右辺で $\varDelta_j$ ずつまとめて j についてとっていた和 $\sum_j \varDelta_j$ を，$\boldsymbol{k}$ についての和 $\sum_k$ に置き換えなければならない．さらに，$\boldsymbol{k}$ についての和は，(2.6) に示したように，巨視系では十分良い近似で $\boldsymbol{k}$ についての積分で置き換えられ，分配関数 Z_1 が計算できる．

例 題 1

　上に述べた手順で計算すると，古典力学的な自由粒子 1 個の分配関数 Z_1 は

$$Z_1 = V\left(\frac{2\pi m k_B T}{h^2}\right)^{3/2} \tag{4.28}$$

となることを示せ．

解　上の手順に従い，(4.21) の右辺で j の代わりに波数ベクトル $\boldsymbol{k}$ で和をとると $Z_1 = \sum_k e^{-\beta \varepsilon_k}$ となり，さらに，$\boldsymbol{k}$ についての和を (2.6) に従って $\boldsymbol{k}$ についての積分にすると，

$$Z_1 = \frac{V}{(2\pi)^3} \iiint e^{-\beta \hbar^2 (k_x^2 + k_y^2 + k_z^2)/2m} dk_x dk_y dk_z = \frac{V}{(2\pi)^3} \left(\int_{-\infty}^{\infty} e^{-\beta \hbar^2 k_x^2/2m} dk_x \right)^3$$

$$= \frac{V}{(2\pi)^3} \left(\frac{2\pi m}{\beta \hbar^2} \right)^{3/2} = V \left(\frac{2\pi m k_B T}{h^2} \right)^{3/2}$$

となって，(4.27) が得られる．ここで，プランク定数 $h = 2\pi\hbar$ および付録 A にあるガウス積分の 1 つ (A.6) の

$$\int_0^{\infty} e^{-ax^2} dx = \frac{1}{2} \sqrt{\frac{\pi}{a}}$$

を使った．

同様にして，(4.23) の左辺の分子の $\sum_j \Delta_j$ を $\sum_k$ に置き換え，さらに $\boldsymbol{k}$ についての和を積分にして計算すると，

$$\sum_k \varepsilon_k e^{-\beta \varepsilon_k} = \frac{3}{2} k_B T Z_1 \tag{4.29}$$

が得られる．上式を (4.23) の左辺の分子に代入すると，理想気体の 1 粒子当たりのエネルギーが

$$\varepsilon \equiv \frac{E}{N} = \frac{3}{2} k_B T \tag{4.30}$$

で与えられることがわかる．この結果は (3.23) と一致するが，ここでのポイントは，それをミクロカノニカル・アンサンブルの方法で具体的に導いた点にある．

問題 3　(4.29) を導け．［ヒント：$\varepsilon_k e^{-\beta \varepsilon_k} = -(\partial/\partial\beta) e^{-\beta \varepsilon_k}$ に注意すると，積分せずに，例題 1 で求めた Z_1 を β で微分することで求められる．］

次に，この場合に粒子の熱平衡分布 (4.18) がどのように表されるかを考えてみよう．しかし，ここでは Δ_j 個の状態がある j 番目の準位の熱平衡分布ではなくて，波数 $\boldsymbol{k}$ で指定される 1 つの状態に対する熱平衡分布に興味があるので，(4.19) を用いることにし，さらに ε_j を ε_k に置き換える．このようにした上で，(4.22) より $e^{-\alpha}$ を N/Z_1 とおくと，この場合の熱平衡分布 (4.19) は

$$f(\varepsilon_k) = \frac{N}{Z_1} e^{-\beta \varepsilon_k} = n \left(\frac{h^2}{2\pi m k_B T} \right)^{3/2} e^{-\beta \varepsilon_k} \qquad (4.31)$$

と表される．ここで $n = N/V$ は単位体積当たりの粒子数であり，Z_1 には (4.28) を使った．

粒子のエネルギー ε を波数 k ではなくて，運動量 $p = \hbar k$ で表すことにすれば，$\varepsilon = p^2/2m$ であり，これより熱平衡分布は

$$f(\varepsilon) = Ce^{-\beta \varepsilon} = Ce^{-p^2/2m k_B T} \qquad (C \text{ は定数}) \qquad (4.32)$$

となる．これはマクスウェルがはじめて導いたので**マクスウェル分布**とよばれるが，ボルツマンが上に示したようなずっと広い視点に立った統計力学に基づいて導いたので，**マクスウェル – ボルツマン分布**ともよばれている．なお，熱平衡状態にある気体が (4.32) の分布をもつことは実験的にも示されている．

4.3　カノニカル・アンサンブルの方法

前章および前節のミクロカノニカル・アンサンブルの方法では，系のエネルギー E，体積 V，粒子数 N を一定として，系の統計力学を展開した．エネルギー E は定義がはっきりしていて，エネルギー保存則という物理法則もあり，理論的には扱いやすい量であるが，系のエネルギーと一口にいっても，その測定は困難である．それに比べると，系の温度 T は測定が容易であり，理論的にはともかく，実験的にははるかに扱いやすい．

そこで本節では，熱平衡状態にある系の温度 T，体積 V，粒子数 N が一定の値をもつような場合の統計力学を展開する．このような系をたくさん集めたアンサンブル（統計集団）を**カノニカル・アンサンブル（正準集団）**という．カノニカル・アンサンブルの方法では系の温度 T が指定されているので，ミクロカノニカル・アンサンブルの場合とは逆に，系のエネルギー E が微視的・統計力学的に決定されることになる．

4.3.1 カノニカル分布

温度 T が一定の系は，図 3.5 の系 A のように，熱浴 A′ と熱的に接触してエネルギーのやり取りをするような系を考えればよい．このような系 A と熱浴 A′ を図 4.4 に示す．ここでも，系 A の指定量 (T, V, N)，熱浴 A′ の指定量 (T, V', N') が明記してある．A と A′ の温度がともに T で，等しいことに注意しよう．また，A と A′ の間の「$E \leftrightarrow$」は，両者の間でエネルギーのやり取りがあることを表す．ただし，以上のような状況さえ押さえておけば，これからの議論に熱浴の存在は忘れて構わない．

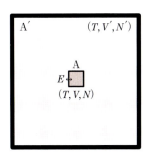

図 4.4 熱浴 A′ の中の系 A. 両者の温度 T が等しいことが熱平衡条件.

このような熱平衡状態で，系 A のエネルギーが $E_i (i = 1, 2, 3, \cdots)$ である確率は，等確率の原理のもとで微視的状態数が最大になることより，すでに (3.31) で求められている．すなわち，3.5 節では，それといわずにカノニカル・アンサンブルの熱平衡分布を求めていたのである．

しかし，ここでは，同じ結果をアンサンブル平均から求めてみよう．いま，3.5 節と同様に，系 A のエネルギー状態は $E_i (i = 1, 2, 3, \cdots)$ で指定されるものとし，図 4.4 と同じ系を M 個集めてアンサンブルを構成するものとする．ただし，M は巨大な数であって，$M \gg 1$ とする．

M 個の系からなるアンサンブルの中で，エネルギー状態が E_i である系の数を M_i とし，M 個の系を $(M_1, M_2, M_3, \cdots) = \{M_i\}$ のように組分けする．M は巨大な数としたので，$M \gg M_i \gg 1$ としてよいであろう．このとき，系 A のエネルギー状態が E_i である確率 $P(E_i)$ は，アンサンブル平均の意味で，

$$P(E_i) = \frac{M_i}{M} \tag{4.33}$$

と表される．以下では，上式の右辺が E_i を使って具体的にどのように表されるかを調べる．

前節のミクロカノニカル・アンサンブルの方法では，等確率の原理によって，すべての微視的状態が同じ実現確率をもっているために，アンサンブル

を構成する系の数を導入してアンサンブル平均を陽に（表立って）使う必要はなかった．しかし，ここでは，系がとり得るエネルギーの値 E_i で系の状態を組分けして状態 i としているので，この状態 i にはエネルギー E_i をもつ微視的状態がいくつも含まれることになる．そのために，これらの状態にミクロカノニカル・アンサンブルの場合の等確率の原理を使うことはできず，陽にアンサンブルを考慮しているのである．

3.2節，特に図3.3でみたように，系 A の平均エネルギーは，ほとんど確実に，あるエネルギー値 E^* をもつ．したがって，個々の系のエネルギーの総和 E_T は ME^* に非常に近い値であり，一定とおいてよい．こうして，

$$\sum_i M_i = M \qquad (M \text{ は一定}) \tag{4.34}$$

$$\sum_i E_i M_i = E_\mathrm{T} \qquad (E_\mathrm{T} \text{ は一定}) \tag{4.35}$$

が成り立つことになる（下付きの T は total（全部の）を表す）．

一方，M 個の系からなるアンサンブルがとり得る状態数 W は，(4.10) を導いたのと同じ考え方で，M 個の系を $\{M_i\}$ の組に配分する場合の数として，

$$W = \frac{M!}{\prod_i M_i!} \tag{4.36}$$

と表される．M も M_i も 1 よりはるかに大きい数としているので，$\log W$ の計算の際に付録 B のスターリングの公式 (B.3) を使うと，これは

$$\log W = \log M! - \sum_i \log M_i! \cong M \log M - M - \sum_i (M_i \log M_i - M_i)$$

$$= M \log M - \sum_i M_i \log M_i \tag{4.37}$$

となる．

前節までの議論によってわかったことは，状態数 W，したがって $\log W$ を最大にする状態が，熱平衡状態にある系の巨視的状態としてほとんど確実に実現するということであった．そこで，ここでも $\log W$ を最大にする分配 $\{M_i^*\}$ を求めたいのであるが，2 つの付加条件 (4.34) と (4.35) があることを考慮し，ラグランジュの未定乗数法を使って極値問題を解くことにしよう．

4.3 カノニカル・アンサンブルの方法

> **例題 2**
>
> 2個のラグランジュの未定乗数 α', β を含む
>
> $$\mathcal{F} = \log W - \alpha' M - \beta E_\mathrm{T} \tag{4.38}$$
>
> を変数 $\{M_j\}$ の関数として定義し，ラグランジュの未定乗数法によって極値問題を解くと，M_i の熱平衡分布として
>
> $$M_i^* = e^{-\alpha - \beta E_i} \tag{4.39}$$
>
> が得られることを示せ．ただし，$\alpha = \alpha' + 1$ である．

解 $\{M_i\}$ を微小量 $\{dM_i\}$ だけ変化させたときの (4.37), (4.34), (4.35) の微小変化量は，それぞれ，

$$d\log W = -\sum_i (\log M_i + 1) dM_i, \quad dM = \sum_i dM_i, \quad dE_\mathrm{T} = \sum_i E_i dM_i$$

である．これを使うと，(4.38) の極値条件は

$$d\mathcal{F} = d(\log W - \alpha' M - \beta E_\mathrm{T}) = -\sum_i (\log M_i + \alpha + \beta E_i) dM_i = 0 \quad (1)$$

と表される．ただし，$\alpha = \alpha' + 1$ とした．

(1) で dM_i をどのように変えても 0 になるためには，dM_i の係数が 0 でなければならない．このことより，

$$\log M_i + \alpha + \beta E_i = 0, \quad \therefore \quad M_i = e^{-\alpha - \beta E_i} \tag{2}$$

が得られる．(2) は $\log W$ を最大にする分布という意味で，系の最も確からしい分布，すなわち熱平衡分布 M_i^* を与えることになり，(4.39) が導かれたことになる．

(4.39) を (4.34) に代入すると，アンサンブルの中の系の総数 M は

$$M = \sum_i M_i^* = e^{-\alpha} \sum_i e^{-\beta E_i} = e^{-\alpha} Z \tag{4.40}$$

と表される．ここで

$$Z = \sum_i e^{-\beta E_i} \tag{4.41}$$

も **分配関数** あるいは **状態和** とよばれる．ただし，形としては (4.21) の Z_1 と同じであるが，Z_1 が 1 粒子の分配関数であったのに対して，ここでの Z は N 粒子からなる系 A の分配関数であることに注意しなければならない．

こうして，温度 T，体積 V，粒子数 N が指定された熱平衡状態で，系 A の

エネルギーが E_i であるような微視的状態が実現する確率 $P(E_i)$ は，(4.33)，(4.39)，(4.40) より，

$$P(E_i) = \frac{M_i^*}{M} = \frac{e^{-\beta E_i}}{Z} \qquad (4.42)$$

で与えられる．これを**カノニカル分布**といい，(4.6) に示しておいたものである．

上式は，すでに 3.5 節で求めた分布 (3.31) と同じ形をしていることに注意しよう．すなわち，本節では 3.5 節とは違い，カノニカル・アンサンブルの方法を用いてカノニカル分布を導いたのである．

問題 4　(3.31) で確率の規格化条件を使うと，(4.42) と全く等しくなることを示せ．すなわち，(4.42) は自動的に規格化条件を満たしている．

また，(4.39) を (4.35) に代入し，それを (4.40) の M で割って整理すると，熱平衡状態で成り立つ式

$$\frac{\sum_i E_i e^{-\beta E_i}}{Z} = \frac{E_{\mathrm{T}}}{M} \qquad (4.43)$$

が得られる．上式右辺の E_{T} はアンサンブル全体のエネルギーであり，M はアンサンブルの中の系の数なので，右辺の $E_{\mathrm{T}}/M\,(= E)$ は系 A のエネルギーのアンサンブル平均である．(4.43) は，その E が左辺で与えられることを表している．

ところで，(4.43) の左辺は，(4.42) を使うと $\sum_i E_i P(E_i)$ となり，(4.43) は

$$E = \sum_i E_i P(E_i) \qquad (4.44)$$

と表される．これは，系 A の平均エネルギーがカノニカル分布できちんと表されたことを意味する．これからすぐに類推できることは，ある物理量 A が系の状態 i で A_i の値をとるときに，その平均値 $\langle A \rangle$ は，カノニカル分布 (4.42) を使って，

4.3 カノニカル・アンサンブルの方法　　　83

$$\langle A \rangle = \sum_i A_i P(E_i) = \frac{\sum_i A_i e^{-\beta E_i}}{Z} \tag{4.45}$$

で与えられることである.

4.3.2 分配関数と自由エネルギー

(4.43) の右辺や (4.44) の左辺の E は，(4.45) の意味で系のエネルギーの平均値 $\langle E \rangle$ のことであり，熱力学でいう内部エネルギーのことである．これは (4.43) の左辺の表式から，状態和 Z を使って

$$E = -\frac{\partial}{\partial \beta} \log Z \tag{4.46}$$

と表される．この式は，統計力学で力学的・微視的に計算される分配関数 Z から熱力学的・巨視的な内部エネルギーを求める関係式とみなされる．$\beta = 1/k_B T$ なので，$\partial/\partial \beta = (d\beta/dT)^{-1}\partial/\partial T = -k_B T^2 \partial/\partial T$ となり，これを上式に代入すると，

$$E = k_B T^2 \frac{\partial}{\partial T} \log Z \tag{4.47}$$

が得られる．

一方，系の内部エネルギー E を系のヘルムホルツの自由エネルギー F に関係づける式

$$E = -T^2 \left[\frac{\partial}{\partial T}\left(\frac{F}{T}\right) \right]_V \tag{4.48}$$

が熱力学でよく知られている（例えば，拙著：『物理学講義 熱力学』の第 7 章を参照）．これと (4.47) を比較すれば，ヘルムホルツの自由エネルギー F が

$$F = -k_B T \log Z \tag{4.49}$$

という形で分配関数 Z と関係づけられることがわかる．

熱力学によれば，温度 T，体積 V，粒子数 N が指定された系，逆にいうと，これらが熱力学的変数として扱えるような系のエネルギーとして，ヘルムホルツの自由エネルギー $F(T, V, N)$ があり，これは

$$F = E - TS \tag{4.50}$$

と定義される．実際，上式から F の微小変化 dF をつくり，熱力学第1法則 (4.1) を考慮すると (4.5) が得られ，ヘルムホルツの自由エネルギー F の変数は T, V, N であることがわかる．その上，他の熱力学的な量はすべて F で表されることがわかっている（例えば，拙著：『物理学講義 熱力学』の第6章を参照）．分配関数 Z も T, V, N が指定された系で定義された関数 $Z(T, V, N)$ であることを考えると，それがヘルムホルツの自由エネルギー $F(T, V, N)$ と関係づけられたことは不自然なことではない．

ここでのポイントは，(4.41) からわかるように，分配関数 Z が系の微視的状態のエネルギー E_i から求められる統計力学的な量であり，それが巨視的な熱力学量である自由エネルギー F と関係づけられたということにある．すなわち，(4.49) は微視的な観点に立つ統計力学と巨視的な観点に立つ熱力学を結び付ける，重要な関係式であるということができる．

したがって，カノニカル・アンサンブルの方法の基本的な枠組みは，表4.1 にまとめてあるように，系の分配関数 $Z(T, V, N)$ を微視的・力学的に計算し，(4.49) によって，系の巨視的・熱力学的な量であるヘルムホルツの自由エネルギー $F(T, V, N)$ を求めることである．後は，ヘルムホルツの自由エネルギーを基に熱力学を使って，いろいろな熱力学量を決めればよいということになる．

例題 3

$\beta = 1/k_\mathrm{B} T$ はミクロカノニカル・アンサンブルの方法ですでに導いたが，これをアンサンブル全体の状態数の対数 (4.37) と，それを最大にする熱平衡分布を含む (4.39) だけから導け．

解 (4.37) の M_i に (4.39) を代入すると，熱平衡状態でのアンサンブル全体の状態数の対数は

$$\log W = M \log M - \sum_i M_i^* \log M_i^* = M \log M - \sum_i e^{-\alpha - \beta E_i}(-\alpha - \beta E_i)$$
$$= M \log M + \alpha e^{-\alpha} \sum_i e^{-\beta E_i} + \beta e^{-\alpha} \sum_i E_i e^{-\beta E_i} \tag{1}$$

と表される．ところで，(4.41) から $Z = \sum_i e^{-\beta E_i}$ であり，(4.42) と (4.44) から系の内部エネルギーが $E = \sum_i E_i e^{-\beta E_i}/Z$ と表されるので，これらを (1) に代入すると，

4.3 カノニカル・アンサンブルの方法

$$\log W = M \log M + \alpha e^{-\alpha} Z + \beta e^{-\alpha} Z E$$

となり，これにさらに (4.40) を代入すると，

$$\log W = M \log M + \alpha M + \beta M E \qquad (2)$$

が得られる．

(4.40) の対数をとって整理すると，$\alpha = \log Z - \log M$ なので，これを (2) に代入すると，状態数の対数は

$$\log W = M \log M + M(\log Z - \log M) + \beta M E = M(\log Z + \beta E) \qquad (3)$$

と表される．アンサンブルを構成する系はすべて同等であり，この意味でそれぞれの実現確率は等しく，等確率の原理が成り立つ．したがって，(3) にボルツマン定数 k_B を掛けると，ボルツマンの関係式 (3.27) よりエントロピーが得られるが，このエントロピーはアンサンブル全体のエントロピーであり，系のエントロピー S は，それをアンサンブルの中の系の数 M で割らなければならない．

こうして，さらに (3) に温度 T を掛けて TS をつくると，$TS = (k_B T/M)\log W$ は

$$TS = k_B T \log Z + k_B T \beta E, \qquad \therefore \quad -k_B T \log Z = k_B T \beta E - TS$$

と表される．これは熱力学における関係式 (4.50) と全く同じ形をしており，両者の比較から

$$F = -k_B T \log Z, \qquad k_B T \beta = 1$$

が得られ，$\beta = 1/k_B T$ とともに (4.49) も導かれる．

4.3.3 簡単な応用例 (1) ─ 熱容量とエネルギーの揺らぎ ─

系の体積 V が一定のとき，系が外部にする仕事はなく 0 なので，系に加えられた熱量は，そのまま系のエネルギー E の上昇になる．したがって，このときの系の熱容量 C_V は，E の温度 T による微分で与えられ，

$$C_V = \frac{\partial E}{\partial T} = -k_B \beta^2 \frac{\partial E}{\partial \beta} \qquad (4.51)$$

と表される．ただし，ここでも $\partial/\partial T = (d\beta/dT)\partial/\partial \beta = -k_B \beta^2 \partial/\partial \beta$ を使った．上式に (4.46) を代入すると，

$$C_V = \frac{\partial E}{\partial T} = k_B \beta^2 \frac{\partial}{\partial \beta}\left\{\frac{1}{Z}\left(\frac{\partial Z}{\partial \beta}\right)\right\} = k_B \beta^2 \left\{\frac{1}{Z}\left(\frac{\partial^2 Z}{\partial \beta^2}\right) - \left(\frac{1}{Z}\frac{\partial Z}{\partial \beta}\right)^2\right\}$$

$$(4.52)$$

が得られる．

ここで，系の分配関数 Z の定義 (4.41) を思い出すと，(4.52) の最後の式

の { } 内の各項は

$$\frac{1}{Z}\frac{\partial Z}{\partial \beta} = -\frac{\sum_i E_i e^{-\beta E_i}}{Z} = -\langle E \rangle, \quad \frac{1}{Z}\left(\frac{\partial^2 Z}{\partial \beta^2}\right) = \frac{\sum_i E_i^2 e^{-\beta E_i}}{Z} = \langle E^2 \rangle \tag{4.53}$$

となる．ただし，物理量の平均値が (4.45) で表されること，および系の内部エネルギー E が平均値 $\langle E \rangle$ であることを使った．

(4.53) を (4.52) の最後の式の { } 内に代入すると，

$$\frac{1}{Z}\left(\frac{\partial^2 Z}{\partial \beta^2}\right) - \left(\frac{1}{Z}\frac{\partial Z}{\partial \beta}\right)^2 = \langle E^2 \rangle - \langle E \rangle^2 = \langle (E - \langle E \rangle)^2 \rangle = \langle (\Delta E)^2 \rangle \tag{4.54}$$

となる．

(4.54) の最後の式に現れる

$$E - \langle E \rangle \equiv \Delta E \tag{4.55}$$

は，物理量としてのエネルギー E の平均値 $\langle E \rangle$ からのずれであり，系のエネルギーの揺らぎを表す．すなわち，(4.54) は系のエネルギーの揺らぎの 2 乗平均が分配関数 Z を使って得られることを示している．これは物理量の揺らぎを統計力学的に求めたということであり，熱力学ではできなかったことを達成しているという意味で，重要な結果である．

(4.54) を (4.52) の最後の式の { } 内に代入すると，系の熱容量は

$$C_V = k_B \beta^2 \langle (\Delta E)^2 \rangle = \frac{1}{k_B T^2} \langle (\Delta E)^2 \rangle \tag{4.56}$$

と表され，系のエネルギーの揺らぎの 2 乗平均に比例することがわかる．(4.56) は定性的には，系の揺らぎが大きいと外からの熱量の流入に対してより大きく応答することになり，結果として，より大きな熱容量をもつものと理解することができる．

4.3.4 簡単な応用例 (2) ― 1 次元調和振動子からなる系 ―

角振動数 ω の 1 次元調和振動子が N 個ある理想系を考えてみよう．量子力学によれば，1 個の 1 次元調和振動子の固有エネルギーは

4.3 カノニカル・アンサンブルの方法

$$\varepsilon_n = \hbar\omega\left(n + \frac{1}{2}\right) \qquad (n = 0, 1, 2, 3, \cdots, \infty) \qquad (4.57)$$

で与えられることがわかっている（例えば，拙著：『物理学講義 量子力学入門』の第 8 章を参照）．ここで n は調和振動子の状態を表す量子数である．

このとき，1 個の 1 次元調和振動子の分配関数 $Z_1 = \sum\limits_{n=0}^{\infty} e^{-\beta\varepsilon_n}$ は

$$Z_1 = \frac{e^{\beta\hbar\omega/2}}{e^{\beta\hbar\omega} - 1} \qquad (4.58)$$

となる．したがって，1 個の 1 次元調和振動子の平均エネルギー ε は，(4.46) より

$$\varepsilon = -\frac{\partial}{\partial\beta}\log Z_1 = \hbar\omega\left(\frac{1}{2} + \frac{1}{e^{\beta\hbar\omega} - 1}\right) \qquad (4.59)$$

で与えられる．

問 題 5 (4.58) を導け．

問 題 6 (4.59) の最後の式を導け．

N 個の 1 次元調和振動子の理想系のエネルギー E は $N\varepsilon$ で与えられるので，(4.59) より

$$E = N\hbar\omega\left(\frac{1}{2} + \frac{1}{e^{\beta\hbar\omega} - 1}\right) \qquad (4.60)$$

となる．しかし，ここでは念のために，この系の分配関数 Z がどのように表されるかをみて，それから上式を導いてみよう．

i 番目の 1 次元調和振動子のエネルギー状態を $\varepsilon^{(i)}$ とすると，系全体のエネルギーは $\sum\limits_{i=1}^{N} \varepsilon^{(i)}$ と表されるので，この系に対する分配関数 Z は，(4.41) より

$$Z = \sum_{\{\varepsilon^{(i)}\}} e^{-\beta\sum\limits_{i=1}^{N}\varepsilon^{(i)}} = \sum_{\{\varepsilon^{(i)}\}} e^{-\beta\varepsilon^{(1)}} e^{-\beta\varepsilon^{(2)}} \cdots e^{-\beta\varepsilon^{(N)}}$$

$$= \left\{\sum_{\{\varepsilon^{(1)}\}} e^{-\beta\varepsilon^{(1)}}\right\}\left\{\sum_{\{\varepsilon^{(2)}\}} e^{-\beta\varepsilon^{(2)}}\right\} \cdots \left\{\sum_{\{\varepsilon^{(N)}\}} e^{-\beta\varepsilon^{(N)}}\right\} = Z_1^N \qquad (4.61)$$

となる．したがって，$\log Z = N\log Z_1$ であり，これを (4.46) に代入し，

さらに (4.58) を代入すれば，直ちに (4.60) が得られる．

ここでのポイントは，独立な粒子からなる系の分配関数 Z は，(4.61) のように 1 粒子の分配関数 Z_1 の積で表されることである．

問題 7 N 個の 1 次元調和振動子からなる理想系のヘルムホルツの自由エネルギー F を求めよ．

4.4 グランドカノニカル・アンサンブルの方法

ミクロカノニカル・アンサンブルはエネルギー，体積，粒子数が一定で孤立している熱平衡系の集まりであり，カノニカル・アンサンブルは周囲の熱浴と熱的に接触してエネルギーをやり取りし，温度，体積，粒子数が一定であるような熱平衡系の集まりであった．本節では，図 4.5 に示したように，系 A が周囲の大きな系 A′ とエネルギーをやり取りする（記号 $E \leftrightarrow$ で示してある）だけでなく，粒子をもやり取りする（記号 $\leftrightarrow N$ で示してある）ような熱平衡系の集まりを考える．このような性質をもつ系の集まりを**グランドカノニカル・アンサンブル（大正準集団）**という．

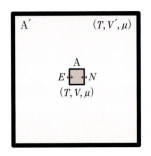

図 4.5 熱浴 A′ の中の系 A．両者の温度 T と化学ポテンシャル μ が等しいことが熱平衡条件．

注目する系 A が周囲の大きな系 A′ とエネルギーのやり取りをするとき，後者の大きな系を熱浴とよんだ．そこで，A が A′ と粒子を交換する場合，大きな方の系 A′ を粒子浴とよんでおこう．熱浴に接する系が熱平衡である条件は，系の温度 T が熱浴の温度と等しくなることであった．それでは，粒子浴に接する系が熱平衡のときには，どんな量が粒子浴と等しくなるのであろうか．

図 4.5 に示したように，それが化学ポテンシャル μ であることは，本節のグランドカノニカル・アンサンブルの方法で明らかとなる．すなわち，この方法は系の体積 V とともに，温度 T と化学ポテンシャル μ を指定して，

4.4 グランドカノニカル・アンサンブルの方法　89

エネルギー E と粒子数 N を微視的・統計力学的に決定するような理論的枠組みであるということになる.

4.4.1 グランドカノニカル分布

いま，カノニカル・アンサンブルの場合と同様に，グランドカノニカル・アンサンブルの中の系の総数を M としよう．系の粒子数が変わるので，j 番目の系の粒子数を N_j とする．この系の微視的なエネルギー状態は粒子数 N_j にも依存するので，それを E_{ij} と記すことにしよう．このとき，下付きの i は粒子数 N_j の系の微視的エネルギー状態を区別する数なので，$i = 1, 2, 3, \cdots, \infty$ であり，一方，j は系の番号なので，$j = 1, 2, 3, \cdots, M$ である．また，アンサンブル全体のエネルギーを E_{T}，粒子数を N_{T} とすると，系の総数 M が十分大きいとき，カノニカル・アンサンブルの場合に E_{T} が一定とみなされたのと同じ理由で，ここでも E_{T}，N_{T} を一定とおくことができる．

粒子数が N_j であり，エネルギーが E_{ij} である系の数を M_{ij} とおき，これまでと同様に，$M \gg M_{ij} \gg 1, N_j \gg 1$ とする．総数 M の系を $\{M_{ij}\}$ の組に配分する場合の数は，カノニカル・アンサンブルの場合の (4.36) と同様に，

$$W = \frac{M!}{\prod_{i,j} M_{ij}!} \tag{4.62}$$

と表され，これがいまの場合の状態数である．また，

$$\begin{cases} \sum_{i,j} M_{ij} = M \\ \sum_{i,j} E_{ij} M_{ij} = E_{\mathrm{T}} \\ \sum_{i,j} N_j M_{ij} = N_{\mathrm{T}} \end{cases} \tag{4.63}$$

が，状態数 (4.62) を最大にする際の付加条件である．

例 題 4

3 個の条件 (4.63) を考慮して (4.62) の対数 $\log W$ を最大にするには，ラグランジュの未定乗数法を適用すればよい．この方法によれば，M_{ij} の熱平衡分布として

$$M_{ij}{}^* = e^{-\alpha - \beta E_{ij} - \gamma N_j} \tag{4.64}$$

90　　　　　　　　　　　　　　4. 統計力学の一般的な方法

が得られることを示せ. ただし, α, β, γ はラグランジュの未定乗数である.

解 まず, (4.62) の対数に対して, 付録 B のスターリングの公式 (B.3) と (4.63) の第 1 式を使うと,

$$\log W \cong M \log M - M - \sum_{i,j}(M_{ij}\log M_{ij} - M_{ij}) = M\log M - \sum_{i,j}M_{ij}\log M_{ij} \quad (1)$$

が得られるので, 条件 (4.63) を考慮した上で (1) を最大にすればよい. ただし, 今度の場合は付加条件が 3 つあるので, 未定乗数も α', β, γ の 3 つを導入してラグランジュの未定乗数法を適用する. したがって, この場合の極値を求める関数は

$$\mathcal{F} = \log W - \alpha'\sum_{i,j}M_{ij} - \beta\sum_{i,j}E_{ij}M_{ij} - \gamma\sum_{i,j}N_jM_{ij} \tag{2}$$

となる. また, 変数 $\{M_{ij}\}$ の微小変化 $\{dM_{ij}\}$ に対する (1) の微小変化は

$$d\log W = -\sum_{i,j}\left(dM_{ij}\log M_{ij} + M_{ij}\frac{dM_{ij}}{M_{ij}}\right) = -\sum_{i,j}dM_{ij}(\log M_{ij} + 1) \tag{3}$$

である.

変数 $\{M_{ij}\}$ を $\{dM_{ij}\}$ だけ微小変化させたときの関数 (2) の微小変化 $d\mathcal{F}$ は, (3) を考慮すると,

$$\begin{aligned}
d\mathcal{F} &= d\left(\log W - \alpha'\sum_{i,j}M_{ij} - \beta\sum_{i,j}E_{ij}M_{ij} - \gamma\sum_{i,j}N_jM_{ij}\right)\\
&= -\sum_{i,j}dM_{ij}(\log M_{ij} + 1) - \alpha'\sum_{i,j}dM_{ij} - \beta\sum_{i,j}E_{ij}dM_{ij} - \gamma\sum_{i,j}N_jdM_{ij}\\
&= -\sum_{i,j}(\log M_{ij} + \alpha + \beta E_{ij} + \gamma N_j)\,dM_{ij} \tag{4}
\end{aligned}$$

となる. ただし, はじめの未定乗数 α' の代わりに, 最後の表式には未定乗数 $\alpha = \alpha' + 1$ を使った. 関数 (2) が極値をとるためには, dM_{ij} を変えても (4) が常に 0 とならなければならない. そのためには, (4) の最後の式の dM_{ij} の係数が 0 であればよい. このことより,

$$\log M_{ij} + \alpha + \beta E_{ij} + \gamma N_j = 0, \qquad \therefore \quad \log M_{ij} = -\alpha - \beta E_{ij} - \gamma N_j$$

したがって,

$$M_{ij} = e^{-\alpha - \beta E_{ij} - \gamma N_j}$$

が得られ, これが熱平衡分布 M_{ij}^* であることから (4.64) が導かれたことになる.

(4.64) を (4.63) の第 1 式に代入すると,

$$M = e^{-\alpha} \sum_{i,j} e^{-\beta E_{ij} - \gamma N_j} = e^{-\alpha} Z_{\mathrm{G}} \qquad (4.65)$$

が得られる．ここで，Z_{G} は

$$Z_{\mathrm{G}} = \sum_{i,j} e^{-\beta E_{ij} - \gamma N_j} \qquad (4.66)$$

と定義され，**大分配関数**あるいは**大きな状態和**とよばれる．したがって，系が粒子数 N_j をもち，エネルギーが E_{ij} であるような状態となる確率 $P_{\mathrm{G}}(E_{ij}, N_j)$ はアンサンブル平均 M_{ij}/M で与えられ，(4.64) と (4.65) より

$$P_{\mathrm{G}}(E_{ij}, N_j) = \frac{e^{-\beta E_{ij} - \gamma N_j}}{\sum_{i,j} e^{-\beta E_{ij} - \gamma N_j}} = \frac{e^{-\beta E_{ij} - \gamma N_j}}{Z_{\mathrm{G}}} \qquad (4.67)$$

が得られる．この確率分布を**グランドカノニカル分布**という．

系の粒子数が N_j，エネルギーが E_{ij} のときに，ある物理量 A が A_{ij} の値をとるものとすると，その平均値 $\langle A \rangle$ は，グランドカノニカル分布 (4.67) を使って，

$$\langle A \rangle = \sum_{i,j} A_{ij} P_{\mathrm{G}}(E_{ij}, N_j) = \frac{\sum_{i,j} A_{ij} e^{-\beta E_{ij} - \gamma N_j}}{Z_{\mathrm{G}}} \qquad (4.68)$$

と表される．

4.4.2 化学ポテンシャル

グランドカノニカル分布 (4.67) で，エネルギー E_{ij} の係数である β は，これまで通り $1/k_{\mathrm{B}}T$ であることは想像できるが，粒子数 N_j の前に付く γ の意味がすぐにはわからない．そこで，熱力学で知られていることを使って，その意味を考えてみよう．

カノニカル・アンサンブルのときの分配関数の対数が，(4.49) よりヘルムホルツの自由エネルギーの β 倍に関係づけられたことを考慮して，大分配関数 (4.66) の対数も何らかの自由エネルギーに関係しているのではないかと予想してみる．そして，系の体積 V を一定にしたままで，β と γ を微小量 $d\beta$, $d\gamma$ だけ変えたときの $\log Z_{\mathrm{G}}$ の微小変化 $d\log Z_{\mathrm{G}}$ を求めると，

$$d \log Z_{\mathrm{G}} = \frac{\partial \log Z_{\mathrm{G}}}{\partial \beta} d\beta + \frac{\partial \log Z_{\mathrm{G}}}{\partial \gamma} d\gamma$$

$$= \frac{1}{Z_{\mathrm{G}}} \left(-\sum_i E_{ij} e^{-\beta E_{ij} - \gamma N_j} \right) d\beta + \frac{1}{Z_{\mathrm{G}}} \left(-\sum_i N_j e^{-\beta E_{ij} - \gamma N_j} \right) d\gamma$$

$$= -E \, d\beta - N \, d\gamma \tag{4.69}$$

となる．ただし，最後の式にある E と N は，(4.68) を使って得られた，それぞれ系の平均エネルギーと平均粒子数であり，熱力学における系の内部エネルギー E および粒子数 N に対応する量であることを注意しておく．

粒子数も熱力学的変数とする場合の系の内部エネルギー E は

$$E = TS - pV + N\mu \tag{4.70}$$

と表される．これは，熱力学でのギブスの自由エネルギー G が

$$G \equiv F + pV = E - TS + pV \tag{4.71}$$

で定義され，他方で

$$G = N\mu \tag{4.72}$$

であることが証明できるからである（例えば，拙著：『物理学講義 熱力学』の第7章を参照）．すでに4.1節で述べたように，エネルギー保存則である熱力学第1法則が

$$dE = T \, dS - p \, dV + \mu \, dN \tag{4.73}$$

と表されることを思い出そう．この式からわかるように，化学ポテンシャル μ は，「系に粒子1個を付け加えたときに，系が得るエネルギー」という意味をもつ．

> ここは
> ポイント!

ここで仮に $\beta' = 1/k_{\mathrm{B}} T$ として，(4.70) の両辺に β' を掛け，$\beta' T = 1/k_{\mathrm{B}}$（定数）であることに注意して両辺の微小変化をつくってみよう．ただし，$d(\beta' pV)$ はバラバラにしないでおくと，

$$E \, d\beta' + \beta' \, dE = \beta' T \, dS - d(\beta' pV) + N \, d(\beta' \mu) + \beta' \mu \, dN$$

となる．この左辺の dE に (4.73) を代入して整理すると，

$$d(\beta' pV) = -E \, d\beta' + \beta' p \, dV + N \, d(\beta' \mu)$$

が得られるが，ここでは系の体積 V が一定なので $dV = 0$ であり，結局，

$$d(\beta' pV) = -E \, d\beta' + N \, d(\beta' \mu) \tag{4.74}$$

という関係式が得られる．

4.4 グランドカノニカル・アンサンブルの方法 93

熱力学関係式から得られた (4.74) を (4.69) と比べると，両者は全く同じ
形をしており，まず，(4.68) までに現れたラグランジュの未定乗数としての
β が，確かに $\beta' = 1/k_\mathrm{B}T$ であることがわかる．さらに，各項の比較から，

$$\log Z_\mathrm{G} = \beta pV = \frac{pV}{k_\mathrm{B}T} \tag{4.75}$$

$$\gamma = -\beta\mu = -\frac{\mu}{k_\mathrm{B}T} \tag{4.76}$$

が得られる．すなわち，ラグランジュの未定乗数の1つである γ は，系の
化学ポテンシャル μ によって (4.76) のように表される量だったのである．
特に，(4.76) を (4.66)，(4.67) に代入することによって，大分配関数 Z_G,
グランドカノニカル分布 $P_\mathrm{G}(E_{ij}, N_j)$ はそれぞれ，

$$Z_\mathrm{G} = \sum_{i,j} e^{-\beta(E_{ij} - \mu N_j)} \tag{4.77}$$

$$P_\mathrm{G}(E_{ij}, N_j) = \frac{e^{-\beta(E_{ij} - \mu N_j)}}{\sum_{i,j} e^{-\beta(E_{ij} - \mu N_j)}} = \frac{e^{-\beta(E_{ij} - \mu N_j)}}{Z_\mathrm{G}} \tag{4.78}$$

と表されることがわかる．

また，(4.77) に従って大分配関数 Z_G を力学的・微視的に計算すれば，
(4.75) より熱力学的・巨視的な量である系の圧力 p が求められることにも
注意しよう．

4.4.3 グランドポテンシャル

カノニカル分布に対して (4.41) で定義された分配関数 Z の対数は，
(4.49) によって，熱力学において重要な役割を果たすヘルムホルツの自由エ
ネルギー F に関係する．そこで，(4.77) の大分配関数 Z_G に対しても，(4.49)
と全く同じ形の熱力学量

$$\Omega = -k_\mathrm{B}T\log Z_\mathrm{G} \tag{4.79}$$

が定義できて，グランドポテンシャルとよばれている．実際，このグランド
ポテンシャル Ω は，(4.75) より

$$\Omega = -pV \tag{4.80}$$

と表される．これはまた，(4.71) と (4.72) より，ヘルムホルツの自由エネルギー F およびギブスの自由エネルギー G を使って，

$$\Omega = F - G = F - N\mu \tag{4.81}$$

と表される熱力学的な自由エネルギーであることがわかる．

　系のエネルギー保存則を表す熱力学第 1 法則 (4.73) は，熱力学関数としての内部エネルギー E の自然な熱力学的変数が，エントロピー S, 体積 V, 粒子数 N であることを示している．また，(4.50) で定義されるヘルムホルツの自由エネルギー F, および (4.71) で定義されるギブスの自由エネルギー G でエネルギー保存則を表すと，それぞれ

$$dF = -S\,dT - p\,dV + \mu\,dN \tag{4.82}$$

$$dG = -S\,dT + V\,dp + \mu\,dN \tag{4.83}$$

となって，F および G の自然な熱力学的変数はそれぞれ，(T, V, N), (T, p, N) である．それに対して，Ω の場合には，(4.81) と (4.82) より

$$d\Omega = -S\,dT - p\,dV - N\,d\mu \tag{4.84}$$

と表され，グランドポテンシャル Ω は，温度 T, 体積 V, 化学ポテンシャル μ を自然な熱力学的変数とする自由エネルギーであることがわかる．

　まとめると，T, V, μ を指定したグランドカノニカル・アンサンブルの方法で微視的・力学的に計算されるのは (4.77) の大分配関数 $Z_G(T, V, \mu)$ であり，それを (4.79) に代入して得られる巨視的・熱力学的関数がグランドポテンシャル $\Omega(T, V, \mu)$ であるということになる．表 4.1 には，このことが示してある．

　特に，(4.84) より，熱力学的関係として

$$N = -\left(\frac{\partial \Omega}{\partial \mu}\right)_{T,V} \tag{4.85}$$

が得られる．ここで下付きの T, V は，これらの量を一定にして微分することを表す．これに (4.79) を代入すると，ここでは T が一定としているので微分の外に出すことができて，

$$N = k_B T \left(\frac{\partial \log Z_G}{\partial \mu}\right)_{T,V} \tag{4.86}$$

と表される．これは微視的・統計力学的に計算された大分配関数 Z_G から，

系の巨視的・熱力学的な量としての粒子数 N を求める公式である．

問題 8 系の温度 T，体積 V が一定のもとで，(4.86) をもう一度 μ で微分すると，ちょうどカノニカル・アンサンブルのときに系の熱容量 (4.56) を求めたのと全く同じ手続きで，系の粒子数の揺らぎを求める式

$$\frac{\partial N}{\partial \mu} = \frac{1}{k_{\mathrm{B}}T} \langle (\Delta N)^2 \rangle, \qquad \Delta N \equiv N - \langle N \rangle \tag{4.87}$$

が得られることを示せ．ここでも，ΔN は物理量としての粒子数 N の平均値 $\langle N \rangle$ からのずれであり，系の粒子数の揺らぎを表す．すなわち，(4.87) は系の粒子数の揺らぎの 2 乗平均が大分配関数 Z_{G} から得られることを示している．

4.5 もう1つのグランドカノニカル分布

前節のグランドカノニカル・アンサンブルの方法では，周囲の大きな系と温度 T，化学ポテンシャル μ を共有して，エネルギーおよび粒子をやり取りするような系の集まりを考えた．この方法では系の体積 V が指定されているので，系の圧力 p は (4.75) より大分配関数 Z_{G} を使って得られる．

それでは，体積 V と化学ポテンシャル μ の代わりに，系の圧力 p と粒子数 N を指定するとどうなるであろうか．このとき，系が膨らんだり縮んだりして，体積が変化することはすぐに想像できるであろう．すなわち，この場合には，注目する系が周囲の大きな系とエネルギーおよび体積をやり取りすることになる．

系 A の温度 T，圧力 p，粒子数 N を指定する場合の，系 A と熱浴 A$'$ の関係を図 4.6 に示しておく．ここでも，系 A の指定量 (T, p, N)，熱浴 A$'$ の指定量 (T, p, N') が明記してある．熱平衡状態では A と A$'$ の温度と圧力がともに T, p で，等しいことに注意しよう．また，A と A$'$ の間の「$E \leftrightarrow$」と「$\leftrightarrow V$」はそれぞれ，両者の間でエネルギーおよび体積のやり取り（変化）があることを表す．

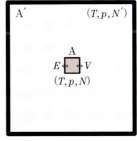

図 4.6 熱浴 A$'$ の中の系 A．両者の温度 T と圧力 p が等しいことが熱平衡条件．

96   4. 統計力学の一般的な方法

　実験の立場からすると，例えば試料としての気体ならともかく，液体や固体を容器に閉じ込めてその体積を固定するのは困難で，そのまま大気中に置くなど，圧力を一定にする方がはるかに容易である．このような温度 T，圧力 p，粒子数 N を指定した熱平衡系の集まりを，**T-p グランドカノニカル・アンサンブル**とよぶことにしよう．この意味では，前節のアンサンブルは T-μ グランドカノニカル・アンサンブルだったことになる．

　前節と同様，T-p グランドカノニカル・アンサンブルの中の系の総数を M としよう．系の体積が変わるので，j 番目の系の体積を V_j とする．この系の微視的なエネルギー状態は体積 V_j にも依存するので，それを前節と同じように E_{ij} と記すことにしよう．アンサンブル全体のエネルギーを E_T，体積を V_T とすると，系の総数 M が十分大きいとき，カノニカル・アンサンブルの場合に E_T が，グランドカノニカル・アンサンブルの場合に E_T と N_T が一定とみなされたのと同じ理由で，ここでも E_T，V_T を一定とおくことができる．

　ここまで来て直ちにわかるように，この T-p グランドカノニカル・アンサンブルの方法による結果は，前節の結果をほとんどそのまま使って得られる．ただ 1 つ注意すべきことは，(4.73) の熱力学第 1 法則の表式からわかるように，μ と p でその前の符号が逆転していることである．したがって，ここでは，前節の結果の μ を $-p$ に，N を V に置き換えなければならない．

　こうして，この T-p グランドカノニカル・アンサンブルの場合の分配関数を **T-p 大分配関数 Ξ_G** とよぶことにすると，それは

$$\Xi_\mathrm{G} = \sum_{i,j} e^{-\beta(E_{ij}+pV_j)} \tag{4.88}$$

となり，**T-p グランドカノニカル分布**は

$$P_\mathrm{G}(E_{ij}, V_j) = \frac{e^{-\beta(E_{ij}+pV_j)}}{\sum_{i,j} e^{-\beta(E_{ij}+pV_j)}} = \frac{e^{-\beta(E_{ij}+pV_j)}}{\Xi_\mathrm{G}} \tag{4.89}$$

と表される．

　また，大分配関数 Ξ_G の対数 $\log \Xi_\mathrm{G}$ は，(4.75) で p を $-\mu$ に，V を N に置き換えることによって $-\beta\mu N = -\beta G$ となることがわかる．ここで，(4.72) を使った．こうして，(4.49) の F や (4.79) の Ω に対して，

$$G = -k_{\mathrm{B}} T \log \varXi_{\mathrm{G}} \qquad (4.90)$$

が得られる．すなわち，T-p 大分配関数 $\varXi_{\mathrm{G}}$ から得られる熱力学関数は，ギブスの自由エネルギー G だったのである．

> ここは
> ポイント!

まとめると，T, p, N を指定した T-p グランドカノニカル・アンサンブルの方法で微視的・力学的に計算されるのが，(4.88) の T-p 大分配関数 $\varXi_{\mathrm{G}}(T, p, N)$ であり，それを (4.90) に代入して得られる巨視的・熱力学的関数が，ギブスの自由エネルギー $G(T, p, N)$ である，ということになる．表 4.1 にはこのことが示してある．

例えば，熱平衡状態での系の体積 V は，(4.83) より

$$V = \left(\frac{\partial G}{\partial p}\right)_{T,N} \qquad (4.91)$$

で与えられるが，T-p グランドカノニカル・アンサンブルの方法では，上式に (4.90) を代入して，

$$V = -k_{\mathrm{B}} T \left(\frac{\partial \log \varXi_{\mathrm{G}}}{\partial p}\right)_{T,N} \qquad (4.92)$$

と表される．これは微視的・統計力学的に計算された T-p 大分配関数 $\varXi_{\mathrm{G}}$ から系の巨視的・熱力学的な体積 V を求めるための表式である．エントロピー S や化学ポテンシャル μ がどのようにして $\varXi_{\mathrm{G}}$ から求められるかは，明らかであろう．

問題 9 エントロピー S と化学ポテンシャル μ を求める式を，(4.92) と同じ形で T-p 大分配関数 $\varXi_{\mathrm{G}}$ を使って表せ．

4.6 まとめとポイントチェック

本章では，統計力学で普通に用いられる基本的な方法を詳しく解説した．まず，注目する系が外界に対して孤立していて，そのために系のエネルギーと粒子数が一定であり，体積も固定されている場合について適用されるミクロカノニカル・アンサンブルの方法を解説した．

次に解説したカノニカル・アンサンブルの方法が，統計力学では最も普通の考え方かもしれない．注目する系はそれよりはるかに大きい熱浴の中にあ

るとし，系は熱浴と熱的な相互作用をしてエネルギーのやり取りをすると考えるのである．そのため，系は温度，体積，粒子数で指定される．その際，統計力学的に求められる量で最も重要な分配関数が定義され，それと熱力学関数の1つであるヘルムホルツの自由エネルギーとの関係が導かれた．すなわち，微視的・力学的に計算される分配関数が，巨視的・熱力学的な自由エネルギーに関係づけられたのである．

次のグランドカノニカル・アンサンブルの方法では，注目する系が熱浴とエネルギーだけでなく，粒子もやり取りすると考える．このとき，熱浴の中で熱平衡にある系は，温度だけでなく化学ポテンシャルも熱浴と同じ値をもつことがわかった．この方法で計算される大分配関数もグランドポテンシャルと関係づけられ，微視的・力学的計算から巨視的・熱力学的な量への橋渡しが可能であることがわかった．

系と熱浴との熱平衡条件としては，両者の間で温度とともに圧力も等しくなる場合もある．すなわち，系の体積が変化して圧力が熱浴のそれと等しくなり，熱平衡状態に落ち着く場合である．このような場合にも，別のグランドカノニカル・アンサンブルの方法があることが示された．

それでは，本章で学んだことを基礎にして，次章では統計力学のいくつかの興味深い応用例を議論することにしよう．

ポイントチェック

- ☐ いくつかのアンサンブルがあり，それらの違いがわかった．
- ☐ ラグランジュの未定乗数法の使い方が理解できた．
- ☐ ラグランジュの未定乗数 β の導き方と意味が理解できた．
- ☐ カノニカル分布がどのようなものか理解できた．
- ☐ 分配関数とはどのようなものであるかがわかった．
- ☐ 分配関数とヘルムホルツの自由エネルギーとの関係が理解できた．
- ☐ グランドカノニカル分布がどのようなものか理解できた．
- ☐ 化学ポテンシャルの導き方が理解できた．
- ☐ グランドカノニカル分布にはもう1種類あることがわかった．

■1 サイコロの確率・統計 → ■2 多粒子系の状態 → ■3 熱平衡系の統計 → ■4 統計力学の一般的な方法 → ■5 統計力学の簡単な応用 → ■6 量子統計力学入門 → ■7 相転移の統計力学入門

5 統計力学の簡単な応用

学習目標

・理想混合気体の統計力学的な取扱い方を理解する.
・2 準位系の統計力学を理解する.
・固体表面での分子の吸着の統計力学を理解する.
・化学反応における質量作用の法則の導き方を理解する.
・固体の比熱に関する統計力学的な取扱い方を理解する.

　前章では, 統計力学の基本的な方法を学んだ. それによると, ミクロカノニカル・アンサンブル, カノニカル・アンサンブル, 2 つのグランドカノニカル・アンサンブルのいずれの方法を用いるにせよ, ともかくそれぞれの方法で微視的状態数や分配関数を計算することができれば, それによって熱力学関数が求められるという仕組みになっていることがわかった. したがって, 後はそれを基にして, 系の比熱や状態方程式などの巨視的な性質が得られることになる.

　実際上の問題は, 分配関数をどのように求めるかである. 形式的には, 系の微視的状態のエネルギー状態が知られていれば分配関数を計算できることは, 分配関数の表式をみれば明らかである. しかし, 統計力学の対象となる巨視的な系にはアボガドロ定数の程度の巨大な数の原子・分子が含まれていて, 互いに作用し合っており, その微視的なエネルギー状態を求めることは, 直接的には不可能である. そこで, 注目する系が, 例えば理想気体のように, あたかも相互作用しないものの集まりとみなされるような近似法をみつけなければならない. 本章では, 現実の系を単純化することで, そのような近似が可能ないくつかの例について, 前章の方法を適用するとどのような結果が得られるかをみてみよう.

　例としてとり上げるのは, 理想混合気体, 2 準位系, 固体表面での分子の吸着, 平衡化学反応, 固体の比熱の諸問題である. これらの問題を統計力学的に取扱うことによって, 巨視的な系で経験的に, あるいは実験的に知られていた理想混合気体の分圧の法則, 常磁性体のキュリーの法則, ラングミュアの吸着等温式, 化学反応における質量作用の法則, 固体の比熱に関する高温でのデュロン-プティの法則や低温での T^3 則が導かれることを示す.

5.1 理想混合気体

　大気は主に窒素と酸素の分子からなることはよく知られており，一種の混合気体とみなされる．いま，温度 T，体積 V の容器に A，B という 2 種の分子がそれぞれ，N_A，N_B 個あり，全分子数を $N = N_A + N_B$ とする．これらの密度はそれほど高くなくて，古典力学的な理想気体とみなされるとしよう．さらに，これらの分子は単原子分子とみなして，分子内の振動や回転などの内部運動は一切無視するという単純化を行う．

　このとき，A，B 分子は容器内で全く独立に存在するので，それぞれの分配関数を Z_A，Z_B とすると，この理想混合気体の分配関数 Z_{AB} は (4.61) にも記したように，それらの積で

$$Z_{AB}(T, V, N_A, N_B) = Z_A(T, V, N_A) Z_B(T, V, N_B) \qquad (5.1)$$

と表される．そこで，A 分子だけに注目すると，これも理想気体なので，分子はそれぞれ独立に存在し，A 分子 1 個だけの分配関数 Z_{1A} は (4.28) より

$$Z_{1A} = V\left(\frac{2\pi m_A k_B T}{h^2}\right)^{3/2} \qquad (5.2)$$

で与えられる．ここで，m_A は A 分子 1 個の質量である．

　したがって，A 分子全体の分配関数 $Z_A(T, V, N_A)$ は

$$Z_A(T, V, N_A) = \frac{Z_{1A}{}^{N_A}}{N_A!} = \frac{V^{N_A}}{N_A!}\left(\frac{2\pi m_A k_B T}{h^2}\right)^{3N_A/2} \qquad (5.3)$$

となる．例によって，$N_A!$ は A 分子同士の区別がつかないことからくる因子であり，(3.35) に現れたものと同じ性質のものである．

　B 分子全体の分配関数 $Z_B(T, V, N_B)$ も全く同様に求められるので，この理想混合気体の分配関数 $Z_{AB}(T, V, N_A, N_B)$ は

$$Z_{AB}(T, V, N_A, N_B) = \frac{Z_{1A}{}^{N_A} Z_{1B}{}^{N_B}}{N_A! N_B!} = \frac{V^N}{N_A! N_B!}\left(\frac{2\pi m_A k_B T}{h^2}\right)^{3N_A/2}\left(\frac{2\pi m_B k_B T}{h^2}\right)^{3N_B/2}$$

$$(5.4)$$

と表される．ここで，$N = N_A + N_B$ である．したがって，分配関数の対数は，$\log N_A!$ などに付録 B のスターリングの公式 (B.3) を使って，

5.1 理想混合気体

$$\log Z_{AB} = N \log V - N_A \log N_A - N_B \log N_B + N + \frac{3N_A}{2} \log \left(\frac{2\pi m_A k_B T}{h^2} \right)$$
$$+ \frac{3N_B}{2} \log \left(\frac{2\pi m_B k_B T}{h^2} \right) \tag{5.5}$$

となる.

問題 1 (5.5) を導け.

系のヘルムホルツの自由エネルギー F は，分配関数を使って (4.49) で与えられ，F による系のエネルギー保存則が (4.82) のように表されるので，系の圧力 p は

$$p = -\left(\frac{\partial F}{\partial V} \right)_{T,N} = k_B T \left(\frac{\partial \log Z_{AB}}{\partial V} \right)_{T,N} = \frac{N k_B T}{V} \tag{5.6}$$

となり，理想混合気体の状態方程式

$$pV = N k_B T \tag{5.7}$$

が得られる.

また，A 分子全体の分配関数 (5.3) より，同じようにして A 分子の分圧 p_A を求めると，

$$p_A = \frac{N_A k_B T}{V}$$

が得られる．同じようにして B 分子の分圧 p_B も容易に得られるので，両者の和をとると，(5.7) より

$$p_A + p_B = \frac{N_A k_B T}{V} + \frac{N_B k_B T}{V} = \frac{N k_B T}{V} = p \tag{5.8}$$

となって，理想混合気体の分圧の法則 $p = p_A + p_B$ が示されたことになる.

同様にして，系のエントロピー S は (4.82) より $S = -(\partial F/\partial T)_{V,N}$ であり，これに (4.49) を代入すると，

$$S = k_B \log Z_{AB} + k_B T \left(\frac{\partial \log Z_{AB}}{\partial T} \right)_{V,N} \tag{5.9}$$

となる．これに (5.5) を代入して整理すると，

$$S = N_A k_B \left(\log \frac{V}{N_A} + \frac{3}{2} \log T + \sigma_{0A} \right) + N_B k_B \left(\log \frac{V}{N_B} + \frac{3}{2} \log T + \sigma_{0B} \right)$$

$$= S_A + S_B \tag{5.10}$$

$$S_A = N_A k_B \left(\log \frac{V}{N_A} + \frac{3}{2} \log T + \sigma_{0A} \right), \qquad S_B = N_B k_B \left(\log \frac{V}{N_B} + \frac{3}{2} \log T + \sigma_{0B} \right)$$

$$\tag{5.11}$$

が得られる．ここで，S_A は A 分子だけが容器の体積 V の全体を占めるときのエントロピーであり，(3.36) と一致することがわかる．ただし，σ_{0A} は A 分子に対する (3.37) の定数 σ_0 である．S_B，σ_{0B} も全く同様に理解できることは容易にわかるであろう．

問題 2 (5.10) を導け．

例題 1

はじめ温度 T で N_A 個の A 分子が圧力 p，体積 V_A，N_B 個の B 分子が圧力 p，体積 V_B の理想気体として別々に存在するものとする．これらを混合したときの体積は $V = V_A + V_B$ となって，混合後のエントロピーが混合前に比べて

$$\Delta S = k_B \left(N_A \log \frac{V}{V_A} + N_B \log \frac{V}{V_B} \right) \tag{5.12}$$

だけ増加することを示せ．これを**混合エントロピー**という．

解 はじめのそれぞれの状態方程式は

$$p V_A = N_A k_B T, \qquad p V_B = N_B k_B T$$

なので，両者を加えると，

$$p(V_A + V_B) = (N_A + N_B) k_B T$$

となる．これは体積 $V_A + V_B$，粒子数 $N_A + N_B$ の理想気体の状態方程式である．ところで，混合後の分子数が $N = N_A + N_B$ なので，上の状態方程式から，混合後の体積は $V = V_A + V_B$ でなければならないことになる．

混合前のエントロピーの総和 S_0 は，(5.11) の S_A と S_B において，体積 V をそれぞれ V_A と V_B に置き換えて和をとればよいので，

$$S_0 = N_A k_B \left(\log \frac{V_A}{N_A} + \frac{3}{2} \log T + \sigma_{0A} \right) + N_B k_B \left(\log \frac{V_B}{N_B} + \frac{3}{2} \log T + \sigma_{0B} \right)$$

となる．それに対して，混合後では両気体ともに共通の体積 V を占めるので，混合後のエントロピー S は (5.10) で与えられることになる．したがって，両者の差は

$$\Delta S = S - S_0 = N_A k_B \log \frac{V}{N_A} + N_B k_B \log \frac{V}{N_B} - \left(N_A k_B \log \frac{V_A}{N_A} + N_B k_B \log \frac{V_B}{N_B} \right)$$
$$= k_B \left(N_A \log \frac{V}{V_A} + N_B \log \frac{V}{V_B} \right)$$

となって，確かに (5.12) が得られる．

　混合後には，それぞれの気体が占める体積が混合前より増加して，より広い領域を動き回ることができるようになる．これは気体分子にとって微視的状態が圧倒的に増加することを意味し，ボルツマン関係式 (3.27) より，2種の気体の混合によってエントロピーが増大することになる．(5.12) は，この混合によるエントロピーの増加を，理想気体の場合に具体的に求めたのである．

5.2　2 準位系

　系を構成する粒子の数が N で，相互作用がなく，それぞれはエネルギー $+\varepsilon$, $-\varepsilon$ $(\varepsilon > 0)$ の 2 準位のみをとるものとする．ここで，簡単のためにエネルギー準位を $\pm\varepsilon$ としたが，一般的に準位が ε_1, ε_2 $(\varepsilon_2 > \varepsilon_1)$ の場合でも，エネルギーの原点を $(\varepsilon_1 + \varepsilon_2)/2$ に移し，$\varepsilon_2 - \varepsilon_1 = 2\varepsilon$ とすれば，エネルギー準位 $\pm\varepsilon$ が得られる．この場合，系の各粒子のエネルギー状態を模式的に描くと，図 5.1 のように表される．

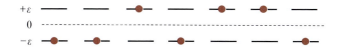

図 5.1　2 準位系の各粒子のエネルギー状態の模式図

　いま，エネルギー準位 $-\varepsilon$ にある粒子の数を N_1，準位 $+\varepsilon$ にある粒子の数を N_2 とすると，

$$N = N_1 + N_2 \tag{5.13}$$

104   5. 統計力学の簡単な応用

が成り立ち，系のエネルギー E は

$$E = N_1(-\varepsilon) + N_2(+\varepsilon) = -\varepsilon(N_1 - N_2) \tag{5.14}$$

と表される．したがって，N_1, N_2 を E, N で表すと，

$$N_1 = \frac{1}{2}\left(N - \frac{1}{\varepsilon}E\right), \qquad N_2 = \frac{1}{2}\left(N + \frac{1}{\varepsilon}E\right) \tag{5.15}$$

が得られる．

　系の状態はエネルギー E, 粒子数 N で表されるので，この例はミクロカノ
ニカル・アンサンブルの場合に相当する．この場合には体積 V は陽には現
れないので，以下では無視する．このときの微視的状態数 $W(E, N)$ は，
N 個の粒子のうちの N_1 個をエネルギー準位 ε_1 に，N_2 個をエネルギー準位
ε_2 に配分する数に等しいので，

$$W(E, N) = \frac{N!}{N_1! N_2!} = \frac{N!}{N_1!(N - N_1)!} \tag{5.16}$$

で与えられる．したがって，系のエントロピー S は，ボルツマン関係式
(3.27) を用いて

$$S = k_{\mathrm{B}}(N \log N - N_1 \log N_1 - N_2 \log N_2) \tag{5.17}$$

となる．ここで，式の変形には付録 B のスターリングの公式 (B.3) を用いた．

　問題 3　(5.17) を導け．

例題 2

　系のエントロピー S をエネルギー E と粒子数 N で表すと

$$S = -\frac{1}{2}Nk_{\mathrm{B}}\left\{\left(1 - \frac{E}{N\varepsilon}\right)\log\left(1 - \frac{E}{N\varepsilon}\right) + \left(1 + \frac{E}{N\varepsilon}\right)\log\left(1 + \frac{E}{N\varepsilon}\right)\right\}$$
$$+ Nk_{\mathrm{B}}\log 2 \tag{5.18}$$

となることを示せ．

解　(5.17) に (5.15) を代入すると，

$$S = k_{\mathrm{B}}\left\{N \log N - \frac{1}{2}\left(N - \frac{1}{\varepsilon}E\right)\log\frac{1}{2}\left(N - \frac{1}{\varepsilon}E\right) - \frac{1}{2}\left(N + \frac{1}{\varepsilon}E\right)\log\frac{1}{2}\left(N + \frac{1}{\varepsilon}E\right)\right\}$$

$$= Nk_{\mathrm{B}}\left\{\log N - \frac{1}{2}\left(1 - \frac{E}{N\varepsilon}\right)\log\frac{1}{2}N\left(1 - \frac{E}{N\varepsilon}\right) - \frac{1}{2}\left(1 + \frac{E}{N\varepsilon}\right)\log\frac{1}{2}N\left(1 + \frac{E}{N\varepsilon}\right)\right\}$$

$$= Nk_\mathrm{B}\left\{\log N - \frac{1}{2}\left(1 - \frac{E}{N\varepsilon}\right)\log\frac{1}{2}\left(1 - \frac{E}{N\varepsilon}\right) - \frac{1}{2}\left(1 + \frac{E}{N\varepsilon}\right)\log\frac{1}{2}\left(1 + \frac{E}{N\varepsilon}\right)\right.$$

$$\left. - \frac{1}{2}\left(1 - \frac{E}{N\varepsilon}\right)\log N - \frac{1}{2}\left(1 + \frac{E}{N\varepsilon}\right)\log N\right\}$$

$$= -\frac{1}{2}Nk_\mathrm{B}\left\{\left(1 - \frac{E}{N\varepsilon}\right)\log\frac{1}{2}\left(1 - \frac{E}{N\varepsilon}\right) + \left(1 + \frac{E}{N\varepsilon}\right)\log\frac{1}{2}\left(1 + \frac{E}{N\varepsilon}\right)\right\}$$

$$= -\frac{1}{2}Nk_\mathrm{B}\left\{\left(1 - \frac{E}{N\varepsilon}\right)\log\left(1 - \frac{E}{N\varepsilon}\right) + \left(1 + \frac{E}{N\varepsilon}\right)\log\left(1 + \frac{E}{N\varepsilon}\right)\right\} + Nk_\mathrm{B}\log 2$$

となって，(5.18) が導かれる．

この 2 準位系では，粒子がすべて下の $-\varepsilon$ のエネルギー準位にあるときに，系のエネルギーは最低で $E = -N\varepsilon$ であり，すべて上の $+\varepsilon$ のエネルギー準位にあるときに，系のエネルギーは最高で $E = N\varepsilon$ となる．すなわち，系のエネルギー範囲は $-N\varepsilon \leq E \leq N\varepsilon$ である．そこで，系のエントロピー S をエネルギーのこの範囲でプロットしてみると，図 5.2 のような曲線になる．この図では縦軸が S/Nk_B で，横軸が $E/N\varepsilon$ でプロットしてあることに注意しよう．この図から，$E = \pm N\varepsilon$ のときにエントロピーが最小の 0 であり，$E = 0$ のときにエントロピーが最大の $Nk_\mathrm{B}\log 2$ であることがわかる．このことは，(5.18) からも直ちにわかることである．

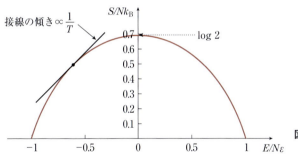

図 5.2 2 準位系のエントロピー

これまでの取扱いからわかるように，系のエネルギー E と粒子数 N が与えられていて，ミクロカノニカル・アンサンブルの枠組みで議論しているので，系の温度 T は E と N の関数として求められる．実際，熱力学第 1 法則 (4.73) より温度 T は

$$\frac{1}{T} = \left(\frac{\partial S}{\partial E}\right)_{V,N} \tag{5.19}$$

で与えられるので，この右辺に (5.18) を代入すると，

$$\frac{1}{T} = \frac{k_\mathrm{B}}{2\varepsilon}\left\{\log\left(1 - \frac{E}{N\varepsilon}\right) - \log\left(1 + \frac{E}{N\varepsilon}\right)\right\} = \frac{k_\mathrm{B}}{2\varepsilon}\log\frac{N\varepsilon - E}{N\varepsilon + E} \tag{5.20}$$

が得られ，確かに，系の温度 T が E と N の関数として求められることがわかる．

問題 4 (5.20) を導け．

ところで，(5.19) によれば，系の温度の逆数 $1/T$ はエントロピー S のエネルギー E による微分なので，図 5.2 では曲線上の点での接線の傾きが温度の逆数を与えることになる．しかし，この図からわかることは，$-N\varepsilon \leq E \leq 0$ では接線の傾きは正であり，したがって温度も正であるが，$0 < E \leq N\varepsilon$ では接線の傾きが負となり，温度（正確には絶対温度）が負となって意味をなさない．すなわち，図 5.2 の曲線の右半分は熱平衡状態では実現しない．熱平衡状態で意味があるのは，曲線の左半分だけである．実際，(5.20) によれば，$E = -N\varepsilon$ のとき，$\log 0 = -\infty$ より $T = 0$ であり，エネルギーの上昇とともに温度も上昇し，$E = 0$ のときに $T = \infty$ となることがわかる．

(5.20) を E について解くと

$$E = -N\varepsilon \tanh \frac{\varepsilon}{k_B T} = -N\varepsilon \tanh \beta\varepsilon \tag{5.21}$$

となるが，結果としては，温度が与えられればエネルギーが求められる式になっていることに注意しよう．<u>上式を導くのに用いた方法はミクロカノニカル・アンサンブルの方法であったが，結果は物理法則であり，どちらか一方が系の指定量であるような制限は何もない．</u>

(5.21) を (5.14) に代入すると，下の準位と上の準位にある粒子数の差 $N_1 - N_2$ が

$$N_1 - N_2 = N \tanh \beta\varepsilon \tag{5.22}$$

と表されることがわかる．また，系の定積モル比熱 $C_V = (\partial E/\partial T)_V$ は，(5.21) を T で微分して N をアボガドロ定数 N_A で置き換えればよく，

$$C_V = N_A k_B (\beta\varepsilon)^2 \text{sech}^2 \beta\varepsilon \tag{5.23}$$

となる．ここで $\text{sech}\,x$ は双曲線関数の 1 つで，$\text{sech}\,x = 1/\cosh x = 2/(e^x + e^{-x})$ と定義される．

問題 5 (5.21)，(5.23) を導け．

5.2 2準位系

例題 3

ボルツマン因子 (3.31) を用いると，(5.22) が容易に得られることを示せ．

解 熱平衡状態で粒子が下のエネルギー準位 $-\varepsilon$ にある確率を P_1，上のエネルギー準位 $+\varepsilon$ にある確率を P_2 とすると，(3.31) より

$$P_1 = Ce^{\beta\varepsilon}, \qquad P_2 = Ce^{-\beta\varepsilon} \tag{1}$$

と表される．2準位系なので，これ以外の場合はあり得ず，確率の規格化条件 $P_1 + P_2 = 1$ が成り立つので，これに (1) を代入することによって，係数 C は

$$C = \frac{1}{e^{\beta\varepsilon} + e^{-\beta\varepsilon}} \tag{2}$$

と定まる．したがって，各準位にある粒子数の平均値 N_1，N_2 は (2) を (1) に代入して，

$$N_1 = P_1 N = Ce^{\beta\varepsilon}N = \frac{Ne^{\beta\varepsilon}}{e^{\beta\varepsilon} + e^{-\beta\varepsilon}}, \qquad N_2 = \frac{Ne^{-\beta\varepsilon}}{e^{\beta\varepsilon} + e^{-\beta\varepsilon}}$$

となる．これより容易に，

$$N_1 - N_2 = N\frac{e^{\beta\varepsilon} - e^{-\beta\varepsilon}}{e^{\beta\varepsilon} + e^{-\beta\varepsilon}}$$
$$= N\tanh\beta\varepsilon$$

が得られる．

　本節の興味深い具体例が，磁場中に置かれた常磁性体である．いま，固体を構成する原子の最外殻にはスピン $1/2$ の電子が 1 個だけあって，磁気モーメント μ をもち，原子間の磁気的相互作用は弱くて無視できるものとする．このような固体を**常磁性体**という．

　量子力学によれば，この常磁性体に外部磁場 H をかけると，各スピンは磁場に平行な上向きか，反平行な下向きをとり，上向きの状態のエネルギーは $\varepsilon_\uparrow = -\mu H$，下向きの状態のエネルギーは $\varepsilon_\downarrow = +\mu H$ となることが知られている．これはまさしく図 5.1 と同じような 2準位系であり，各原子のスピンの状態を上下の矢印で表すと，この場合のエネルギー状態は模式的に図 5.3 のようになる．

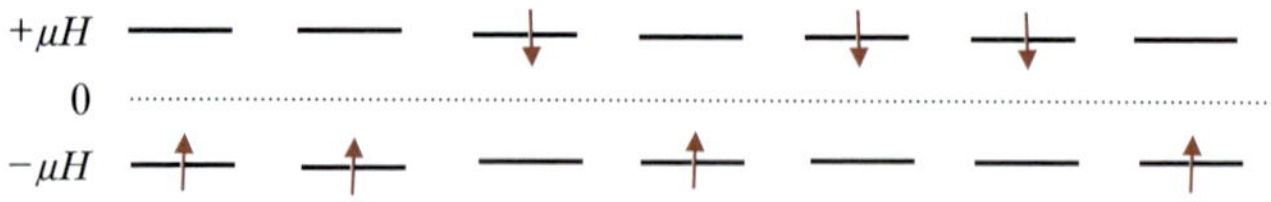

図 5.3 常磁性体の各原子のエネルギー状態の模式図

例題 4

温度 T で外部磁場 H の中に置かれた常磁性体の磁化 M は

$$M = N\mu \tanh \beta\mu H \tag{5.24}$$

で与えられることを示せ.

解 上向きスピンの数 $N_\uparrow$ と下向きスピンの数 $N_\downarrow$ の差 $N_\uparrow - N_\downarrow$ が磁化に寄与する. スピン 1 個当たりの磁気モーメントが μ なので, 磁化 M は

$$M = \mu(N_\uparrow - N_\downarrow) \tag{1}$$

と表される. ところが, 差 $N_\uparrow - N_\downarrow$ は (5.22) と全く同じ量であり, (5.22) の ε がここでは μH であることに注意して, これらを (1) に代入すれば,

$$M = N\mu \tanh \beta\mu H$$

が導かれ, (5.24) が示されたことになる.

問題 6 外部磁場が弱い極限での常磁性体の磁化率 $\chi = \partial M/\partial H$ が

$$\chi = \frac{N\mu^2}{k_{\mathrm{B}}T} \tag{5.25}$$

であることを示せ. 現実の常磁性体で外部磁場が弱い場合に $\chi \propto 1/T$ となることは, **キュリーの法則** として古くから知られており, (5.25) はそれを統計力学で導いたことに相当する. [ヒント: $|x| \ll 1$ のときに $\tanh x \cong x$ と近似できることを使え.]

5.3 固体表面での分子の吸着

気体または液体中の物質が固体表面にくっつく現象を**吸着**という. 身近な例では, 冷蔵庫内の臭気を除くために使う脱臭剤や水分を取り除くのに使う乾燥剤などは, この吸着現象を利用している. 本節では, 固体表面に分子が吸着する現象を, 統計力学的に考えてみよう.

5.3 固体表面での分子の吸着

いま,図5.4のように固体の表面があり,その上に,ある特定の種類の分子が吸着できる場所(吸着サイト)が N_0 個あって,1個のサイトにはその分子がたかだか1個だけ吸着できるものとする.吸着した分子のエネルギー状態は一般には複雑であるが,ここでは簡単のために,吸着されて

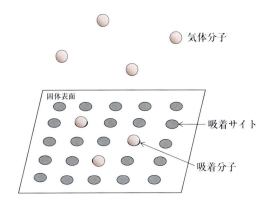

図 5.4 固体表面での分子の吸着

いない自由な分子に比べて ε だけ低くて安定な,エネルギー $-\varepsilon$ の1状態だけしかないとしよう.このとき,温度 T の熱平衡状態で,吸着サイトの数 N_0 に比べて吸着分子がどれくらいあるかを考えてみる.

吸着現象では,分子が吸着サイトに吸着したり,何かのはずみでそこから離れて自由な気体分子になったりして熱平衡状態になっている.すなわち,この場合には固体表面の吸着分子の数 n は変化する.このような場合の統計的性質はグランドカノニカル・アンサンブルの方法が便利であり,大分配関数 (4.77) を基にして計算を進めればよい.

このとき,吸着分子系の全エネルギーは $E = -n\varepsilon$ であって,これが (4.77) の E_{ij} となり,吸着サイトには1状態しかないので i についての和はない.また,N_j は n とおけばよく,j についての和は n のとり得る値として 0 から N_0 までの和をとればよい.さらに,N_0 個ある吸着サイトに n 個の分子を吸着させる場合の数が

$$\frac{N_0!}{n!(N_0-n)!}$$

だけあることを考慮すると,この場合の大分配関数として

$$Z_G = \sum_{n=0}^{N_0} \frac{N_0!}{n!(N_0-n)!} e^{-\beta(-n\varepsilon-\mu n)} = \sum_{n=0}^{N_0} \frac{N_0!}{n!(N_0-n)!} e^{\beta(\varepsilon+\mu)n} = \{1 + e^{\beta(\varepsilon+\mu)}\}^{N_0}$$

(5.26)

が得られる．ただし，最後の等式では2項定理

$$(a+b)^N = \sum_{n=0}^{N} \frac{N!}{n!\,(N-n)!} a^n b^{N-n}$$

を使った．

（5.26）より，大分配関数の対数は

$$\log Z_{\mathrm{G}} = N_0 \log\{1 + e^{\beta(\varepsilon+\mu)}\}$$

となる．したがって，上式を（4.86）に代入することにより，吸着分子の数の平均値 $\langle n \rangle$ は

$$\langle n \rangle = k_{\mathrm{B}} T \left(\frac{\partial \log Z_{\mathrm{G}}}{\partial \mu}\right)_T = N_0 k_{\mathrm{B}} T \frac{\beta e^{\beta(\varepsilon+\mu)}}{1 + e^{\beta(\varepsilon+\mu)}} = \frac{N_0}{1 + e^{-\beta(\varepsilon+\mu)}} \quad (5.27)$$

と表される．

（5.27）には，いま問題にしている分子気体の化学ポテンシャル μ が含まれているので，これを気体が古典的な理想気体であるとして評価してみよう．この気体の内部エネルギー，エントロピー，分子数をそれぞれ E, S, N とすると，系のエネルギー保存則（熱力学第1法則）は（4.73）で表され，これは

$$T\,dS = dE + p\,dV - \mu\,dN$$

と書き直される．これより，化学ポテンシャルは

$$\mu = -T \left(\frac{\partial S}{\partial N}\right)_{E,V} \tag{5.28}$$

から計算できることがわかる．

理想気体のエントロピー S は（3.36）で与えられ，エネルギーが $E = (3/2)\,Nk_{\mathrm{B}}T$ であることから，

$$S = Nk_{\mathrm{B}} \left(\log \frac{V}{N} + \frac{3}{2} \log \frac{E}{N} + \sigma_0 + \frac{3}{2} \log \frac{2}{3k_{\mathrm{B}}}\right) \tag{5.29}$$

と表される．これを（5.28）に代入して整理すると，

$$\mu = -k_{\mathrm{B}} T \log \left\{\frac{V}{N}\left(\frac{2\pi m k_{\mathrm{B}} T}{h^2}\right)^{3/2}\right\} \tag{5.30}$$

が得られる．この結果から，

$$e^{-\beta\mu} = \frac{V}{N}\left(\frac{2\pi m k_{\mathrm{B}} T}{h^2}\right)^{3/2} = \frac{k_{\mathrm{B}} T}{p}\left(\frac{2\pi m k_{\mathrm{B}} T}{h^2}\right)^{3/2} \tag{5.31}$$

が求められる．ここで，p は気体の圧力である．

問題 7 (5.29) を導き，続いて (5.30) および (5.31) を導け．

(5.31) を (5.27) に代入すると，熱平衡状態における吸着分子数の平均値は

$$\langle n \rangle = \frac{N_0}{1 + e^{-\beta\mu}e^{-\beta\varepsilon}} = \frac{N_0}{1 + \dfrac{k_B T}{p}\left(\dfrac{2\pi m k_B T}{h^2}\right)^{3/2} e^{-\beta\varepsilon}} \qquad (5.32)$$

となる．これは**ラングミュアの吸着等温式**とよばれている．(5.32) による
と，吸着し得る分子気体の圧力 p を増しても，ある程度以上には吸着分子数
が増えないという飽和現象や，圧力を一定にして温度を高めると，吸着分子
数が減るという定性的な性質が見事に説明されることがわかる．

5.4 化学反応における質量作用の法則

2 種の分子あるいはイオン A と B が反応して別の分子 AB ができる反応
は，化学反応の典型的な例である．この種の反応は気体中，溶液中，あるい
は地球をとり巻く電離層のプラズマ中などでみられる．この反応が熱平衡状
態で起こっている場合には，AB が A と B に分かれる逆反応もあり，化学反
応式では

$$A + B \rightleftarrows AB \qquad (5.33)$$

と表される．

いま，体積 V の容器に A，B，AB 分子がそれぞれ N_A，N_B，N_{AB} 個あると
すると，それぞれの濃度は $n_A = N_A/V$，$n_B = N_B/V$，$n_{AB} = N_{AB}/V$ である．
これらの分子が温度 T の熱平衡状態で化学反応 (5.33) を行っているとき，
質量作用の法則

$$\frac{n_{AB}}{n_A n_B} = K \qquad (5.34)$$

が成り立つことは，熱力学的にも実験的にも知られている．ここで，K は反
応 (5.33) の**平衡定数**とよばれる．以下では，この質量作用の法則を統計力
学的に導いてみよう．

112   5. 統計力学の簡単な応用

　まず，A，B，AB の各分子は，いずれも理想気体分子とみなすことができるとしよう．これらの分子からなる気体は 5.1 節でみたような理想混合気体であり，例えば，A 分子の 1 分子についての分配関数は (5.2) で与えられる．ただし，各分子にはそれぞれのエネルギー状態 ε_i ($i = 0, 1, 2, \cdots$) があるので，内部状態についての分配関数 (4.21) を考慮しなければならない．しかし，ここでも簡単のために，例えば A 分子にはエネルギー ε_A の 1 状態だけがあるとしよう．すると (4.21) は単純に $e^{-\beta \varepsilon_A}$ となるので，A の 1 分子分配関数 Z_{1A} は (5.2) にこれを掛けて

$$Z_{1A} = V \left(\frac{2\pi m_A k_B T}{h^2} \right)^{3/2} e^{-\beta \varepsilon_A} \tag{5.35}$$

と表される．

　こうして，この系全体の分配関数 $Z_{A,B,AB}$ を，ちょうど理想混合気体に対する (5.4) と同じようにして導くと，

$$Z_{A,B,AB}(T, V, N_A, N_B, N_{AB}) = \frac{Z_{1A}{}^{N_A} Z_{1B}{}^{N_B} Z_{1AB}{}^{N_{AB}}}{N_A! \, N_B! \, N_{AB}!} \tag{5.36}$$

が得られる．分母の $N_A! N_B! N_{AB}!$ は，(5.3) や (5.4) の場合と同様，同種分子が区別できないことからくる因子である．上式の対数は，例によって付録 B のスターリングの公式 (B.3) を使うと，

$$\log Z_{A,B,AB} = \sum_{J = A,B,AB} (N_J \log Z_{1J} - N_J \log N_J + N_J) \tag{5.37}$$

となる．

　熱力学によれば，熱平衡状態はヘルムホルツの自由エネルギーが最小の状態であり，(4.49) より温度 T が一定の場合には，分配関数の対数が最大のときに実現する．すなわち，熱平衡状態での分子数 N_A, N_B, N_{AB} の分布は，(5.37) を最大にするような配分で実現することになる．このとき，これらの分子数を dN_A, dN_B, dN_{AB} だけ微小変化させたときの (5.37) の微小変化 $d \log Z_{A,B,AB}$ は 0 でなければならず，

$$d \log Z_{A,B,AB} = dN_A \log \frac{Z_{1A}}{N_A} + dN_B \log \frac{Z_{1B}}{N_B} + dN_{AB} \log \frac{Z_{1AB}}{N_{AB}} = 0$$

$$\tag{5.38}$$

5.4 化学反応における質量作用の法則 113

が成り立つ.

問題 8 $d \log Z_{A,B,AB}$ が (5.38) の中央の式で表されることを示せ.

ところで，A，B そのものは決してなくならないという質量保存の法則から，反応 (5.33) がどのように進んでも，A，B それぞれの総数は変わらず，

$$\begin{cases} N_A + N_{AB} = N_{AT} & (N_{AT} \text{ は A の総数で一定}) \\ N_B + N_{AB} = N_{BT} & (N_{BT} \text{ は B の総数で一定}) \end{cases}$$

が成り立つ（下付きの T は total（全部の）を表す）．この両式に対して，同じく dN_A, dN_B, dN_{AB} だけ微小変化させると

$$dN_A + dN_{AB} = 0, \qquad dN_B + dN_{AB} = 0 \qquad (5.39)$$

が成り立つので，これを使って (5.38) の dN_A と dN_B を消去すると，

$$dN_{AB}\left(-\log\frac{Z_{1A}}{N_A} - \log\frac{Z_{1B}}{N_B} + \log\frac{Z_{1AB}}{N_{AB}}\right) = dN_{AB}\log\left(\frac{N_A N_B}{N_{AB}}\frac{Z_{1AB}}{Z_{1A}Z_{1B}}\right) = 0$$

が得られる.

上式が dN_{AB} の値に関わらず常に成り立つためには，その係数である対数が 0，すなわち対数の中の値が 1 でなければならず，

$$\frac{N_{AB}}{N_A N_B} = \frac{Z_{1AB}}{Z_{1A}Z_{1B}}$$

が成り立つ．これに $N_A = Vn_A$ などを代入して整理すると

$$\frac{n_{AB}}{n_A n_B} = \frac{VZ_{1AB}}{Z_{1A}Z_{1B}} = K \qquad (5.40)$$

が得られ，(5.34) の質量作用の法則が導かれる.

(5.40) の中央の式に (5.35) および分子 B と AB に対する同様の式を代入して整理すると，平衡定数 K は

$$K = \left(\frac{2\pi m_A m_B k_B T}{m_{AB} h^2}\right)^{3/2} e^{-\beta \Delta\varepsilon} \qquad (\Delta\varepsilon = \varepsilon_A + \varepsilon_B - \varepsilon_{AB}) \qquad (5.41)$$

と表されることがわかる．また，AB 分子の質量は $m_{AB} = m_A + m_B$ としてよい．ここでのポイントは，これまでの統計力学的な取扱いによって，実験で決められる平衡定数 K の具体的な表式が導かれたことである.

114　　　　　　　　　　5. 統計力学の簡単な応用

5.5　固体の格子振動による比熱

　通常の固体は，原子（分子あるいはイオン）が規則的に格子状に並んだ結晶として存在する．このような固体の比熱は，極端な低温でない限り，結晶格子をつくる原子の格子点の周りの振動（**格子振動**という）が寄与することが知られている．

　このように，固体の比熱は本来はあまり自明でない問題であるが，統計力学的には典型的な手法で取扱うことができるという意味で重要である．本節では，この固体の比熱の問題を詳しく解説する．

5.5.1　古典力学的調和振動子の平均エネルギー

　有限の温度 T の固体中では，原子はそれぞれの格子点に静止しているわけではなく，格子点に束縛されながらも，その周りで微小な熱振動をしている．この振動を x 軸方向だけに限定してみると，1次元調和振動子で近似することができる．力学によれば，1次元調和振動子のエネルギー u は

$$u = \frac{1}{2m}\,p_x{}^2 + \frac{1}{2}\,m\omega^2 x^2 \tag{5.42}$$

と表される．ここで，m は1次元調和振動子としての原子の質量，p_x はその運動量の x 成分，ω は調和振動子の固有角振動数，x は格子点からのずれ（変位）である（例えば，拙著：『物理学講義　力学』の第3, 4章を参照）．

　(5.42) の右辺第1項は格子点に束縛された原子の運動エネルギーであり，第2項はその位置エネルギーである．いま，1個の古典力学的な1次元調和振動子が温度 T の熱浴に浸されているとしよう．この場合には，調和振動子の状態を決める変数 p_x と x がいずれも連続変数なので，分配関数 (4.41) における和は積分となり，分配関数は (5.42) を使うと

$$Z = \int_{-\infty}^{\infty} dp_x \int_{-\infty}^{\infty} dx\, e^{-\beta u} = \int_{-\infty}^{\infty} e^{-(\beta/2m)p_x^2}\,dp_x \int_{-\infty}^{\infty} e^{-(\beta m\omega^2/2)x^2}\,dx \tag{5.43}$$

と表される．1次元調和振動子のエネルギー (5.42) の平均値 $\langle u \rangle$ は，(4.45) で同じく和を積分に変えて (5.42) を使うと，

5.5 固体の格子振動による比熱   *115*

$$
\begin{aligned}
\langle u \rangle &= \frac{1}{Z} \int_{-\infty}^{\infty} dp_x \int_{-\infty}^{\infty} dx\, u e^{-\beta u} \\
&= \frac{1}{Z} \int_{-\infty}^{\infty} \frac{1}{2m} p_x{}^2 e^{-(\beta/2m)p_x^2} dp_x \int_{-\infty}^{\infty} e^{-(\beta m\omega^2/2)x^2} dx \\
&\quad + \frac{1}{Z} \int_{-\infty}^{\infty} e^{-(\beta/2m)p_x^2} dp_x \int_{-\infty}^{\infty} \frac{1}{2} m\omega^2 x^2 e^{-(\beta m\omega^2/2)x^2} dx \\
&= \frac{\displaystyle\int_{-\infty}^{\infty} \frac{1}{2m} p_x{}^2 e^{-(\beta/2m)p_x^2} dp_x}{\displaystyle\int_{-\infty}^{\infty} e^{-(\beta/2m)p_x^2} dp_x} + \frac{\displaystyle\int_{-\infty}^{\infty} \frac{1}{2} m\omega^2 x^2 e^{-(\beta m\omega^2/2)x^2} dx}{\displaystyle\int_{-\infty}^{\infty} e^{-(\beta m\omega^2/2)x^2} dx}
\end{aligned}
$$

$$(5.44)$$

となる．ここで，最後の式を導く際に (5.43) を使った．

(5.44) の最後の表式の 2 項は同じ形をしているので，第 1 項だけを計算すれば十分である．その分母は付録 A にあるガウス積分 (A.6) であり，これを使うと，

$$
\int_{-\infty}^{\infty} e^{-(\beta/2m)p_x^2} dp_x = \sqrt{\frac{2\pi m}{\beta}} \tag{5.45}
$$

となる．一方，分子は

$$
\int_{-\infty}^{\infty} \frac{1}{2m} p_x{}^2 e^{-(\beta/2m)p_x^2} dp_x = -\frac{\partial}{\partial \beta} \int_{-\infty}^{\infty} e^{-(\beta/2m)p_x^2} dp_x = \frac{1}{2\beta} \sqrt{\frac{2\pi m}{\beta}} \tag{5.46}
$$

となって，(5.45) を使うと積分しなくても計算できる．こうして，(5.44) の最後の式の第 1 項は，(5.45) と (5.46) から $1/2\beta = (1/2)k_{\mathrm{B}}T$ となる．

ところで，(5.44) の最後の式の第 1 項は，(4.45) より，運動エネルギーの平均値 $\langle (1/2m)p_x{}^2 \rangle$ に他ならない．それが上の計算によれば $(1/2)k_{\mathrm{B}}T$ に等しいので，

$$
\left\langle \frac{1}{2m} p_x{}^2 \right\rangle = \frac{1}{2} k_{\mathrm{B}} T \tag{5.47}
$$

という関係が成り立つ．(5.44) の最後の式の第 2 項についても全く同様の計算をすることによって，位置エネルギーの平均値が

$$
\left\langle \frac{1}{2} m\omega^2 x^2 \right\rangle = \frac{1}{2} k_{\mathrm{B}} T \tag{5.48}
$$

116   5. 統計力学の簡単な応用

となることがわかる．したがって，1次元調和振動子のエネルギー (5.42) の
平均値 $\langle u \rangle$ は (5.47) と (5.48) の和で与えられ，

$$\langle u \rangle = k_{\mathrm{B}} T \tag{5.49}$$

と表される．

問 題 9 (5.48) を導け．

問 題 10 付録 A のガウス積分 (A.6) を使って (5.43) の分配関数 Z を計算す
ることによって，(5.49) を導け．

(5.47) と (5.48) の結果は，1次元調和振動子の位置と運動量の各自由度
にそれぞれ，エネルギーが $(1/2)k_{\mathrm{B}}T$ ずつ配分されることを意味している．
これは古典統計力学において一般的なことで，**エネルギー等分配則**とよばれ
ている．しかし，これが成り立ったのは，1次元調和振動子を古典力学的に
扱ったからで，低温になると，原子・分子の運動の量子力学的な効果が無視
できなくなる．そのため，1次元調和振動子を量子力学的に扱わなければな
らなくなり，(4.59) でみたように，エネルギー等分配則から導かれる (5.49)
は低温では成り立たない．

問 題 11 (4.59) で高温の極限 ($\beta = 1/k_{\mathrm{B}}T \to 0$) をとると，(5.49) が得られ
ることを示せ．

格子点に束縛された原子は x, y, z 方向に振動する3次元調和振動子とみ
なされるので，その平均エネルギー $\langle \varepsilon \rangle$ は (5.49) の3倍であり，

$$\langle \varepsilon \rangle = 3k_{\mathrm{B}} T \tag{5.50}$$

となる．したがって，1 mol (モル) に当たるアボガドロ定数 N_{A} だけの原子
からなる結晶の内部エネルギー E は

$$E = N_{\mathrm{A}} \langle \varepsilon \rangle = 3N_{\mathrm{A}} k_{\mathrm{B}} T = 3RT \tag{5.51}$$

と表されることがわかる．すなわち，1 mol の原子からなる固体の定積比熱
(定積モル比熱)C_V は，(5.51) を絶対温度 T で微分して

$$C_V = 3R \tag{5.52}$$

という単純な表式で与えられる．ここで $R = N_{\mathrm{A}} k_{\mathrm{B}}$ は気体定数である．
　実際，図 5.5 に大まかな様子を示したように，単原子からなる固体の定積

モル比熱は室温以上では(5.52)がほぼ成り立っており，これを発見者の名にちなんで**デュロン-プティの法則**という．

ところがこの図をみてわかるように，固体の比熱を低温の領域まで測定すると，温度が下がるにつれて比熱は減少し，$T \to 0$ で

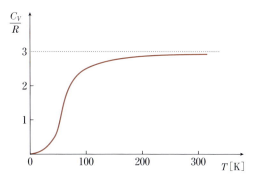

図 5.5 単原子固体の定積モル比熱の温度依存性

比熱も 0 に近づくようになる．これは明らかに，低温ではデュロン-プティの法則が成り立っておらず，上に述べたエネルギー等分配則が破綻していることを示している．したがって，固体の比熱を説明するためには，格子振動を量子力学的に扱う工夫をしなければならない．これが，これからの話題である．

5.5.2 アインシュタイン・モデル

アインシュタインは，アボガドロ定数 N_A の原子からなる結晶格子の振動を，すべての原子が等しい振動数 ν_E をもって互いに独立して調和振動しているものとみなした．このように単純化した固体の格子振動モデルを**アインシュタイン・モデル**という．したがって，この固体の振動は N_A 個の 3 次元調和振動子の集まりであり，結局，$3N_A$ 個の 1 次元調和振動子の集まりとみなすことができる．

調和振動子の量子力学的なエネルギー準位を基にした統計力学的な取扱いは，すでに 4.3.4 項で詳しく述べたので，ここではその結果を使えばよい．例えば，温度 T で 1 mol の原子からなる固体の内部エネルギー E は (4.60) を使えばよいが，いまの場合，(4.60) での 1 次元調和振動子の数 N は $3N_A$，角振動数 ω は振動数で $2\pi\nu_E$ として（$\hbar\omega$ を $h\nu_E$ と置き換えて），

$$E = 3N_A h\nu_E \left(\frac{1}{2} + \frac{1}{e^{\beta h\nu_E} - 1}\right) \tag{5.53}$$

と表される．上式の右辺カッコ内の第1項は**零点振動**の寄与である．零点振動とは，絶対温度が0で古典力学的な運動がすっかりなくなった後でも残る，量子力学的な振動の効果のことである．したがって，$1\,\mathrm{mol}$ の原子からなる固体の定積比熱 C_V は，(5.53) を絶対温度 T で微分して

$$C_V = 3R\left(\frac{h\nu_{\mathrm{E}}}{k_{\mathrm{B}}T}\right)^2 \frac{e^{h\nu_{\mathrm{E}}/k_{\mathrm{B}}T}}{(e^{h\nu_{\mathrm{E}}/k_{\mathrm{B}}T}-1)^2} \tag{5.54}$$

となる．これがアインシュタインの得た固体の比熱の表式である．

アインシュタインの比熱の式 (5.54) で，高温の極限 $(T\to\infty)$ および低温の極限 $(T\to 0)$ をとると，

$$C_V \cong \begin{cases} 3R\,(= 一定) & (T\to\infty) \\[2mm] 3R\left(\dfrac{h\nu_{\mathrm{E}}}{k_{\mathrm{B}}T}\right)^2 e^{-h\nu_{\mathrm{E}}/k_{\mathrm{B}}T} \to 0 & (T\to 0) \end{cases} \tag{5.55}$$

が得られ，高温および低温での実測値の大まかな傾向を説明できることがわかる．さらに，$h\nu_{\mathrm{E}}/k_{\mathrm{B}}T = 1$ とおいて得られる**アインシュタイン温度**

$$\Theta_{\mathrm{E}} = \frac{h\nu_{\mathrm{E}}}{k_{\mathrm{B}}} \tag{5.56}$$

の値を適当に選ぶと，(5.54) は測定温度の全域にわたって，図5.5に示したような固体の比熱の実測値に大まかに合わせることができる．

問 題 **12** (5.54) から (5.55) を導け．

このように，アインシュタインは固体の格子振動を量子力学的に扱うことによって，固体の比熱の高温から低温までの振る舞いをおおむね説明することに成功した．しかし，低温での比熱を詳しくみると，(5.55) では $T\to 0$ で指数関数的に減少するのに対して，実測値は T^3 に比例して減少する．したがって，アインシュタイン・モデルでは，固体の低温での比熱を正確には説明できない．次項では，このことも含めて，より正確に固体の比熱について考えてみよう．

5.5.3 デバイ・モデル

固体では，アインシュタイン・モデルのように各原子が一定の振動数 ν_{E} で

5.5 固体の格子振動による比熱

勝手に振動するのではなく，波動として振動することは，固体を叩くと音が伝わることからもわかる．そこでデバイは，固体を弾性体，その振動を弾性波とみなす方がはるかに現実的であると考えて，固体の比熱の問題を取扱った．以下では，それについて述べる．

弾性体の振動は，波動方程式

$$\frac{1}{c_{\mathrm{s}}^2}\frac{\partial^2 u}{\partial t^2} = \nabla^2 u \tag{5.57}$$

を満たす弾性波として固体中を伝播する．ここで c_{s} は音速である．また，$u(\boldsymbol{r}, t)$ は 3 次元空間中の波動現象を表す関数であり，波動関数という．この弾性波の平面波の解 $e^{i\boldsymbol{k}\cdot\boldsymbol{r}-i\omega t}$ を波動方程式 (5.57) に代入すると，その周波数 $\nu = \omega/2\pi$ と波数 k との間に分散関係とよばれる

$$k^2 = \left(\frac{2\pi}{c_{\mathrm{s}}}\right)^2 \nu^2 \tag{5.58}$$

の関係があることが容易に導かれる．逆に (5.58) が成り立つとき，指数関数 $e^{i\boldsymbol{k}\cdot\boldsymbol{r}-i\omega t}$ が (5.57) を満たすことから，この関数が間違いなく (5.57) の解であるということができる．

ちなみに，(5.57) と (5.58) で音速 c_{s} を光速 c で置き換えると，これらはそれぞれ，電磁波の波動方程式とその分散関係になる（例えば，拙著：『物理学講義 電磁気学』の第 11 章，または同じく『物理学講義 量子力学入門』の 7.4.1 項を参照）．

そこで，この固体を 1 辺 L の立方体（体積 $V = L^3$）であるとし，この弾性波の波動関数に周期的境界条件を課すことにすると，この状況は 2.1 節で自由粒子を量子力学的に取扱ったときと全く同じであることがわかる．自由粒子とはいえ，その振る舞いは量子力学ではシュレーディンガー方程式という波動方程式を満たす波動関数で記述されるからである．特に，波数ベクトル $\boldsymbol{k} = (k_x, k_y, k_z)$ のとり得る値は (2.5) となり，巨視的な固体の系では波数は連続量とみなしてよい．

こうして，波数の範囲 k と $k + dk$ の間にある状態数 $d\Omega$ は (2.7) で与えられることになる．そこで，分散関係 (5.58) を使って波数 k を周波数 ν で表すと，周波数範囲 ν と $\nu + d\nu$ の間にある状態数は

$$\frac{4\pi V}{c_s^3}\nu^2 d\nu \tag{5.59}$$

となる.

　等方的な弾性体では，向きをもつ 1 つの波動ベクトル $\boldsymbol{k}$ に対して 1 つの縦波と 2 つの横波があるので，それらの音速をそれぞれ c_l, c_t とし，状態数へのそれぞれの寄与をすべて考慮すると，(5.59) の代わりに

$$4\pi V\left(\frac{1}{c_l^3}+\frac{2}{c_t^3}\right)\nu^2 d\nu$$

となる．簡単のために，上式のカッコ内を平均的な音速 c_s を使って

$$\frac{3}{c_s^3}=\frac{1}{c_l^3}+\frac{2}{c_t^3} \tag{5.60}$$

とおくことにすると，周波数範囲 ν と $\nu+d\nu$ の間にある状態数は

$$\frac{12\pi V}{c_s^3}\nu^2 d\nu \tag{5.61}$$

と表される.

　ところで，固体の振動が電磁波と違う点は，電磁波の場合には周波数に上限がないのに対して，どんなに多くても N 個の原子からできている固体では，固有振動モード（固体に固有な振動状態）の数である状態数は有限であり，その総数は振動の自由度の数である $3N$ となる．また，そのために周波数には上限が生じるので，その上限を与える周波数（カットオフ周波数という）を ν_D とすると，状態数の総数は，(5.61) を積分して，

$$\int_0^{\nu_D}\frac{12\pi V}{c_s^3}\nu^2 d\nu=\frac{4\pi V}{c_s^3}\nu_D^3=3N$$

となる．これより

$$\nu_D=\left(\frac{3N}{4\pi V}\right)^{1/3}c_s \tag{5.62}$$

が得られ，これを使うと，ちょうどアインシュタイン温度 (5.56) と同じような特性温度

$$\Theta_D=\frac{h\nu_D}{k_B} \tag{5.63}$$

が定義できる．これは提案者の名にちなんでデバイ温度とよばれている．
また，周波数範囲 ν と $\nu + d\nu$ の間にある状態数 (5.61) は，(5.62) を使うと，

$$\frac{9N}{\nu_{\mathrm{D}}^{3}}\nu^2 d\nu \tag{5.64}$$

と表される．

周波数 ν の1つの固有振動モードの量子力学的エネルギー ε は，(4.59)
で $\omega = 2\pi\nu$ とおいて得られ，

$$\varepsilon = h\nu\left(\frac{1}{2} + \frac{1}{e^{\beta h\nu} - 1}\right) \tag{5.65}$$

である．したがって，固体の内部エネルギー E は

$$E = \sum_{\nu} h\nu\left(\frac{1}{2} + \frac{1}{e^{\beta h\nu} - 1}\right) \tag{5.66}$$

と表され，$\sum\limits_{\nu}$ は可能な周波数 ν について和をとることを意味する．

(5.66) の右辺の和を積分に変えると，周波数範囲 ν と $\nu + d\nu$ の間にある
状態数が (5.64) で与えられているので，内部エネルギー E として

$$E = \frac{9Nh}{\nu_{\mathrm{D}}^{3}} \int_0^{\nu_{\mathrm{D}}} \left(\frac{1}{2} + \frac{1}{e^{\beta h\nu} - 1}\right)\nu^3 d\nu \tag{5.67}$$

が得られる．積分に上限 ν_{D} があるのは，それ以上の周波数モードがないか
らである．アインシュタイン・モデルでの (5.53) と比較すると，振動の周波
数がただ1つ ν_{E} だけと仮定したために，(5.53) には (5.67) のような積分が
入っていないことがわかる．

ここで，(5.67) における右辺のカッコ内の零点振動の項 $(1/2)$ は，内部エ
ネルギーに定数項を与えるだけで比熱に寄与しないので省略すると，$1\,\mathrm{mol}$
の単原子からなる固体の内部エネルギー E は，粒子数 N をアボガドロ定数
N_{A} で置き換えて

$$E = \frac{9N_{\mathrm{A}}h}{\nu_{\mathrm{D}}^{3}} \int_0^{\nu_{\mathrm{D}}} \frac{\nu^3 d\nu}{e^{\beta h\nu} - 1} \tag{5.68}$$

と表される．したがって，固体の定積モル比熱 C_V は，(5.68) を絶対温度 T
で微分して

122   5. 統計力学の簡単な応用

$$C_V = 9R\left(\frac{T}{\Theta_\mathrm{D}}\right)^3 \int_0^{\Theta_\mathrm{D}/T} \frac{x^4 e^x\, dx}{(e^x - 1)^2} \tag{5.69}$$

と表される．ここで $R = N_\mathrm{A} k_\mathrm{B}$ は気体定数である．ただし，上式の計算の途中で T の微分を $\beta = 1/k_\mathrm{B}T$ の微分に換え，積分変数を ν から $x = h\nu/k_\mathrm{B}T$ に換えた．そのため，積分の上限は ν_D から $h\nu_\mathrm{D}/k_\mathrm{B}T = \Theta_\mathrm{D}/T$ に変わっている．

問 題 13 (5.69) を導け．

固体の定積モル比熱の理論式がデバイ・モデルによって (5.69) のように求められたが，一般の温度での簡単な表式は得られない．そこでここでも，高温および低温の極限で (5.69) がどのように表されるかをみてみよう．

まず，高温の極限 $(T \gg \Theta_\mathrm{D})$ では，$0 < x = h\nu/k_\mathrm{B}T \ll 1$ であることを考慮して，

$$C_V \cong 3R \qquad (T \gg \Theta_\mathrm{D}) \tag{5.70}$$

が導かれる．したがって，アインシュタイン・モデルと同様に，デバイ・モデルでもデュロン–プティの法則を説明することができる．

問 題 14 (5.70) を導け．

例 題 5

デバイ・モデルによると，低温の極限 $(T \ll \Theta_\mathrm{D})$ での固体の定積モル比熱は

$$C_V \cong \frac{12\pi^4 R}{5}\left(\frac{T}{\Theta_\mathrm{D}}\right)^3 \qquad (T \ll \Theta_\mathrm{D}) \tag{5.71}$$

で与えられることを示せ．

解 低温の極限 $(T \ll \Theta_\mathrm{D})$ では $\Theta_\mathrm{D}/T \gg 1$ となり，(5.69) の積分の上限 Θ_D/T を無限大 (∞) とおくことができるので，(5.69) は

$$C_V \cong 9R\left(\frac{T}{\Theta_\mathrm{D}}\right)^3 \int_0^\infty \frac{x^4 e^x\, dx}{(e^x - 1)^2} \tag{1}$$

と表される．ここで，右辺の被積分関数を $f = x^4$，$g' = e^x/(e^x - 1)^2$ の積とみなすと，$g = -(e^x - 1)^{-1}$ なので，(1) の積分を部分積分で求めると，

$$\int_0^\infty \frac{x^4 e^x\, dx}{(e^x-1)^2} = \left[\frac{-x^4}{e^x-1}\right]_0^\infty + 4\int_0^\infty \frac{x^3\, dx}{e^x-1} = 4\int_0^\infty \frac{x^3\, dx}{e^x-1} \tag{2}$$

となる.

(2) の最後に現れる定積分は，空洞放射のエネルギーをプランクの熱放射式で求める際に現れるものと全く同じであり (例えば，拙著:『物理学講義 量子力学入門』の 5.3 節を参照)，

$$\int_0^\infty \frac{x^3\, dx}{e^x-1} = \frac{\pi^4}{15} \tag{3}$$

である.

(3) を (2) に代入し，得られた結果を (1) に代入すれば，

$$C_V \cong 9R\left(\frac{T}{\Theta_{\mathrm{D}}}\right)^3 \times 4 \times \frac{\pi^4}{15} = \frac{12\pi^4 R}{5}\left(\frac{T}{\Theta_{\mathrm{D}}}\right)^3$$

となって，確かに (5.71) が示された.

問題 15 高温および低温の極限で，まず (5.68) から固体の内部エネルギー E を求め，それからそれぞれの場合の定積モル比熱 (5.70) および (5.71) を導け.

このデバイ・モデルの結果は，高温の極限では (5.70) よりアインシュタイン・モデルと同様にデュロン–プティの法則 $C_V = 3R$ を示すが，(5.71) からわかるように，低温の極限ではアインシュタイン・モデルと違って $C_V \propto T^3$ となり，実測データを正しく説明できる．それだけでなく，(5.63) で定義されるデバイ温度 Θ_{D} の値をそれぞれの物質に固有な物理量として決定すると，その物質の定積モル比熱 (5.69) は，低温から高温に至るまでほぼ全域にわたって，図 5.5 に示したような実測値と非常に良く一致することがわかっている.

5.6　まとめとポイントチェック

前章では統計力学の一般的な方法を詳しく示すのが主眼であったため，説明をわかりやすくするために，理想気体の問題などをとり上げたに過ぎなかった．そこで本章では，統計力学の方法を具体的な問題に適用して，巨視的な系で経験的に，あるいは実験的に知られている法則を微視的な立場から統計力学的に導くことを試みた．具体的には，理想混合気体の分圧の法則，

常磁性体のキュリーの法則，固体表面での分子の吸着に関するラングミュアの吸着等温式，化学反応における質量作用の法則，固体の比熱に関する高温でのデュロン‐プティの法則と低温での T^3 則をとり上げた．

　他にも応用例は数知れないが，入門書としての本書の性格上，それらはより専門的な他書に譲った．興味のある読者は，巻末に示した参考文献を参照してほしい．

 ポイントチェック

- ☐ 理想混合気体とは何かがわかった．
- ☐ 理想混合気体の分圧の法則の導き方が理解できた．
- ☐ 固体表面での分子の吸着の統計力学的な取扱い方が理解できた．
- ☐ 化学反応における質量作用の法則の導き方が理解できた．
- ☐ 固体の高温での比熱がデュロン‐プティの法則に従うことがわかった．
- ☐ 固体の比熱に関するアインシュタイン・モデルとはどのようなものか理解できた．
- ☐ デバイ・モデルによれば，低温での固体の比熱の T^3 則が導かれることがわかった．

1 サイコロの確率・統計 → 2 多粒子系の状態 → 3 熱平衡系の統計 → 4 統計力学の一般的
な方法 → 5 統計力学の簡単な応用 → 6 量子統計力学入門 → 7 相転移の統計力学入門

6 量子統計力学入門

学習目標

- ・ボース統計の特徴とその熱平衡分布を理解する.
- ・フェルミ統計の特徴とその熱平衡分布を理解する.
- ・理想フェルミ気体の低温での熱力学的諸量を求める.
- ・金属の低温での比熱の振る舞いを説明できるようになる.
- ・理想ボース気体のボース凝縮を理解する.

　電子や陽子などの素粒子では, 同種の粒子は互いに区別がつけられない.
このことについては, 理想気体のエントロピーの計算のところで, ボルツマンの
関係式を使うとそのエントロピーが正しく示量変数にならないというギブスの
パラドックスを解決するために, すでに第3章で考察した. しかし, 量子力学に
よると, 同種粒子からなる多粒子系の波動関数は, 構成する粒子の交換について
対称的か反対称的かの2通りだけであるという, 多粒子系の統計に関わる, より
本質的な問題が存在する. 対称的な波動関数をもつ粒子をボース粒子あるいは
ボソンといい, 反対称的な波動関数をもつ粒子をフェルミ粒子あるいはフェル
ミオンという. すなわち, 素粒子は本来的にそれぞれに固有の統計性をもつの
である.

　本章では, 4.1節で解説したミクロカノニカル・アンサンブルの方法を使って
ボース粒子とフェルミ粒子の統計性を調べ, それぞれの特徴を明らかにする.
そして, 粒子の本来の量子力学的統計性を明らかにすることが目的なので, ここ
では粒子間の相互作用は弱いものとして無視する. すなわち, 理想気体を理想
ボース気体と理想フェルミ気体に分けて, それぞれの量子統計力学を考察する
ことになる.

　量子統計力学の具体的な応用例として, 金属の電気伝導性を担う伝導電子を
理想フェルミ気体とみなし, 金属の低温での比熱の振る舞いを調べる. また,
ボース統計特有の現象であるボース凝縮を詳しく解説し, 液体ヘリウムの超流
動性がボース凝縮の現れである可能性を示唆する. さらに, 量子力学的な効果
が無視できるようになると, 量子統計力学が古典的なマクスウェル-ボルツマン
統計に移行することも解説する.

6. 量子統計力学入門

6.1 ボース粒子の統計性

ボース粒子には，光子，パイ中間子，重力子，^{4}He と表されるヘリウム原子などがある．本節では，これらのボース粒子のもつ量子力学的な特性を考慮したときに，同種のボース粒子の集まりがどのような統計性を示すかを調べる．

6.1.1 ボース統計の微視的状態数

4.2.1 項と同様に，エネルギー ε_j で指定される j 番目 ($j = 0, 1, 2, 3, \cdots$) のエネルギー準位の中の状態が Δ_j 個あるものとする．また，総数 N 個の粒子のうち，j 番目のエネルギー準位を占める粒子数を n_j とする．このとき，まず問題になるのは，同じエネルギー ε_j をもつ Δ_j 個の状態に n_j 個の粒子を配分するときの，区別可能な配分の数である．ここでは，アボガドロ定数ほどの非常にたくさんの粒子の集まりを考え，非常に多くのエネルギー準位を粗視化して準巨視的に組み分けするので，これまで通り，$N \gg n_j$，$\Delta_j \gg 1$ とする．

量子力学によると，ボース粒子の第 1 の特徴は，系の微視的状態をその粒子が何個でも占めることができることである（例えば，拙著：『物理学講義 量子力学入門』の第 10 章を参照）．この場合には，n_j 個の粒子を 1 直線に並べておいて，$(\Delta_j - 1)$ 個の仕切りで分けることによって配分の仕方を区別し，数え上げることができる．

例えば，$\Delta_j = 3$，$n_j = 2$ の場合のボース粒子に対しては，2 個の仕切り（|）で 2 個の粒子（●）を仕切る仕方は

$$(1) \quad ●●|| \qquad (2) \quad ●|●| \qquad (3) \quad |●●|$$
$$(4) \quad ●||● \qquad (5) \quad |●|● \qquad (6) \quad ||●●$$

の 6 通りである．これは区別のつかない粒子 2 個と区別のつかない仕切り 2 個の，合計 4 つのものの並べ方の数なので，$4!/(2!2!) = 6$ 通りと計算される．

上の例を一般化すると，これは区別のつかない粒子 n_j 個と区別のつかない仕切り $(\Delta_j - 1)$ 個の並べ方の数の問題であり，結局，j 番目の 1 粒子状態に n_j 個の粒子があるときの微視的状態数は

6.1 ボース粒子の統計性

$$\frac{(n_j + \Delta_j - 1)!}{n_j!(\Delta_j - 1)!}$$

で求められる．したがって，系全体の微視的状態数 $W_{(n_j)}$ は，それぞれのエネルギー状態からの寄与の積として，

$$W_{(n_j)} = \prod_j \frac{(n_j + \Delta_j - 1)!}{n_j!(\Delta_j - 1)!} \tag{6.1}$$

と表される．これがボース粒子の微視的状態数である．

以上のように，ボース粒子の量子力学的な特性を踏まえて，同種のボース多粒子系の微視的状態数を取扱う統計的な枠組みをボース‐アインシュタイン統計，あるいは略してボース統計という．

6.1.2 ボース統計の熱平衡分布

熱平衡状態で実現するのは，最も起こりやすいという意味で最も確からしい状態であり，それは (6.1) の微視的状態数 $W_{(n_j)}$，あるいはその対数 $\log W_{(n_j)}$ が最大となる巨視的状態である．ここでミクロカノニカル・アンサンブルの方法を採用すると，この極値問題には，系のエネルギー E と粒子数 N が一定なので，

$$\sum_j n_j = N \, (= \text{一定}) \tag{6.2}$$

$$\sum_j \varepsilon_j n_j = E \, (= \text{一定}) \tag{6.3}$$

という制限が付く．このような場合には，例によってラグランジュの未定乗数法が適用できて，2つの未定係数 α と β を導入して，関数

$$\mathcal{F} = \log W_{(n_j)} - \alpha \sum_j n_j - \beta \sum_j \varepsilon_j n_j \tag{6.4}$$

をつくり，付加条件 (6.2)，(6.3) を忘れて関数 $\mathcal{F}$ を最大にすればよい．

(6.1) を (6.4) の第1項に代入して計算する際に，$n_j \gg 1$，$n_j + \Delta_j - 1 \cong n_j + \Delta_j \gg 1$，$\Delta_j \gg 1$ として付録 B のスターリングの公式 (B.3) を使って整理すると，(6.4) は

$$\mathcal{F} = \sum_j \{(n_j + \Delta_j)\log(n_j + \Delta_j) - n_j\log n_j - \Delta_j\log \Delta_j - \alpha n_j - \beta\varepsilon_j n_j\}$$

(6.5)

となる．(6.5) が極値をとるとき，n_j を微小量 dn_j だけ変化させても (6.5) の変化量 $d\mathcal{F}$ は 0 となる．したがって，このとき

$$d\mathcal{F} = \sum_j \left(\log\frac{n_j + \Delta_j}{n_j} - \alpha - \beta\varepsilon_j\right)dn_j = 0$$

(6.6)

とならなければならない．そして，これが dn_j の値に関わらず常に成り立つためには，その係数が 0 でなければならず，

$$\log\frac{n_j + \Delta_j}{n_j} - \alpha - \beta\varepsilon_j = 0$$

(6.7)

が成り立ち，これより，極値条件 (6.6) の解として

$$n_j{}^* = \frac{\Delta_j}{e^{\alpha+\beta\varepsilon_j} - 1}$$

(6.8)

が得られる（*は最も確からしい状態を表す）．これが，ボース統計における熱平衡分布である．

ただし，(6.8) の段階では，ラグランジュの未定乗数 α と β の物理的な意味がはっきりしない．ただ，ボース統計の量子統計性は (6.8) の右辺の分母の -1 にあるのであって，量子力学的な性質が薄れて古典統計が妥当になるような極限では，この -1 のない (4.18) が得られるのである．その場合に β が $1/k_\mathrm{B}T$ であったことを考えると，いまの場合もそうであるに違いない．

そこで，ここでは α と β の両方の意味を調べてみよう．まず，この場合の熱平衡状態での系のエントロピー S は，(3.27) と (6.1) より，ここでも $n_j{}^* \gg 1$, $n_j{}^* + \Delta_j - 1 \cong n_j{}^* + \Delta_j \gg 1$, $\Delta_j \gg 1$ として付録 B のスターリングの公式 (B.3) を使うと，

$$S = k_\mathrm{B}\log W_{(n_j{}^*)} = k_\mathrm{B}\sum_j \{(n_j{}^* + \Delta_j)\log(n_j{}^* + \Delta_j) - n_j{}^*\log n_j{}^* - \Delta_j\log \Delta_j\}$$

$$= k_\mathrm{B}\sum_j \left(n_j{}^*\log\frac{n_j{}^* + \Delta_j}{n_j{}^*} + \Delta_j\log\frac{n_j{}^* + \Delta_j}{\Delta_j}\right)$$

(6.9)

で与えられる．$n_j{}^*$ は熱平衡分布 (6.8) である．

6.1 ボース粒子の統計性

系の温度 T は熱力学関係式 (3.16) で与えられるので，温度の逆数は

$$\frac{1}{T} = \left(\frac{\partial S}{\partial E}\right)_V = k_{\mathrm{B}} \sum_j \left\{\frac{\partial n_j^*}{\partial E} \log(n_j^* + \varDelta_j) + \frac{\partial n_j^*}{\partial E} - \frac{\partial n_j^*}{\partial E} \log n_j^* - \frac{\partial n_j^*}{\partial E}\right\}$$

$$= k_{\mathrm{B}} \sum_j \frac{\partial n_j^*}{\partial E} \log \frac{n_j^* + \varDelta_j}{n_j^*} = k_{\mathrm{B}} \sum_j \frac{\partial n_j^*}{\partial E} (\alpha + \beta \varepsilon_j)$$

$$= k_{\mathrm{B}} \frac{\partial}{\partial E} \sum_j (\alpha n_j^* + \beta n_j^* \varepsilon_j) = k_{\mathrm{B}} \frac{\partial}{\partial E} (\alpha N + \beta E) = k_{\mathrm{B}} \beta$$

となる．ただし，最後から 2 番目の等号では (6.2) と (6.3) を使った．これより，確かに

$$\beta = \frac{1}{k_{\mathrm{B}} T} \tag{6.10}$$

が導かれる．

　一方，熱力学第 1 法則 (4.1) を変形した (4.2) を使うと，化学ポテンシャル μ は

$$\mu = -T \left(\frac{\partial S}{\partial N}\right)_{E,V} \tag{6.11}$$

と表される．上式の右辺に (6.9) を代入し，n_j^* が熱平衡分布 (6.8) で与えられ，粒子数 N によることを考慮すると，

$$\mu = -k_{\mathrm{B}} T \sum_j \frac{\partial n_j^*}{\partial N} \log \frac{n_j^* + \varDelta_j}{n_j^*} = -k_{\mathrm{B}} T \sum_j \frac{\partial n_j^*}{\partial N} (\alpha + \beta \varepsilon_j)$$

$$= -k_{\mathrm{B}} T \frac{\partial}{\partial N} \sum_j n_j^* (\alpha + \beta \varepsilon_j) = -k_{\mathrm{B}} T \frac{\partial}{\partial N} (\alpha N + \beta E) = -k_{\mathrm{B}} T \alpha$$

となる．ここでも，最後から 2 番目の等号で (6.2) と (6.3) を使った．これより，

$$\alpha = -\frac{\mu}{k_{\mathrm{B}} T} = -\beta \mu \tag{6.12}$$

が得られ，α が化学ポテンシャルに関係づけられることがわかった．

　(6.10) と (6.12) により，(6.8) の熱平衡分布に含まれるラグランジュの未定乗数 α と β が決定されたので，これらを使うと (6.8) は

130 6. 量子統計力学入門

$$n_j{}^* = \frac{\Delta_j}{e^{\beta(\varepsilon_j - \mu)} - 1} = \frac{\Delta_j}{e^{(\varepsilon_j - \mu)/k_B T} - 1} \tag{6.13}$$

と表される。これがボース統計における熱平衡分布であり，**ボース－アインシュタイン分布**，あるいは略して**ボース分布**とよばれるものである。

4.2.2項で注意したように，(6.13)は，$\Delta_j (\gg 1)$ 個もの多数の1粒子状態が，ある j 番目のエネルギー準位を占める粒子数の熱平衡分布である。そこでここでも，1つの状態当たりの熱平衡分布 $f(\varepsilon_j)$ を，古典粒子系での (4.19) と同様に，(6.13) から $n_j{}^*/\Delta_j$ をつくって，

$$f(\varepsilon_j) \equiv \frac{n_j{}^*}{\Delta_j} = \frac{1}{e^{(\varepsilon_j - \mu)/k_B T} - 1} \tag{6.14}$$

と定義しておく。

6.1.3 光子気体の熱平衡分布

可視光，紫外線，X線，赤外線，電波などはすべて電磁波であり，波長の違いによる呼び名である。この電磁波を量子力学的に取扱うと，そのエネルギーは量子化され，振動数 ν の電磁波はエネルギー $\varepsilon = h\nu$ をもち，相互作用しない粒子である光子の集まりとみなされる。したがって，温度 T，体積 V の容器（空洞という）に閉じ込められた電磁波は，光子の集団からなる理想気体とみなすことができる。

光子は典型的なボース粒子として知られている。したがって，その熱平衡分布は (6.13) のボース分布をとるはずである。しかし，光子は閉じ込められた空洞の壁から放射されたり，壁に吸収されたりして，その個数は一定せず，熱平衡状態では容器の温度と体積で決まるに過ぎない。また，熱平衡状態ではヘルムホルツの自由エネルギー F が最小の状態であり，粒子数が変化しても系の自由エネルギーの値が変化しないので，その粒子数に関する微分 $(\partial F/\partial N)_{T,V}$ は 0 でなければならない。

ところで，熱力学第1法則をヘルムホルツの自由エネルギー F で表した (4.82) によると，化学ポテンシャル $\mu = (\partial F/\partial N)_{T,V}$ と表されるので，

$$\mu = \left(\frac{\partial F}{\partial N}\right)_{T,V} = 0 \tag{6.15}$$

6.1 ボース粒子の統計性

となって,光子の化学ポテンシャルは0であることがわかる.

振動数 ν で指定される光子の状態はエネルギー $\varepsilon = h\nu$ をもつものだけなので,ν で指定される1つの状態当たりの光子気体の熱平衡分布 n_ν は,(6.14) で ε_j を $h\nu$ とおき,(6.15) より $\mu = 0$ として,

$$n_\nu = \frac{1}{e^{\beta h\nu} - 1} \tag{6.16}$$

と表される.これは,プランクの熱放射の理論に現れる分布関数に一致する.

(6.13) は $\Delta_j \gg 1$ として導かれた式なのに,その式で $\Delta_j = 1$ とおいた形に相当する (6.16) はそれでよいのか,と疑問に思うかもしれない.(6.13) を導く際に,エネルギー準位 ε_j は微視的には粗く,粗視化されているが,巨視的には細かく決めた,準巨視的な量であることを思い出そう.すなわち,いまの場合,エネルギー準位 ε_j の中には ν で近似できる振動数をもつ固有振動モードが $\Delta_j (\gg 1)$ だけあると考えれば,$n_j = n_\nu \Delta_j$ となり,n_ν が1程度の量であっても,$n_j \gg 1$ であって,(6.16) は (6.13) と矛盾しないのである.

> **例 題 1**
>
> 振動数 ν をもつ電磁波は1次元調和振動子とみなされ,量子力学によると,そのとり得るエネルギーは
>
> $$\varepsilon_n = \left(n + \frac{1}{2}\right)h\nu \qquad (n = 0, 1, 2, 3, \cdots) \tag{6.17}$$
>
> で与えられる(例えば,拙著:『物理学講義 量子力学入門』の第8章を参照).上式右辺のカッコ内の1/2は零点振動の寄与を表す.(6.17) を考慮して,カノニカル・アンサンブルの分配関数 Z から (6.16) を導け.

解 (6.17) より,分配関数 Z は

$$Z = \sum_{n=0}^{\infty} e^{-(n+1/2)h\nu/k_{\mathrm{B}}T} = e^{-h\nu/2k_{\mathrm{B}}T}(1 + e^{-h\nu/k_{\mathrm{B}}T} + e^{-2h\nu/k_{\mathrm{B}}T} + e^{-3h\nu/k_{\mathrm{B}}T} + \cdots)$$

$$= \frac{e^{-h\nu/2k_{\mathrm{B}}T}}{1 - e^{-h\nu/k_{\mathrm{B}}T}} = \frac{e^{-\beta h\nu/2}}{1 - e^{-\beta h\nu}} \tag{1}$$

となる.熱平衡分布 n_ν は変数としての光子数 n の平均値 $\langle n \rangle$ なので,カノニカル・アンサンブルの平均値の定義 (4.45) より

$$n_\nu = \langle n \rangle = \frac{1}{Z} \sum_{n=0}^{\infty} n e^{-(n+1/2)h\nu/k_{\mathrm{B}}T} = (1 - e^{-\beta h\nu}) \sum_{n=0}^{\infty} n e^{-\beta n h\nu}$$

$$= (1 - e^{-\beta h\nu}) \left(\frac{-1}{h\nu} \right) \frac{\partial}{\partial \beta} \sum_{n=0}^{\infty} e^{-\beta n h\nu} = (1 - e^{-\beta h\nu}) \left(\frac{-1}{h\nu} \right) \frac{\partial}{\partial \beta} \frac{1}{1 - e^{-\beta h\nu}}$$

$$= (1 - e^{-\beta h\nu}) \left(\frac{-1}{h\nu} \right) \frac{-h\nu e^{-\beta h\nu}}{(1 - e^{-\beta h\nu})^2} = \frac{e^{-\beta h\nu}}{1 - e^{-\beta h\nu}}$$

$$= \frac{1}{e^{\beta h\nu} - 1}$$

となって，(6.16) が得られる．

この結果より，必然的に光子気体の化学ポテンシャル μ が 0 であることがわかる．

問 題 1 振動数 ν をもつ電磁波の平均エネルギー $\varepsilon_\nu = \langle \varepsilon_n \rangle$ は

$$\varepsilon_\nu = \frac{1}{2} h\nu + \frac{h\nu}{e^{\beta h\nu} - 1} \tag{6.18}$$

であることを示せ．上式の右辺第 1 項は零点エネルギーであり，第 2 項はプランクの熱放射の量子論における，振動数 ν の電磁波の平均エネルギーに他ならない（例えば，拙著：『物理学講義 量子力学入門』の第 5 章を参照）．

6.2 フェルミ粒子の統計性

フェルミ粒子には，電子，陽子，中性子，^{3}He と記される通常のヘリウム（^{4}He）の同位元素の原子などがある．本節では，これらのフェルミ粒子がもつ特異な量子力学的特性を考慮すると，同種のフェルミ粒子の集まりがどのような統計性を示し，どのような熱平衡分布をもつようになるかを解説する．

6.2.1 フェルミ統計の微視的状態数

前節のボース粒子の場合と同様に，エネルギー ε_j で指定される j 番目のエネルギー準位の中に状態が Δ_j 個あるものとし，総数 N 個の粒子のうち，j 番目のエネルギー準位を占める粒子数を n_j としよう．また，エネルギー準位は非常に多くの微視的なエネルギー準位を粗視化して，準巨視的に組分けしてあるという意味で，これまで通り $N \gg n_j$, $\Delta_j \gg 1$ とするのも前節と同様で

6.2 フェルミ粒子の統計性

ある．ここでも，同じエネルギー ε_j をもつ $\varDelta_j$ 個の状態に，n_j 個の粒子をどのように配分するかが問題であるが，ボース粒子と違ってフェルミ粒子の場合にはどのようになるのかが重要な点なのである．

> **ここはポイント！**

量子力学によると，フェルミ粒子の第1の特徴は，系の微視的な1つの状態をその粒子が最大で1個しか占めることができないことである（例えば，拙著：『物理学講義 量子力学入門』の第10章を参照）．2個以上の粒子が1つの微視的状態をとることができないという，この強い量子力学的な制限を **パウリの排他原理** という．この場合には，粒子が1個しか入れない窮屈な箱が $\varDelta_j$ 個あって，それに n_j 個の粒子を入れる場合の数が微視的状態数になる．したがって，箱に入ることのできる粒子の数は箱の数を超えることができず，必然的に $n_j \leq \varDelta_j$ でなければならない．

例えば，$\varDelta_j = 3$，$n_j = 2$ の場合のフェルミ粒子に対しては，最大で1個の粒子しか入れない3個の箱（□）に，2個の粒子（●）を入れる仕方は

$$(1)\quad \blacksquare\blacksquare\square \qquad (2)\quad \blacksquare\square\blacksquare \qquad (3)\quad \square\blacksquare\blacksquare$$

の3通りしかない．これは3つの箱に2つの区別のつかない粒子を1つずつ入れるという入れ方の数で，$3!/(1!\,2!) = 3$ 通りと計算される．同じく $\varDelta_j = 3$，$n_j = 2$ であっても，ボース粒子の場合とは状態数が全く違うことに注意しよう．

この簡単な例からも，ボース粒子かフェルミ粒子かという量子力学的な粒子の違いによって，状態数が大きく変わることがわかる．

上の簡単な例を一般化すると，$\varDelta_j$ 個の箱に区別できない粒子 n_j 個を1個ずつ入れるという入れ方の数の問題となる．したがって，$\varDelta_j$ 個ある j 番目の1粒子状態に n_j 個の粒子を配分するときの微視的状態数は

$$\frac{\varDelta_j!}{n_j!\,(\varDelta_j - n_j)!}$$

で与えられ，結局，系全体の微視的状態数 $W_{\{n_j\}}$ は，それぞれのエネルギー状態からの寄与の積として，

$$W_{\{n_j\}} = \prod_j \frac{\varDelta_j!}{n_j!\,(\varDelta_j - n_j)!} \tag{6.19}$$

と表される．これが，フェルミ粒子の微視的状態数である．

134   6. 量子統計力学入門

　以上のように，フェルミ粒子の量子力学的な特性を考慮して，同種のフェルミ粒子からなる系の微視的状態数を取扱う統計的な枠組みを**フェルミ－ディラック統計**，あるいは略して**フェルミ統計**という．このフェルミ統計では (6.19) の対数は，付録 B のスターリングの公式 (B.3) を使うことによって，

$$\log W_{\{n_j\}} = \sum_j \{\varDelta_j \log \varDelta_j - n_j \log n_j - (\varDelta_j - n_j)\log(\varDelta_j - n_j)\}$$

(6.20)

となる．

6.2.2 フェルミ統計の熱平衡分布

　熱平衡状態では，(6.19) の微視的状態数，あるいはその対数 (6.20) が最大となる巨視的状態が実現する．ここではさらにボース統計の場合と同様に，系のエネルギー E と粒子数 N が一定という付加条件 (6.2) と (6.3) が付く．したがって，この場合にもラグランジュの未定乗数法が適用できて，2 つの未定乗数 α と β を導入して関数 (6.4) をつくり，付加条件 (6.2)，(6.3) を忘れて (6.20) を (6.4) に代入し，それを最大にすればよいことになる．

例題 2

　フェルミ統計における熱平衡分布 $n_j{}^*$ は

$$n_j{}^* = \frac{\varDelta_j}{e^{\alpha + \beta \varepsilon_j} + 1}$$

(6.21)

で与えられることを示せ．

解 付加条件 (6.2) と (6.3) の下で (6.20) を最大にするには，ラグランジュの未定乗数法によって，関数

$$\begin{aligned}
\mathcal{F} &= \log W_{\{n_j\}} - \alpha N - \beta E \\
&= \sum_j \{\varDelta_j \log \varDelta_j - n_j \log n_j - (\varDelta_j - n_j)\log(\varDelta_j - n_j) - \alpha n_j - \beta \varepsilon_j n_j\}
\end{aligned}$$

を付加条件なしで極値をとるようにすればよい．そのためには，(6.5) の場合と同様に，n_j を dn_j だけ変化させたときの関数 $\mathcal{F}$ の変化分 $d\mathcal{F}$ が 0 であればよいので，

6.2 フェルミ粒子の統計性

$$dF = \sum_j \left\{ -dn_j \log n_j - n_j \frac{dn_j}{n_j} + dn_j \log(\varDelta_j - n_j) - (\varDelta_j - n_j) \frac{-dn_j}{\varDelta_j - n_j} - \alpha \, dn_j - \beta \varepsilon_j dn_j \right\}$$

$$= \sum_j \left\{ -\log n_j + \log(\varDelta_j - n_j) - \alpha - \beta \varepsilon_j \right\} dn_j = \sum_j \left(\log \frac{\varDelta_j - n_j}{n_j} - \alpha - \beta \varepsilon_j \right) dn_j = 0$$

が得られる. これが dn_j の値によらず常に成り立つためには

$$\log \frac{\varDelta_j - n_j}{n_j} - \alpha - \beta \varepsilon_j = 0$$

でなければならず, 上式を n_j について解けば, 熱平衡分布 (6.21) が直ちに得られる.

(6.21) は, ボース粒子の場合の (6.8) に対応する. この場合の未定乗数 α, β も, 前節と全く同じような計算によって (6.10) と (6.12) が成り立つことがわかる. したがって, フェルミ統計での熱平衡分布は

$$n_j{}^* = \frac{\varDelta_j}{e^{\beta(\varepsilon_j - \mu)} + 1} \tag{6.22}$$

と表され, フェルミ－ディラック分布あるいは単にフェルミ分布とよばれる (＊は最も確からしい状態を表す). 一見したところでは, (6.13) のボース分布とほんのわずかしか違いがないと思うかもしれないが, これが大きな差異をもたらすということが, これからの話題である.

フェルミ分布の場合にもボース分布の (6.14) と同様に, 1 つの状態当たりの熱平衡分布 $f(\varepsilon_j)$ を, (6.22) から $n_j{}^*/\varDelta_j$ をつくって,

$$f(\varepsilon_j) \equiv \frac{n_j{}^*}{\varDelta_j} = \frac{1}{e^{(\varepsilon_j - \mu)/k_{\mathrm{B}} T} + 1} \tag{6.23}$$

と定義しておく.

問 題 2 フェルミ統計の場合の熱平衡系のエントロピー S を, (6.20) を使って求めよ.

問 題 3 フェルミ統計の場合にも (6.10), (6.12) が成り立つことを示せ. [ヒント：前問のエントロピー S を使い, 前節で α, β を求めたのと全く同じ計算をすればよい.]

6.3 理想フェルミ気体

電子は典型的なフェルミ粒子であり，金属の電気伝導に寄与する電子は**伝導電子**とよばれ，金属中で自由電子のように振る舞う．この意味で，金属中の伝導電子は近似的に気体を構成する粒子のように扱うことができて，**理想フェルミ気体**とみなすことができる．^{3}He の気体や液体も理想フェルミ気体として扱われることがある．そこで本節では，理想フェルミ気体の性質について解説する．

6.3.1 フェルミ分布関数

理想フェルミ気体を構成するフェルミ粒子の質量を m，波数ベクトル $\boldsymbol{k}$ の大きさを k とすると，そのエネルギーは，（4.27）と同様に（2.4）より

$$\varepsilon = \frac{\hbar^2 k^2}{2m} \tag{6.24}$$

と表される．気体が巨視的な容器に閉じ込められている場合には，波数 k はほぼ連続的に変化するとみなしてよいので，以後，エネルギー ε を連続量とする．また，波数を指定すると，それで決まるエネルギー状態は（6.24）の1つだけなので，光子気体の場合の（6.16）を導いたのと同様の手続きで，（6.23）の中の ε_j を（6.24）の ε に置き換えれば，この場合の分布関数が得られる．このようにして得られた分布関数は

$$f(\varepsilon) = \frac{1}{e^{\beta(\varepsilon - \mu)} + 1} \tag{6.25}$$

と表され，これを**フェルミ分布関数**という．この場合，特に化学ポテンシャル μ のことを**フェルミ準位**，あるいは**フェルミエネルギー**とよんで，ε_F と記すことがある．

フェルミ分布関数をエネルギー ε の関数として図示すると，図6.1のようになる．化学ポテンシャル μ は，系のヘルムホルツの自由エネルギー F より $\mu = (\partial F / \partial N)_{T,V}$ として決まる量なので，温度の関数である．そこで，特に $T = 0$ の場合の化学ポテンシャルを μ_0 と記すことにしよう．

$T = 0$ の場合には $\beta \to \infty$ なので，$e^{\beta(\varepsilon - \mu_0)} \to 0 \, (\varepsilon < \mu_0)$，$\infty \, (\varepsilon > \mu_0)$ となり，

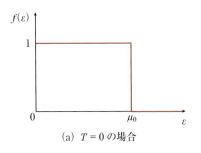
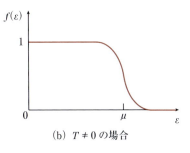

(a) $T=0$ の場合   (b) $T \neq 0$ の場合

図 6.1 フェルミ分布関数

この場合のフェルミ分布関数は

$$f(\varepsilon) = \begin{cases} 1 & (\varepsilon < \mu_0) \\ 0 & (\varepsilon > \mu_0) \end{cases} \quad (6.26)$$

と表される．これを図示したのが図 6.1 (a) であり，$\varepsilon = \mu_0$ で 1 から 0 に不連続的に変わる階段関数の形をとる．$\varepsilon < \mu_0$ で分布関数 f が 1 になる理由は，パウリの排他原理から 1 つの状態に粒子がせいぜい 1 個しか入れないためで，$T = 0$ では熱的な励起はあり得ず，エネルギーの低い状態から粒子によって 1 個ずつ占拠され，粒子がすべて尽きたところで f は 0 となる．

それに対して有限温度では，エネルギーが μ に近い状態にある粒子は，それよりも大きいエネルギー状態が占拠されていない確率が高いので，そこに熱的に励起される．そのため図 6.1(b) のように，分布関数は μ の近くで滑らかに変化するようになる．それでもエネルギーが μ よりずっと低い状態にある粒子は，それよりエネルギーの少し高い状態も低い状態もすべて占拠されているので，熱的に励起されることはなく，分布関数は 1 のままである．そのため，有限温度ではおおむね図 6.1(b) のようになるのである．

分布関数が与えられていると，系の粒子数 N の表式が得られる．粒子のエネルギー状態は，波数 k によって (6.24) から決まる．波数の範囲 k と $k + dk$ の間にある状態数 $d\Omega$ は (2.7) で与えられるので，これに分布関数 (6.25) を掛ければ，この波数範囲にある粒子数が求められる．ただし，量子力学によると粒子には**スピン**という内部自由度があり，波数を決めても，さらに g 重に縮退した状態がある．例えば，電子にはスピンが上向きと下向きの 2 つ

の状態があり，$g = 2$ である．すなわち，電子の波数の値を1つ決めても，パウリの排他原理により，最大2個の電子がその波数をとることができる．

こうして，波数範囲 $k \sim k + dk$ の間にある状態数 (2.7) には，粒子の量子力学的な内部自由度（スピン）の縮退度 g を掛けなければならない．これを考慮すると，系の粒子数は

$$N = \frac{4\pi g V}{(2\pi)^3} \int_0^\infty k^2 f(\varepsilon)\, dk \tag{6.27}$$

となる．もちろん右辺の ε は，波数の関数として (6.24) で与えられる．

(6.27) は一見，N を決める式のようであるが，いまの場合，系の粒子数 N は与えられている．(6.27) の右辺に (6.25) を代入してわかるように，(6.27) は化学ポテンシャル μ を決定する式とみなすべきである．特に $T = 0$ の場合には，分布関数が図 6.1(a) のように非常に単純な形をしているので，(6.27) の右辺の積分は容易である．

(6.27) で積分変数を ε にするには，(6.24) より $k = (2m/\hbar^2)^{1/2}\varepsilon^{1/2}$, $dk = (1/2)(2m/\hbar^2)^{1/2}\varepsilon^{-1/2}d\varepsilon$ であり，これらを (6.27) に代入すればよい．このとき，

$$N = \frac{4\pi g V}{(2\pi)^3}\frac{1}{2}\left(\frac{2m}{\hbar^2}\right)^{3/2}\int_0^{\mu_0}\varepsilon^{1/2}d\varepsilon = \frac{4\pi g V}{3(2\pi)^3}\left(\frac{2m}{\hbar^2}\right)^{3/2}\mu_0^{3/2} = \frac{4\pi g V}{3}\left(\frac{2m}{\hbar^2}\right)^{3/2}\mu_0^{3/2} \tag{6.28}$$

となるので，$T = 0$ での化学ポテンシャル μ_0 は

$$\mu_0 = \frac{h^2}{2m}\left(\frac{3N}{4\pi g V}\right)^{2/3} = \frac{h^2}{2m}\left(\frac{3n}{4\pi g}\right)^{2/3} \tag{6.29}$$

と表される．ここで，$n = N/V$ は粒子の数密度であり，物質を決めると，この式から μ_0 が求められることになる．

上の計算ではエネルギー ε を変数にして積分を行ったが，波数 k で積分しても構わない．量子力学では粒子の波動性が問題となるので，波動性を表す変数としての波数は常に重要な量なのである．

(6.28) を波数について積分するには，

$$\mu_0 = \frac{\hbar^2 k_{\mathrm{F}}^2}{2m} \tag{6.30}$$

を導入すると便利である．このとき，(6.28) の右辺の k についての積分は，

6.3 理想フェルミ気体

その範囲が 0 から k_F までとなるので，

$$N = \frac{4\pi gV}{(2\pi)^3} \int_0^{k_F} k^2 dk = \frac{4\pi gV k_F^3}{3(2\pi)^3} \tag{6.31}$$

となる．これより，逆に k_F は

$$k_F = \left(\frac{6\pi^2 n}{g}\right)^{1/3} \tag{6.32}$$

と表されることがわかる．(6.32) で与えられる波数 k_F をフェルミ波数といい，これは物質を決めると定まる物性量である．

例 題 3

Na（ナトリウム）は 1 価の金属であり，Na 原子 1 個につき 1 個の伝導電子がある．Na の伝導電子について，フェルミ波数 k_F および化学ポテンシャル μ_0 を求めよ．

解 Na の原子量が 23 なので，1mol 当たりの質量は 23g である．また，金属 Na の密度が $0.97\,\mathrm{g \cdot cm^{-3}}$ であり，Na の 0.97g は $0.97/23\,\mathrm{mol}$ に相当し，それには $(0.97/23) \times N_A$ 個（N_A：アボガドロ定数）の Na 原子が含まれる．したがって，金属 Na の数密度 n は，$N_A = 6.022 \times 10^{23}\,[\mathrm{mol^{-1}}]$ として，

$$n = \frac{0.97 \times 6.022 \times 10^{23}}{23} = 2.54 \times 10^{22}\,[\mathrm{cm^{-3}}] = 2.54 \times 10^{28}\,[\mathrm{m^{-3}}]$$

である．

量子力学によれば，電子のスピンは $1/2$ であり，スピンの自由度は $g = 2$ であることがわかっている．以上の数値を (6.32) に代入すると，

$$k_F \cong \left(\frac{6 \times 3.14^2 \times 2.54 \times 10^{28}}{2}\right)^{1/3} \cong 9.09 \times 10^9\,[\mathrm{m^{-1}}] \tag{1}$$

が得られる．

金属 Na の化学ポテンシャル μ_0 は，(6.30) でプランク定数を 2π で割った $\hbar = 1.055 \times 10^{-34}\,[\mathrm{J \cdot s}]$，電子の質量 $m = 9.109 \times 10^{-31}\,[\mathrm{kg}]$ とおき，(1) を代入すると，

$$\mu_0 \cong \frac{(1.055 \times 10^{-34})^2 \times (9.09 \times 10^9)^2}{2 \times 9.109 \times 10^{-31}} \cong 5.05 \times 10^{-19}\,[\mathrm{J}] \cong 3.66 \times 10^4\,[\mathrm{K}]$$

となる．

上の例題の最後の結果である $\mu_0 \cong 3.66 \times 10^4\,[\mathrm{K}]$ は，ボルツマン定数 k_B

で割って温度に換算した化学ポテンシャルの値である．室温が 300 K 程度であることを考えると，それに比べて，この値は非常に高温であることに注意しなければならない．すなわち，室温程度での金属の伝導電子のフェルミ分布関数の図 6.1(b) は，十分に $T=0$ の図 6.1(a) に近く，金属中の電子は量子力学的に振る舞う．このように，金属中の電子の振る舞いは決して古典力学では理解できず，量子力学によってのみ理解できるのである．

問題 4 K(カリウム) の伝導電子について，k_F および μ_0 を求めよ．

ここで波数と運動量の関係から**フェルミ運動量** $p_\mathrm{F}=\hbar k_\mathrm{F}$ を導入し，これを (6.31) に代入して整理すると，

$$N = \frac{g}{h^3}\left\{V\left(\frac{4\pi}{3}p_\mathrm{F}^3\right)\right\} \tag{6.33}$$

となる．$(4\pi/3)p_\mathrm{F}^3$ は運動量空間の半径 p_F の球の体積なので，それに V を掛けた量は 1 粒子の位相空間の体積となる．それを 2.3 節で述べたように，位相空間での 1 つの状態当たりの体積 $h^3=(2\pi\hbar)^3$ で割って，粒子のスピンによる内部自由度 g を掛けると，1 粒子状態の数が得られる．この 1 粒子状態のすべてを，パウリの排他原理に従って粒子が 1 個ずつ占拠したと考えても，(6.31) や (6.33) が理解できる．

6.3.2 理想フェルミ気体の低温での熱力学的諸量 (μ, E, S, F)

フェルミ分布関数 (6.25) が統計力学によって導かれたので，それを第 4 章に示した手法に適用すれば，原理的には，有限温度の理想フェルミ気体の熱力学的な量はすべて計算できることになる．しかし現実には，(6.25) の関数形のためにそれは困難なので，本項では，低温の極限で，理想フェルミ気体の熱力学的諸量を求めてみよう．

(6.27) は，(6.24) を用いて積分変数をエネルギー ε にすると，

$$N = \frac{gV}{(2\pi)^2}\left(\frac{2m}{\hbar^2}\right)^{3/2}\int_0^\infty f(\varepsilon)\,\varepsilon^{1/2}d\varepsilon = 2\pi gV\left(\frac{2m}{h^2}\right)^{3/2}\int_0^\infty f(\varepsilon)\,\varepsilon^{1/2}d\varepsilon \tag{6.34}$$

となる．ここで

$$\rho(\varepsilon) = \frac{gV}{(2\pi)^2}\left(\frac{2m}{\hbar^2}\right)^{3/2}\varepsilon^{1/2} = 2\pi gV\left(\frac{2m}{h^2}\right)^{3/2}\varepsilon^{1/2} = \rho_0\varepsilon^{1/2} \qquad \left(\rho_0 = 2\pi gV\left(\frac{2m}{h^2}\right)^{3/2}\right)$$

(6.35)

とおくと，系の粒子数 (6.34) は

$$N = \int_0^\infty f(\varepsilon)\,\rho(\varepsilon)\,d\varepsilon$$

(6.36)

というコンパクトな形で表される.

(6.36) からわかるように，$\rho(\varepsilon)\,d\varepsilon$ はエネルギー ε と $\varepsilon + d\varepsilon$ の間にある状態数であって，それを間隔 $d\varepsilon$ で割った $\rho(\varepsilon)$ はエネルギー ε での状態数の密度であり，これを状態密度という．そして，この状態密度を使うと，系の内部エネルギー E は

$$E = \int_0^\infty \varepsilon f(\varepsilon)\,\rho(\varepsilon)\,d\varepsilon$$

(6.37)

と表される.

(6.36)，(6.37) はともに積分

$$I = \int_0^\infty f(\varepsilon)\,a(\varepsilon)\,d\varepsilon$$

(6.38)

の形をしている．ここで関数 $a(\varepsilon)$ が ε の滑らかな関数であるとし，低温の極限 $(T \to 0, \beta \to \infty)$ を考えると，

$$I = \int_0^\mu a(\varepsilon)\,d\varepsilon + \frac{\pi^2}{6}(k_{\mathrm{B}}T)^2\left(\frac{da}{d\varepsilon}\right)_{\varepsilon=\mu} + O(T^4)$$

(6.39)

となる．ここで $O(T^4)$ は T^4 およびそれ以上の高次の展開項を表し，低温の極限では無視できるので，これ以降，省略する．上式では結果だけを示したが，この展開公式の計算の詳細に興味ある読者は，付録 E を参照されたい.

(1) 化学ポテンシャル μ

まず，系の粒子数 (6.36) の右辺の積分を計算してみよう．この場合，(6.38) の $a(\varepsilon)$ は (6.35) で与えられる状態密度 $\rho(\varepsilon)$ に相当するので，(6.39) より系の粒子数 N は

$$N \cong \int_0^\mu \rho(\varepsilon)\, d\varepsilon + \frac{\pi^2}{6}(k_{\mathrm{B}}T)^2 \left(\frac{d\rho}{d\varepsilon}\right)_{\varepsilon=\mu}$$

$$= \frac{4\pi g V}{3}\left(\frac{2m}{h^2}\right)^{3/2}\mu^{3/2} + \frac{\pi^3 g V}{6}\left(\frac{2m}{h^2}\right)^{3/2}\mu^{-1/2}(k_{\mathrm{B}}T)^2$$

$$= \frac{4\pi g V}{3}\left(\frac{2m}{h^2}\right)^{3/2}\mu^{3/2}\left\{1 + \frac{\pi^2}{8}\left(\frac{k_{\mathrm{B}}T}{\mu}\right)^2\right\} \tag{6.40}$$

となる．

ところで，$T=0$ での化学ポテンシャル μ_0 は (6.29) で与えられ，それを使って表した粒子数 (6.28) を上式に代入すると，

$$\mu_0^{3/2} \cong \mu^{3/2}\left\{1 + \frac{\pi^2}{8}\left(\frac{k_{\mathrm{B}}T}{\mu}\right)^2\right\}$$

という関係が得られ，これより

$$\mu_0 \cong \mu\left\{1 + \frac{\pi^2}{8}\left(\frac{k_{\mathrm{B}}T}{\mu}\right)^2\right\}^{2/3} \cong \mu\left\{1 + \frac{\pi^2}{12}\left(\frac{k_{\mathrm{B}}T}{\mu}\right)^2\right\}$$

となり，これを μ について解くと，

$$\mu \cong \mu_0\left\{1 - \frac{\pi^2}{12}\left(\frac{k_{\mathrm{B}}T}{\mu}\right)^2\right\} \cong \mu_0\left\{1 - \frac{\pi^2}{12}\left(\frac{k_{\mathrm{B}}T}{\mu_0}\right)^2\right\} \tag{6.41}$$

が得られる．

上式までの式の変形には，$|x| \ll 1$ のときの近似式 $(1+x)^a \cong 1+ax$ や，μ_0 と μ の差が $(k_{\mathrm{B}}T/\mu)^2$ の程度で 1 よりはるかに小さいので，十分良い近似で上式の $\{\ \}$ 内の μ を μ_0 で置き換えることができることを使った．(6.41) が，理想フェルミ気体の低温での化学ポテンシャルである．

(2) 内部エネルギー E

系の内部エネルギーは (6.37) で与えられるので，(6.35) を使うと

$$E = \rho_0 \int_0^\infty \varepsilon^{3/2} f(\varepsilon)\, d\varepsilon$$

と表される．この場合，(6.38) の $a(\varepsilon)$ は $\rho_0 \varepsilon^{3/2}$ に相当するので，(6.39) より

$$E \cong \rho_0 \int_0^\mu \varepsilon^{3/2}\, d\varepsilon + \frac{\pi^2}{6}(k_{\mathrm{B}}T)^2 \frac{3}{2}\rho_0 \mu^{1/2} = \frac{2}{5}\rho_0 \mu^{5/2} + \frac{\pi^2}{4}(k_{\mathrm{B}}T)^2 \rho_0 \mu^{1/2}$$

となる．これに (6.41) を代入して整理すると，

$$E \cong \frac{2}{5}\rho_0\mu_0{}^{5/2}\left\{1 + \frac{5\pi^2}{12}\left(\frac{k_{\mathrm{B}}T}{\mu_0}\right)^2\right\} \tag{6.42}$$

となる.

ここで (6.35) から得られる ρ_0 を (6.28) に代入すると,

$$N = \frac{2}{3}\rho_0\mu_0{}^{3/2} \tag{6.43}$$

とも表されるので,これを (6.42) に代入すると,

$$E \cong \frac{3}{5}N\mu_0\left\{1 + \frac{5\pi^2}{12}\left(\frac{k_{\mathrm{B}}T}{\mu_0}\right)^2\right\} \tag{6.44}$$

が得られる.これが,理想フェルミ気体の低温での内部エネルギーである.

問題 5 (6.42) を導け.

(3) エントロピー S

フェルミ粒子の熱平衡系のエントロピーは問題 2 で得られている.ここでも (6.25) の $f(\varepsilon)$ はエネルギー ε の値で決まる 1 つの状態当たりの分布関数であることを考慮して,問題 2 の結果である,

$$S = k_{\mathrm{B}}\sum_j\left(n_j{}^*\log\frac{\varDelta_j - n_j{}^*}{n_j{}^*} + \varDelta_j\log\frac{\varDelta_j}{\varDelta_j - n_j{}^*}\right)$$

$$= k_{\mathrm{B}}\sum_j\varDelta_j\left(\frac{n_j{}^*}{\varDelta_j}\log\frac{1 - n_j{}^*/\varDelta_j}{n_j{}^*/\varDelta_j} + \log\frac{1}{1 - n_j{}^*/\varDelta_j}\right)$$

において,これまで通り,$\sum_j\varDelta_j$ を $\int_0^\infty\rho(\varepsilon)\,d\varepsilon$,$n_j/\varDelta_j$ を $f(\varepsilon)$ とおけば,エントロピー S は

$$S = k_{\mathrm{B}}\int_0^\infty\rho(\varepsilon)\,d\varepsilon\left\{f(\varepsilon)\log\frac{1 - f(\varepsilon)}{f(\varepsilon)} + \log\frac{1}{1 - f(\varepsilon)}\right\}$$

$$= -k_{\mathrm{B}}\int_0^\infty\rho(\varepsilon)\,d\varepsilon\left[f(\varepsilon)\log f(\varepsilon) + \{1 - f(\varepsilon)\}\log\{1 - f(\varepsilon)\}\right] \tag{6.45}$$

と表される.これに (6.25) を代入して整理すると,

144　　　　　　　　6.　量子統計力学入門

$$
\begin{aligned}
S = -k_{\mathrm{B}} \int_0^\infty \rho(\varepsilon)\, d\varepsilon \Bigg[&-\frac{\log\{e^{\beta(\varepsilon-\mu)}+1\}}{e^{\beta(\varepsilon-\mu)}+1} \\
&+ \frac{\beta(\varepsilon-\mu)e^{\beta(\varepsilon-\mu)} - e^{\beta(\varepsilon-\mu)}\log\{e^{\beta(\varepsilon-\mu)}+1\}}{e^{\beta(\varepsilon-\mu)}+1} \Bigg]
\end{aligned}
$$

$$
= k_{\mathrm{B}} \int_0^\infty \rho(\varepsilon)\, d\varepsilon \left[\log\{e^{\beta(\varepsilon-\mu)}+1\} - \frac{\beta(\varepsilon-\mu)e^{\beta(\varepsilon-\mu)}}{e^{\beta(\varepsilon-\mu)}+1} \right]
$$

$$
= k_{\mathrm{B}} \int_0^\infty \rho(\varepsilon)\, d\varepsilon \left[\beta(\varepsilon-\mu) + \log\{1 + e^{-\beta(\varepsilon-\mu)}\} - \frac{\beta(\varepsilon-\mu)e^{\beta(\varepsilon-\mu)}}{e^{\beta(\varepsilon-\mu)}+1} \right]
$$

$$
= k_{\mathrm{B}} \int_0^\infty \rho(\varepsilon)\, d\varepsilon \left[\log\{1 + e^{-\beta(\varepsilon-\mu)}\} + \frac{\beta(\varepsilon-\mu)}{e^{\beta(\varepsilon-\mu)}+1} \right] \tag{6.46}
$$

となる.

(6.46) の右辺にある積分の最初の項は, (6.35) を代入して部分積分すると,

$$
\int_0^\infty \rho(\varepsilon)\, d\varepsilon \log\{1 + e^{-\beta(\varepsilon-\mu)}\} = \rho_0 \int_0^\infty \varepsilon^{1/2} \log\{1 + e^{-\beta(\varepsilon-\mu)}\} d\varepsilon
$$

$$
= \frac{2\rho_0}{3} \left[\varepsilon^{3/2} \log\{1 + e^{-\beta(\varepsilon-\mu)}\} \right]_0^\infty
$$

$$
+ \frac{2\rho_0 \beta}{3} \int_0^\infty \frac{\varepsilon^{3/2}}{e^{\beta(\varepsilon-\mu)}+1} d\varepsilon
$$

$$
= \frac{2\beta}{3} \int_0^\infty \varepsilon \rho(\varepsilon) f(\varepsilon)\, d\varepsilon
$$

$$
= \frac{2\beta}{3} E
$$

となる. ここで $\varepsilon \to \infty$ のとき, $\ln\{1 + e^{-\beta(\varepsilon-\mu)}\} \cong e^{-\beta(\varepsilon-\mu)}$ なので $\varepsilon^{3/2}\log\{1 + e^{-\beta(\varepsilon-\mu)}\} \to 0$ となることを使い, また, 最後の結果には (6.37) を使った.

同様にして, (6.46) のもう 1 つの積分も行うと,

$$
\int_0^\infty \rho(\varepsilon)\, d\varepsilon \frac{\beta(\varepsilon-\mu)}{e^{\beta(\varepsilon-\mu)}+1} = \beta \int_0^\infty \varepsilon \rho(\varepsilon) f(\varepsilon)\, d\varepsilon - \beta\mu \int_0^\infty \rho(\varepsilon) f(\varepsilon)\, d\varepsilon
$$

$$
= \beta E - \beta\mu N
$$

となる. ここでも, 最後の結果に (6.37) と (6.36) を使った.

これらの積分結果を (6.46) に代入すると, エントロピーは

$$
S = \frac{5}{3T} E - \frac{1}{T}\mu N \tag{6.47}
$$

6.3 理想フェルミ気体 145

となる．右辺の E と μ に (6.44)，(6.41) を代入して整理すると，

$$S \cong \frac{N\mu_0}{T}\left\{\frac{\pi^2}{2}\left(\frac{k_B T}{\mu_0}\right)^2\right\} = \frac{\pi^2}{2}Nk_B\frac{k_B T}{\mu_0} \tag{6.48}$$

が得られる．これが，理想フェルミ気体の低温でのエントロピーである．

(6.48) によれば，$T \to 0$ の極限で $S \to 0$ となり，この結果は，$T \to 0$ で $S \to 0$ となることを主張する熱力学第 3 法則に合致する．

(4) ヘルムホルツの自由エネルギー F

ヘルムホルツの自由エネルギーは $F = E - TS$ で与えられるので，これに (6.41)，(6.44) と (6.47) を代入して整理すると，

$$F = E - TS = -\frac{2}{3}E + \mu N$$

$$\cong -\frac{2}{5}N\mu_0\left\{1 + \frac{5\pi^2}{12}\left(\frac{k_B T}{\mu_0}\right)^2\right\} + N\mu_0\left\{1 - \frac{\pi^2}{12}\left(\frac{k_B T}{\mu_0}\right)^2\right\}$$

より

$$F \cong \frac{3}{5}N\mu_0\left\{1 - \frac{5\pi^2}{12}\left(\frac{k_B T}{\mu_0}\right)^2\right\} \tag{6.49}$$

が得られる．これが，理想フェルミ気体の低温でのヘルムホルツの自由エネルギーの展開式である．

6.3.3 低温での金属中の電子による比熱

理想フェルミ気体の系の内部エネルギー E が (6.44) のように求められたので，それを温度 T で微分することによって，この系の比熱が求められる．低温の極限での理想フェルミ気体の定積モル比熱 C_V は，(6.44) の粒子数 N を 1 mol 当たりの粒子数であるアボガドロ定数 N_A に置き換えてから微分して，

$$C_V = \left(\frac{\partial E}{\partial T}\right)_V = \gamma T + O(T^3) \tag{6.50}$$

$$\gamma = \frac{\pi^2 N_A k_B^2}{2\mu_0} \tag{6.51}$$

と表される．(6.44) で省略したのが $O(T^4)$ の項なので，(6.50) には $O(T^3)$ を残した．これは，格子振動による比熱との比較の際に必要となる．すなわち，

低温での理想フェルミ気体の比熱は温度に比例する.

　この結果は，定性的には次のように理解できる．低温での理想フェルミ気体の分布関数は図 6.1(b) のような傾向を示し，化学ポテンシャル $\mu \cong \mu_0$ のごく近傍の粒子だけが熱的に励起されて，$k_\mathrm{B} T$ 程度の熱エネルギーを獲得する．μ よりずっと小さいエネルギーをもつ粒子は，それより少し大きいエネルギーの状態も，少し小さいエネルギーの状態も，すっかり占拠されていて励起されようがなく，分布関数はフラットな 1 のままで，熱的な現象に一切寄与しない．したがって，熱的に励起される粒子の割合は $k_\mathrm{B} T/\mu_0$ の程度であり，それによる内部エネルギーの変化 $\varDelta E$ は，1 モル当たり

$$\varDelta E \sim \left(N_\mathrm{A} \times \frac{k_\mathrm{B} T}{\mu_0} \right) \times k_\mathrm{B} T = \frac{N_\mathrm{A} k_\mathrm{B}^2 T^2}{\mu_0}$$

となる．これを温度 T で微分すれば

$$C_V = \frac{2 N_\mathrm{A} k_\mathrm{B}^2}{\mu_0} T$$

が得られ，数係数を除けば，(6.50)，(6.51) とぴったり一致する.

例 題 4

　金属 Na (ナトリウム) 中の伝導電子を理想フェルミ気体とみなして，その 1 mol について，(6.51) の γ の値を求めよ.

　解 金属 Na の化学ポテンシャル μ_0 はすでに 6.3.1 項の例題 3 で求めていて，
$$\mu_0 \cong 5.05 \times 10^{-19}\,[\mathrm{J}] \cong 3.66 \times 10^4\,[\mathrm{K}]$$
である．ボルツマン定数は $k_\mathrm{B} = 1.381 \times 10^{-23}\,[\mathrm{J \cdot K^{-1}}]$，アボガドロ定数は $N_\mathrm{A} = 6.022 \times 10^{23}\,[\mathrm{mol^{-1}}]$ なので，これらの数値を (6.51) に代入すると

$$\gamma = \frac{3.14^2 \times 6.022 \times 10^{23} \times (1.381 \times 10^{-23})^2}{2 \times 5.05 \times 10^{-19}} \cong 1.12 \times 10^{-3}\,[\mathrm{J \cdot mol^{-1} \cdot K^{-2}}]$$

となる.

　金属の低温での比熱の測定は，これまでに数多くなされており，低温での比熱に主に寄与するのは，すでに述べた T^3 に比例するデバイ比熱 ((5.71) の $T \ll \varTheta_\mathrm{D}$ の場合の表式) であることがわかっている．この格子振動によるデバイ比熱を $A T^3$ と表し，金属中の伝導電子による比熱 (6.50) を加えると，

金属の定積モル比熱は低温で一般に
$$C_V = \gamma T + AT^3 \tag{6.52}$$
と表される.

実は (6.50) からわかるように，電子比熱にも T^3 に比例する項があるが，格子振動の比熱に関するデバイ温度に比べて，伝導電子の化学ポテンシャルに対応する温度（**フェルミ温度**という）がはるかに高いために，電子による比熱の T^3 に比例する項は，デバイ比熱の AT^3 に比べて全く問題なく無視できるのである.

それにしても (6.52) の第1項は小さいので，通常，(6.52) の両辺を T で割って
$$\frac{C_V}{T} = \gamma + AT^2 \tag{6.53}$$
とし，グラフの縦軸に C_V/T，横軸に T^2 をとって比熱の測定データをプロットする．もし，比熱が (6.52) のように表されるなら，図 6.2 のように，測定データは傾きが A で，縦軸との切片が γ の直線に乗るはずである．そして，実際にこの通りであることが実験的に確かめられ，金属 Na について $\gamma = 1.38 \times 10^{-3}$ [J・mol^{-1}・K^{-2}] という結果が得られた.

金属 Na について実験で得られた γ の上記の値は，例題4で求めた計算値に近い．両者の差は，金属中の伝導電子の質量を真空中のもので代用したことが原因なのかもしれない．1個の伝導電子は自由電子のように振る舞うといっても，結晶格子の中を他の数多くの伝導電子とともに動き回っているわけで，格子状に並ぶ金属イオンおよび他の伝導電子の影響を受けるであろう．そのため，伝導電子は自由電子の質量とは少しばかり違った実効的な質量をもつはずである.

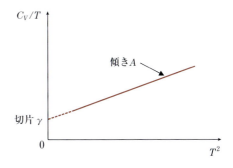

図 6.2 金属の比熱

6.4 理想ボース気体とボース‐アインシュタイン凝縮

化学ポテンシャル μ は，(4.73) をみてわかるように，粒子数 N からなる系に，さらに粒子 1 個を付け加えるのに必要なエネルギーである．前節で学んだ理想フェルミ気体の系では，パウリの排他原理のために 1 つの状態にせいぜい 1 個の粒子しか入れず，強い反発的な制限を受ける．そのために，系に粒子を付け加えるのに仕事をしなければならず，化学ポテンシャルは (6.29) にみられるように，必然的に正の値をもつ．

それでは，パウリの排他原理がなく，1 つの状態に入る粒子の個数に制限のないボース粒子からなる理想ボース気体の場合はどうであろうか．それをまず考えてみよう．

理想ボース気体の 1 粒子のエネルギーを ε とするとき，光子気体の場合の分布関数 (6.16) を導いたのと同様に，(6.14) で ε_j を ε に置き換えれば，この場合の分布関数が得られる．このようにしてつくった分布関数は

$$f(\varepsilon) = \frac{1}{e^{\beta(\varepsilon - \mu)} - 1} \tag{6.54}$$

と表され，**ボース分布関数**とよばれる．フェルミ分布関数 (6.25) とは，見逃しそうになるくらいのちょっとした差異しかないが，これが両者の特性の大きな違いになることは，以下で明らかになる．

まず，(6.54) で化学ポテンシャル μ が正 $(\mu > 0)$ であるとしてみよう．すると，$0 < \varepsilon < \mu$ を満たす粒子のエネルギー範囲が必ず存在し，この範囲では $\beta(\varepsilon - \mu) < 0$ であり，$e^{\beta(\varepsilon - \mu)} < 1$ となって，本来は正であるべき分布関数 $f(\varepsilon)$ が負になってしまうという矛盾が起こる．そのために，理想ボース気体の化学ポテンシャルは

$$\mu \leq 0 \tag{6.55}$$

でなければならない．このときのボース分布関数の大まかな様子を図 6.3 に示す．

理想ボース粒子が (6.55) を満たす理由は，ボース粒子がある状態にあるとき，同じ状態にある同種のボース粒子がその粒子に引き付けられるという，いってみれば，「類は友を呼ぶ」という量子力学固有の傾向があるからである

(興味のある読者は，拙著：『物理学講義 量子力学入門』の第 10 章を参照)．

粒子間に相互作用がない自由粒子からなる気体を**理想気体**という．理想ボース気体を構成する自由ボース粒子 1 個のエネルギー状態は，古典力学的自由粒子，自由フェルミ粒子を問わず，波数 k で指定され，エネルギーも共通して

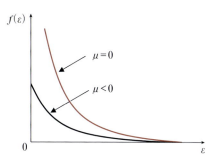

図 6.3 ボース分布関数

(6.24) の $\varepsilon = \hbar^2 k^2 / 2m$ で与えられる．したがって，変数を波数 k からエネルギー ε に変えたときに現れる状態密度 $\rho(\varepsilon)$ も，理想フェルミ気体のときの (6.35) と同じである．

そこで，理想ボース気体の有限温度での粒子数を，フェルミ気体のときと同様に (6.36) を使い，ただし，分布関数は理想ボース気体の (6.54) を使って表すと，

$$\int_0^\infty f(\varepsilon)\,\rho(\varepsilon)\,d\varepsilon = \int_0^\infty \frac{\rho(\varepsilon)}{e^{\beta(\varepsilon-\mu)}-1} d\varepsilon = N'(T,\mu) \qquad (6.56)$$

となる．ここで，上の積分で決まる粒子数が，温度 $T(\beta=1/k_{\mathrm{B}}T)$ と化学ポテンシャル μ の関数であることを明記するために $N'(T,\mu)$ とおいた．(6.56) で得られる粒子数を，N ではなく N' にした理由は，この後，明らかになる．

化学ポテンシャル μ には (6.55) の制限があるために $e^{-\beta\mu} \geq 1$ である．いま，β を正のある値に固定すると，$e^{\beta(\varepsilon-\mu)}$ は $\mu=0$ で $e^{\beta\varepsilon}$，$\mu \to -\infty$ で $+\infty$ となる．したがって，(6.56) の $N'(T,\mu)$ は

$$N'(T,\mu) \to \begin{cases} \displaystyle\int_0^\infty \frac{\rho(\varepsilon)}{e^{\beta\varepsilon}-1} d\varepsilon & (\mu=0) \\ 0 & (\mu \to -\infty) \end{cases} \qquad (6.57)$$

という制限を受ける．ここで，(6.56) で $\mu=0$ とした場合の粒子数として，

$$N'(T) = \int_0^\infty \frac{\rho(\varepsilon)}{e^{\beta\varepsilon} - 1} d\varepsilon \tag{6.58}$$

とおくと，理想フェルミ気体の場合と同じように定義した理想ボース気体の粒子数 (6.56) は，(6.57) より

$$0 \le N'(T, \mu) \le N'(T) \tag{6.59}$$

という範囲内に制限されることになる.

　そこで，上限の $N'(T)$ がどれくらいになるか，具体的に求めてみよう. $e^{\beta\varepsilon} > 1$, したがって $e^{-\beta\varepsilon} < 1$ であること，および (6.35) を考慮すると，(6.58) は

$$\begin{aligned}
N'(T) &= \rho_0 \int_0^\infty \frac{\varepsilon^{1/2}}{e^{\beta\varepsilon} - 1} d\varepsilon = \rho_0 \int_0^\infty \frac{\varepsilon^{1/2} e^{-\beta\varepsilon}}{1 - e^{-\beta\varepsilon}} d\varepsilon \\
&= \rho_0 \int_0^\infty \varepsilon^{1/2} e^{-\beta\varepsilon} (1 + e^{-\beta\varepsilon} + e^{-2\beta\varepsilon} + \cdots) d\varepsilon = \rho_0 \sum_{n=1}^\infty \int_0^\infty \varepsilon^{1/2} e^{-n\beta\varepsilon} d\varepsilon \\
&= \rho_0 \sum_{n=1}^\infty (n\beta)^{-3/2} \int_0^\infty t^{1/2} e^{-t} dt = \rho_0 \beta^{-3/2} \Gamma\left(\frac{3}{2}\right) \sum_{n=1}^\infty n^{-3/2} \\
&= \frac{\sqrt{\pi}}{2} \rho_0 (k_B T)^{3/2} \zeta\left(\frac{3}{2}\right) = g V \left(\frac{2\pi m k_B T}{h^2}\right)^{3/2} \zeta\left(\frac{3}{2}\right)
\end{aligned} \tag{6.60}$$

となることがわかる. ここで，ε による積分を $n\beta\varepsilon = t$ として t による積分に変換し，その結果現れた積分が，(2.18) で定義したガンマ関数の $\Gamma(3/2) = (1/2)\Gamma(1/2) = \sqrt{\pi}/2$ であることを使った. また，最後の結果には，(6.35) から得られる ρ_0 の表式を代入した.

　なお，ζ は

$$\zeta(\sigma) = \sum_{n=1}^\infty n^{-\sigma} = 1 + \frac{1}{2^\sigma} + \frac{1}{3^\sigma} + \cdots \tag{6.61}$$

で定義されるリーマンのツェータ関数であり，

$$\zeta\left(\frac{3}{2}\right) = 1 + \frac{1}{2^{3/2}} + \frac{1}{3^{3/2}} + \cdots \cong 2.612 \tag{6.62}$$

であることが知られている.

　(6.56) で与えられる粒子数 $N'(T, \mu)$ の上限値は (6.59) より $N'(T)$ であり，(6.60) において $T = 0$ とすると，$N'(T) = 0$ となってしまう. このことからわかるように，温度 T が低くなると，$N'(T)$ が減少し，系の与えら

6.4 理想ボース気体とボース‐アインシュタイン凝縮　　　151

れた粒子数 N より小さくなることが可能となる．そうなると，両者の差 $N - N'(T)$ の分の粒子は一体どうなるのかという，重大な問題が生じる．

ここで思い出さなければならないのは，ボース統計の場合，1つの状態を占める粒子数に制限がないことである．すなわち，低温になって (6.58) から得られる粒子数 $N'(T)$ が系の粒子数 N より少なくなると，その差の粒子数 $N_0(T) = N - N'(T)$ が $\varepsilon = 0$ の状態（**基底状態**という）に落ち込むと考えればよい．

このようなことが許されるのが，ボース統計がフェルミ統計と違う最も重要な特徴であり，(6.59) からわかるように，$N_0(T)$ は系の粒子数 N に匹敵する巨視的な量である．したがって，この現象は，基底状態 $\varepsilon = 0$ に巨視的な数の粒子が落ち込むという意味で一種の凝縮現象とみなされ，**ボース凝縮**，あるいはボース統計の特徴からいち早くこの現象に気付いたアインシュタインにちなんで，**ボース‐アインシュタイン凝縮**とよばれている．

逆に高温になり，(6.58) で与えられる $N'(T)$ が，系の粒子数 N より大きくなった場合 $(N'(T) > N)$ を考えてみよう．この場合には，フェルミ粒子の場合と同じ形の (6.56) で与えられる $N'(T, \mu)$ が N に等しくなるような，温度 T および化学ポテンシャル μ をもつ熱平衡状態 $(N'(T, \mu) = N < N'(T))$ が必ず存在する．その状態から温度 T を下げていくと，(6.58) より $N'(T)$ が減少し，

$$N'(T, \mu) = N = N'(T)$$

が成り立つような臨界的な温度 T_c が存在する．このとき，(6.56) が (6.58) に一致しなければならないことから，$T = T_c$ で $\mu = 0$ となることもわかる．すなわち，

$$N = N'(T_c) = \frac{\sqrt{\pi}}{2} \rho_0 (k_B T_c)^{3/2} \zeta\left(\frac{3}{2}\right) = g V \left(\frac{2\pi m k_B T_c}{h^2}\right)^{3/2} \zeta\left(\frac{3}{2}\right)$$

$$(6.63)$$

より臨界温度 T_c が決まり，

$$T_c = \frac{h^2}{2\pi m k_B} \left\{\frac{n}{g \zeta\left(\frac{3}{2}\right)}\right\}^{2/3} \tag{6.64}$$

と表される．ここで，$n = N/V$ は理想ボース気体の数密度である．そして，臨界温度 T_c より低い温度 $T(<T_c)$ ではボース凝縮が起こり，巨視的な数 $N_0(T)$ の粒子が基底状態に落ち込んで凝縮することになる．

上に述べたように，臨界温度 $T = T_c$ で化学ポテンシャルは $\mu = 0$ となる．それでは，臨界温度より低い温度 $T(<T_c)$ で化学ポテンシャル μ はどうなるのであろうか．それを調べるために，(6.54) で基底状態 ($\varepsilon = 0$) に限りなく近いエネルギーでの分布関数 $f(\varepsilon) = 1/\{e^{(\varepsilon-\mu)/k_B T} - 1\}$ の温度変化に対する振る舞いを考察してみよう．

まず，(6.55) から $-\mu \geq 0$ であることに注意する．そして，温度 T の上昇とともに基底状態のごく近くにある粒子はより高いエネルギー状態に励起されて，その数は減少することにも注意しよう．すなわち，$f(\varepsilon)$ は $\varepsilon = 0$ の近くで温度の減少関数である．そのためには，$-\mu(\geq 0)$ が温度 T の上昇以上の速さで増加しなければならない．しかし，$T = T_c$ ですでに $\mu = 0$ であることを考えると，

$$\mu = 0 \quad (T \leq T_c) \tag{6.65}$$

ということになる．

以上のことを踏まえて，化学ポテンシャルの温度依存性の概要を示したのが，図 6.4(a) である．ただし，図では化学ポテンシャルに負号を付けた $-\mu$ が縦軸になっていることに注意しよう．

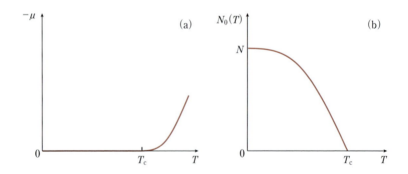

図 6.4 理想ボース気体の化学ポテンシャル (a) と凝縮粒子数 (b) の温度依存性

6.4 理想ボース気体とボース‐アインシュタイン凝縮　　153

例 題 5

$T < T_c$ での凝縮粒子数（基底状態に落ち込んだ粒子の数）$N_0(T)$ は

$$N_0(T) = N\left\{1 - \left(\frac{T}{T_c}\right)^{3/2}\right\} \qquad (6.66)$$

と表されることを示せ.

解　(6.65) より $T < T_c$ で $\mu = 0$ なので, このとき, $\varepsilon > 0$ の励起状態に励起される粒子数は (6.60) の $N'(T)$ で与えられる. したがって, 凝縮粒子数 $N_0(T)$ は全粒子数 N と $N'(T)$ との差で与えられ,

$$\begin{aligned}
N_0(T) &= N - N'(T) = N - gV\left(\frac{2\pi m k_B T}{h^2}\right)^{3/2}\zeta\left(\frac{3}{2}\right) \\
&= N - gV\left(\frac{2\pi m k_B T_c}{h^2}\right)^{3/2}\zeta\left(\frac{3}{2}\right)\left(\frac{T}{T_c}\right)^{3/2} \\
&= N\left\{1 - \left(\frac{T}{T_c}\right)^{3/2}\right\}
\end{aligned}$$

となって, (6.66) が得られる. ここで, 最後の表式への変形に (6.63) を使った.
　$N_0(T)$ を T の関数として概要を描くと, 図 6.4(b) のようになる.

　私たちの比較的身近にあるボース粒子としては ^{4}He（ヘリウム）があり, スピンは 0 なので, 内部自由度は $g = 1$ である. 4.2 K 以下の低温でヘリウム気体は液体ヘリウムになり, さらに低温にすると, 2.18 K 以下で液体ヘリウムは粘性のない**超流動状態**になる. これは系全体が巨視的に 1 つの状態に落ち込むためで, ボース‐アインシュタイン凝縮の状態である.
　試しに, ^{4}He 原子の質量を $4m_p = 6.69 \times 10^{-27}$ [kg]（m_p は陽子の質量で約 1.673×10^{-27} kg）とし, 液体ヘリウムの密度を沸点（$T = 4.2$ [K]）でのそれより少し高めの $\rho = 0.15$ [g·cm^{-3}] として, (6.64) を使って T_c を求めてみると, $T_c \cong 3.17$ [K] が得られ, 液体ヘリウムのボース‐アインシュタイン凝縮の臨界温度 2.18 K に近い値となる. 実際には, 液体ヘリウムは決して理想気体とはみなされず, この一致は偶然かもしれないが, 興味深い結果ではある.
　問 題 6　液体ヘリウムの場合に $T_c \cong 3.17$ [K] であることを, 上記の物性の数値を使って示せ.

154   6. 量子統計力学入門

　理想ボース気体の内部エネルギーや比熱など，他の熱力学的な物理量の計算も理想フェルミ気体と同様に可能であるが，かなり専門的になるので，ここでは割愛する（この話題に興味のある読者は付録 F を参照されたい）．

6.5 量子統計からマクスウェル‐ボルツマン統計へ

　ボース統計，フェルミ統計の量子統計は量子力学を基礎にし，量子力学的な効果（以下，量子効果）を考慮した統計力学である．それに対して，古典統計であるマクスウェル‐ボルツマン統計は，古典力学を基礎にしている．力学の視点では量子力学が古典力学に比べてより基本的な体系をなしており，古典力学は量子力学における量子効果が無視できる極限として導かれる．そうだとすれば，マクスウェル‐ボルツマン統計は量子統計で量子効果がなくなる極限として導かれるはずである．本節では，このことを理想ボース気体，理想フェルミ気体の場合について考えてみよう．

　理想ボース気体，理想フェルミ気体の熱力学的諸量の計算には，ボース分布関数 (6.54) およびフェルミ分布関数 (6.25) より，両者をまとめて，

$$I = \int_0^\infty \frac{a(\varepsilon)\,\rho(\varepsilon)}{e^{\beta(\varepsilon-\mu)} \mp 1} d\varepsilon \tag{6.67}$$

の形の積分が含まれる．ここで，被積分関数の分子にある $a(\varepsilon)$ は問題に応じて適当に選ばれる ε の滑らかな関数であり，$\rho(\varepsilon)$ は (6.35) で与えられる状態密度である．また，上式の被積分関数の分母にある複号は，上の符号がボース統計を，下の符号がフェルミ統計を表すという約束をしておく．

　古典統計ではボース粒子，フェルミ粒子が示す量子効果が消えて，両者の差異がなくなる．ボース統計とフェルミ統計の差異は，(6.67) からもわかるように，分布関数の複号の違いにあり，その差がみえなくなるためには

$$e^{\beta(\varepsilon-\mu)} \gg 1 \tag{6.68}$$

でなければならない．このとき，ボース分布関数，フェルミ分布関数はともに

$$f(\varepsilon) \to e^{-\beta(\varepsilon-\mu)} = Ce^{-\beta\varepsilon}$$

となり，これは確かに，(4.32) に示した古典理想気体のマクスウェル分布である．

6.5 量子統計からマクスウェル‐ボルツマン統計へ

そこで，(6.67) を微小量 $e^{-\beta(\varepsilon-\mu)}(\ll 1)$ で

$$I = \int_0^\infty \frac{a(\varepsilon)\,\rho(\varepsilon)\,e^{-\beta(\varepsilon-\mu)}}{1 \mp e^{-\beta(\varepsilon-\mu)}}\,d\varepsilon = \int_0^\infty a(\varepsilon)\,\rho(\varepsilon)\,e^{-\beta(\varepsilon-\mu)}\{1 \pm e^{-\beta(\varepsilon-\mu)} + \cdots\}\,d\varepsilon$$

と展開し，(6.68) を考慮して展開の 2 項目で打ち切ることにして，古典統計に対する量子効果の補正をみてみよう．すなわち，(6.67) の I を

$$I = e^{\beta\mu}\int_0^\infty a(\varepsilon)\,\rho(\varepsilon)\,e^{-\beta\varepsilon}\,d\varepsilon \pm e^{2\beta\mu}\int_0^\infty a(\varepsilon)\,\rho(\varepsilon)\,e^{-2\beta\varepsilon}\,d\varepsilon \quad (6.69)$$

で近似する．

例えば，系の粒子数 N を (6.69) を使って計算してみよう．そのためには，(6.36) や (6.56) からわかるように，(6.69) で $a(\varepsilon)=1$ とおけばよいので，$\rho(\varepsilon)$ には (6.35) を代入して，

$$\begin{aligned}
N &= e^{\beta\mu}\rho_0\int_0^\infty \varepsilon^{1/2}e^{-\beta\varepsilon}\,d\varepsilon + e^{2\beta\mu}\rho_0\int_0^\infty \varepsilon^{1/2}e^{-2\beta\varepsilon}\,d\varepsilon \\
&= e^{\beta\mu}\rho_0\beta^{-3/2}\int_0^\infty x^{1/2}e^{-x}\,dx + e^{2\beta\mu}\rho_0(2\beta)^{-3/2}\int_0^\infty x^{1/2}e^{-x}\,dx \\
&= e^{\beta\mu}\rho_0\beta^{-3/2}\Gamma\left(\frac{3}{2}\right)(1 \pm 2^{-3/2}e^{\beta\mu}) \quad (6.70)
\end{aligned}$$

が得られる．ここで，ガンマ関数 $\Gamma(s)$ の定義 (2.18) を使った．上式の複号はボース統計とフェルミ統計の違いから生じるので，古典統計が成り立つ条件は

$$e^{\beta\mu} \ll 1 \quad (6.71)$$

ということもできる．

同様にして，系の内部エネルギー E を計算するには，(6.37) からわかるように，(6.69) で $a(\varepsilon)=\varepsilon$ とおけばよく，$\rho(\varepsilon)$ には (6.35) を代入して，E は

$$\begin{aligned}
E &= e^{\beta\mu}\rho_0\int_0^\infty \varepsilon^{3/2}e^{-\beta\varepsilon}\,d\varepsilon \pm e^{2\beta\mu}\rho_0\int_0^\infty \varepsilon^{3/2}e^{-2\beta\varepsilon}\,d\varepsilon \\
&= e^{\beta\mu}\rho_0\beta^{-5/2}\int_0^\infty x^{3/2}e^{-x}\,dx \pm e^{2\beta\mu}\rho_0(2\beta)^{-5/2}\int_0^\infty x^{3/2}e^{-x}\,dx \\
&= e^{\beta\mu}\rho_0\beta^{-5/2}\Gamma\left(\frac{5}{2}\right)(1 \pm 2^{-5/2}e^{\beta\mu}) \quad (6.72)
\end{aligned}$$

と計算される．

古典統計での比 E/N は (4.30) で与えられており，これは古典力学的な理

想気体に対してよく知られている．そこで，上の結果を使って，この比 E/N に対する量子効果の補正を調べてみよう．(6.70) と (6.72) より計算すると，この比 E/N は

$$
\frac{E}{N} = \frac{e^{\beta\mu}\rho_0\beta^{-5/2}\Gamma\left(\frac{5}{2}\right)(1 \pm 2^{-5/2}e^{\beta\mu})}{e^{\beta\mu}\rho_0\beta^{-3/2}\Gamma\left(\frac{3}{2}\right)(1 \pm 2^{-3/2}e^{\beta\mu})} = \frac{3}{2}k_\mathrm{B}T\frac{(1 \pm 2^{-5/2}e^{\beta\mu})}{(1 \pm 2^{-3/2}e^{\beta\mu})}
$$

$$
\cong \frac{3}{2}k_\mathrm{B}T(1 \mp 2^{-5/2}e^{\beta\mu}) \tag{6.73}
$$

となる．ここで，ガンマ関数の性質 (2.19) より $\Gamma(5/2) = (3/2)\Gamma(3/2)$ を使った．

(6.73) において，(6.71) を考慮して量子効果をすっかり無視した近似では，確かに古典統計の結果

$$
E = \frac{3}{2}Nk_\mathrm{B}T \tag{6.74}
$$

が再現される．粒子数についても，(6.70) でこの近似を使うと，

$$
N = e^{\beta\mu}\rho_0\beta^{-3/2}\Gamma\left(\frac{3}{2}\right) = e^{\beta\mu}2\pi gV\left(\frac{2m}{h^2}\right)^{3/2}(k_\mathrm{B}T)^{3/2}\frac{\sqrt{\pi}}{2} = gVe^{\beta\mu}\left(\frac{2\pi mk_\mathrm{B}T}{h^2}\right)^{3/2}
$$

となり，化学ポテンシャル μ は，この近似で

$$
e^{\beta\mu} = \frac{N}{gV}\left(\frac{h^2}{2\pi mk_\mathrm{B}T}\right)^{3/2} \tag{6.75}
$$

より求められる．

(6.75) の右辺のカッコ内にある量は，量子力学において粒子が示す波動性に現れるド・ブロイ波長を思い起こさせる．実際，

$$
\lambda_\mathrm{T} = \left(\frac{h^2}{2\pi mk_\mathrm{B}T}\right)^{1/2} \tag{6.76}
$$

を定義すると，ド・ブロイ波長に含まれる粒子の運動エネルギーを粒子の熱エネルギー $k_\mathrm{B}T$ に置き換えたものに相当し，**熱的ド・ブロイ波長**とよばれている．

古典統計が成り立つ条件 (6.71) に (6.75) を代入し，熱的ド・ブロイ波長 λ_T を使って整理すると，

$$\lambda_{\mathrm{T}} \ll \left(\frac{gV}{N}\right)^{1/3} \tag{6.77}$$

が得られる．粒子の内部自由度 g は 1 程度の数なので，上式の右辺は $(V/N)^{1/3}$ とおいてよく，これは粒子同士の平均的な間隔 (d) 程度の長さを表す．すなわち，系内の粒子同士の平均的な間隔 d が (6.76) で決まる熱的ド・ブロイ波長 λ_{T} より十分大きければ，古典統計であるマクスウェル - ボルツマン統計を安心して適用することができるというわけである．そのためには，(6.76) と (6.77) より，系が十分稀薄（d が十分大きい）であるか，十分高温（λ_{T} が十分小さい）であればよいことがわかる．

6.6 まとめとポイントチェック

　本章では，系を構成する粒子が量子力学的に振る舞う場合の統計力学について述べた．まず，量子力学の世界では粒子の状態は波動関数で表されるため，同種の粒子は互いに区別がつかない．しかし，古典統計力学でも，ギブスのパラドックスの解決のためにエントロピーの計算にこの点が考慮されたことは，すでに第 3 章で記した通りである．

　量子統計力学でより重要な点は，多粒子系の波動関数の対称性のために，全く性格の違うボース粒子とフェルミ粒子の 2 種類の粒子しかありえないということである．こうして，ボース粒子，フェルミ粒子のそれぞれの粒子の微視的状態数の数え方が全く異なり，そのために，それぞれの熱平衡分布も異なることがわかった．

　例えば，金属の電気伝導性を担う電子は典型的なフェルミ粒子であり，それがフェルミ統計に従うことから，金属の低温での比熱の振る舞いが説明できた．また，液体ヘリウムはある温度以下の低温で超流動性を示すが，これもヘリウム原子がボース粒子であり，ボース統計特有のボース凝縮のためと解釈されることを示した．

　量子力学は，粒子の振る舞いを記述する理論体系としては，古典力学であるニュートン力学より本質的であり，量子力学的な効果が無視できるような極限では古典力学が導かれる．したがって，そのような場合には量子統計力

学から古典統計力学が導かれるはずで，実際，そのことも本章で確かめた．

 ポイントチェック

- ☐ ボース粒子の微視的状態数の計算がわかった．
- ☐ ボース粒子の熱平衡分布の導き方が理解できた．
- ☐ フェルミ粒子の微視的状態数の計算がわかった．
- ☐ フェルミ粒子の熱平衡分布の導き方が理解できた．
- ☐ フェルミ分布とはどのようなものか理解できた．
- ☐ 理想フェルミ気体の低温における熱力学的な量の計算の仕方が理解できた．
- ☐ 金属の低温での比熱の振る舞いが理解できた．
- ☐ ボース粒子の熱平衡分布の導き方が理解できた．
- ☐ ボース分布とはどのようなものか理解できた．
- ☐ ボース – アインシュタイン凝縮とはどのようなものか理解できた．
- ☐ 量子統計からマクスウェル – ボルツマン統計が導かれることがわかった．

1 サイコロの確率・統計 → 2 多粒子系の状態 → 3 熱平衡系の統計 → 4 統計力学の一般的な方法 → 5 統計力学の簡単な応用 → 6 量子統計力学入門 → 7 相転移の統計力学入門

7 相転移の統計力学入門

学習目標

- ・相転移，臨界現象とは何かを理解する．
- ・イジングモデルの特徴と性質を理解する．
- ・平均場近似の考え方を理解する．
- ・ランダウの相転移現象論を説明できるようになる．
- ・臨界指数を平均場近似で計算できるようになる．

　これまでは，統計力学の一般的な方法を説明する場合は別として，多粒子系の具体的な問題を議論する際には，系を構成する粒子の間に相互作用がない，自由粒子系の統計力学的取扱い方を示してきた．そのために，これまでに考えてきたのは，古典統計力学における理想気体にしろ，量子統計力学における理想ボース気体や理想フェルミ気体にしろ，いずれも理想気体を対象とする系であった．しかし，現実の原子・分子の間には相互作用があり，そのような粒子が多数集まって系を構成する場合には，系の温度や圧力などの熱力学的な変数を変えると，同じ1つの物質でも，固体や液体，気体など質的に異なる状態に変化する．同じ物質の質的に異なる状態を相といい，相の間の変化を相転移という．

　液体の水が固体の氷になったり，気体の水蒸気になったりする相転移は，多粒子系における粒子間の相互作用に起因しており，一般には非常に難しい問題である．そこで，ここでは相転移のごく初歩的な統計力学的取扱いについて述べるにとどめることにする．

　まず，常磁性 – 強磁性の相転移を記述し得る最も簡単なモデルとして知られているイジングモデルについて述べ，平均場近似を適用すれば，この相転移が実際に起こることを示す．平均場近似をさらに一般化したランダウの相転移現象論についても解説する．また，相転移点近傍で系の比熱や圧縮率などの物理量が発散したり，滑らかではない変化を示したりする異常な現象がみられることがあり，これを臨界現象という．この臨界現象を特徴づける臨界指数を平均場近似でどのように求めるかについても述べる．

7.1 相転移と臨界現象

物質は巨視的には，一般に気体，液体，固体の状態をとり得ることはよく知られている．これらの定性的に違う状態を**相**ともいい，それぞれ，**気相**，**液相**，**固相**という．例えば，1 atm（1気圧）の下にある液体の水が温度 0℃ (273.15 K) で固化して固体の氷になり，100℃ (373.15 K) で沸騰して気体の水蒸気になることも日常的によく経験することである．このことは，物質を決めて，独立な熱力学的変数として例えば圧力 p と温度 T を選ぶと，p-T 図上で変数がどのような値のときにその物質がどのような状態（相）を示すかという，相の地図を描くことができることを意味する．これを**相図**といい，図 7.1 に水の相図の大まかな様子を示す．

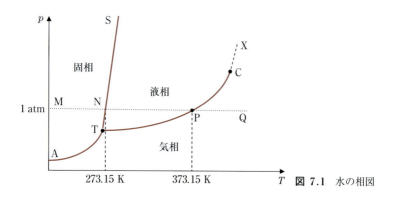

図 7.1 水の相図

図 7.1 で各相の境界上の点は，両側の相が共存する状態を表す．例えば，図で曲線 T–C 上の点 P は液相と気相が共存している状態を表す．水の場合についていえば，図 7.2 (a) で示したように，容器に閉じ込められた液相の水と気相の水蒸気が平衡状態を保って共存している状況を表す点である．また，水が適当な条件下で氷や水蒸気になるように，ある物質の相が温度や圧力などの状態量の変化によって別の相に変わることを**相転移**という．

具体的に，ここでは水について，圧力 p を 1 atm に固定して温度 T を変える場合を考えてみよう．これは図 7.1 で点線 M–N–P–Q に沿って状態を

7.1 相転移と臨界現象

変える場合に相当する．低温部の M–N では固相の氷の状態であり，点 N($p=1$ [atm], $T=273.15$ [K]) で固相の氷と液相の水との間の相転移が起こる．この相転移の際に体積が不連続的に変化することもよく知られており，このような相転移を **1 次相転移** という．N–P

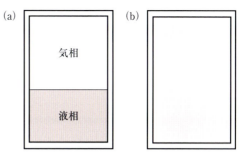

図 7.2 2 相の共存状態 (a) と，相の区別がなくなった状態 (b)

間では液相の水の状態が続き，点 P($p=1$ [atm], $T=373.15$ [K]) で液相の水と気相の水蒸気との間の相転移が起こる．この転移の際にも体積が不連続的に変化し，これも 1 次相転移である．そして，P–Q で気相の水蒸気の状態が続く．

ここで興味深いのは，気相と液相の共存曲線 T–C が点 C で途切れていることである．点 C は液体と気体の区別がつかなくなる状態を表す点で，一般に **臨界点** とよばれる．例えば，図 7.1 で曲線 P–C–X 上で状態を変化させたとき，P–C 上では図 7.2(a) のように 2 相の界面がはっきりみえたのに，点 C では忽然と界面が消え，C–X 上では図 7.2(b) のように界面のない 1 相の状態になるのである．水の臨界点の温度と圧力は，それぞれ 647.3 K, 218.5 atm であり，炭酸ガス（二酸化炭素）では，それぞれ 304.3 K, 73.0 atm であることが知られている．

曲線 P–C–X 上の臨界点 C では，上に述べた 1 次相転移と違って，系の体積は連続的に変化するが，体積の圧力による微分に相当する圧縮率は，臨界点 C で不連続的に変化する．このような転移を **2 次相転移** という．鉄がキュリー点 $T_c = 770$ [℃] で，それより高温での常磁性状態から，それより低温での強磁性状態に変化するのも，2 次相転移である．2 次相転移の臨界点の近くでは，圧縮率や比熱，磁化率などが発散するなどの異常がみられる．このような臨界点近傍での異常な現象を，一般に **臨界現象** という．

また，図 7.1 で点 T は，気相，液相，固相の 3 つの相が共存する状態で，

3 重点とよばれる．水の場合，氷，水，水蒸気が熱平衡で共存する状態であり，その温度は $T = 273.16\,[\mathrm{K}]\,(= 0.01\,[℃])$，圧力は $p = 611\,[\mathrm{Pa}]$ である．1 atm は $101325\,[\mathrm{Pa}] = 1013.25\,[\mathrm{hPa}]$ であることに注意しよう．水の3重点の温度は，温度の定点（温度目盛りの基準となる温度）として使われる．

7.2 イジングモデル

　身近にある鉄は自発的に磁化を示し，磁石となる典型的な強磁性体である．強磁性体の自発磁化を考えるための簡単なモデルとしてよく使われるものに**イジングモデル**がある．これは N 個のスピン（6.3.1項で述べた，粒子の量子力学的な内部自由度の1つ）が格子状に整列していて，定められた向き（上向きとよぼう）およびその反対向き（下向き）の2つの向きだけをとり，最近接のスピン同士だけに相互作用があるとするモデルである．

　図7.3に，2次元正方格子の格子点上に並ぶスピンの様子を矢印で模式的に描いた．例えば，N 個あるスピンのうちの半数以上が上向きであれば，この系は上向きに磁性をもつ**強磁性状態**にあるといい，上向きと下向きのスピンがほぼ同数であれば，**常磁性状態**にあるということができる．イジングモデルは，強磁性-常磁性相転移を議論するための最も簡単なモデルである．

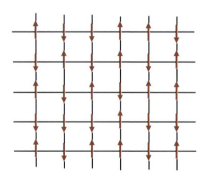

図 7.3　2次元正方格子のイジングモデル

　いま，$i (= 1, 2, \cdots, N)$ 番目の格子点上のスピンを表す変数を σ_i とし，スピンの上向きまたは下向きに応じて，σ_i は $+1$ または -1 の値をとるものとする．また，最近接スピン間の相互作用エネルギーは $-J\sigma_i\sigma_j$（J は最近接にあるスピンの対の相互作用エネルギーを表す定数）と表されるものとすると，$J > 0$ のときに隣り合うスピン σ_i と σ_j とが同じ向きをとる（$\sigma_i\sigma_j = +1$）と相互作用エネルギーが負となり，

7.2 イジングモデル

エネルギーを下げて系を安定させることになる。したがって、$J > 0$は強磁性的な相互作用を表すことになる。それに対して、$J < 0$では隣り合うスピンσ_iとσ_jとが逆向き$(\sigma_i\sigma_j = -1)$のときに相互作用エネルギーが負となって系を安定させる傾向をもつので、$J < 0$は隣り合うスピンが逆向きに並ぼうとする反強磁性的な相互作用を表す。

さらに、各々のスピンは磁気モーメントμをもち、スピンの定められた方向 (図 7.3 では図の上下方向) に外部磁場Hがかかると、スピンσ_iは$-\mu H\sigma_i$だけの磁場によるエネルギーをもつものとしよう。このとき、系のエネルギーEは

$$E = -J \sum_{\langle i,j \rangle} \sigma_i\sigma_j - \mu H \sum_i \sigma_i \tag{7.1}$$

と表される。ここで、$\sum_{\langle i,j \rangle}$はすべての最近接の対について和をとることを表す。ここでは相互作用するスピンが同じ向きをとるときに、エネルギー的により安定になるように、$J > 0$とする。(7.1) が、イジングモデルで強磁性 - 常磁性相転移を考える際の出発点となるエネルギーの表式である。

磁場がかかっていない場合 $(H = 0)$ には、(7.1) は

$$E = -J \sum_{\langle i,j \rangle} \sigma_i\sigma_j \tag{7.2}$$

となり、σ_iやσ_jは± 1の値をとるだけなので、一見、(7.2) を基礎にして分配関数を求めることはそれほど難しいように思えないかもしれない。ところが、1次元の場合には初歩的な計算で何とかなるが、2次元では途端に難しくなり、1944年にオンサーガーが初めて厳密解を求めた。そして3次元の場合には、未だに解が求められていない。このことからも、粒子間に相互作用が入った多粒子系の統計力学がいかに難しい問題であるかがわかるであろう。

そこで、粒子間に相互作用がある場合の統計力学的取扱いの感触を得るために、1次元のイジングモデルを概観しておこう。

N個のスピンが直線状に等間隔で並んでいる場合の系のエネルギーは、磁場がないときには (7.2) より、

164　　　　　　　　　　7. 相転移の統計力学入門

$$E = -J \sum_{i=1}^{N} \sigma_i \sigma_{i+1} \tag{7.3}$$

と表される．ただし，このままだと端の $i = 1$ と N の場合に相手がいなくてバランスが崩れるので，立方体の容器に入った自由粒子の状態数を調べたときと同じように，周期的境界条件を適用する．

　すなわち，N 個のスピンが乗っている線分が左右にずっと続くと考え，端の $i = N$ のスピンは隣の $i = 1$ のスピンと相互作用するとみなすのである．あるいは，N 個のスピンが乗っている線分をぐるりとリング状にして，$i = N$ のスピンの隣に $i = 1$ のスピンが来るようにしたとみてもよい．N が十分大きいときには，両端を結んだ効果が無視できることは，容易に想像できるであろう．

　このとき，このスピン系の分配関数 Z は (4.41) より，各々のスピン変数 σ_i が ± 1 の値をとることを考慮して，

$$Z = \sum_{\sigma_1, \sigma_2, \cdots, \sigma_N = \pm 1} e^{\beta J \sum_{i=1}^{N} \sigma_i \sigma_{i+1}} = \sum_{\sigma_1, \sigma_2, \cdots, \sigma_N = \pm 1} \prod_{i=1}^{N} e^{\beta J \sigma_i \sigma_{i+1}} \tag{7.4}$$

と表される．ところで，上式の指数関数の肩に乗っている $\sigma_i \sigma_{i+1}$ は ± 1 の値をとるだけなので，この指数関数は

$$e^{\beta J \sigma_i \sigma_{i+1}} = \cosh \beta J + \sigma_i \sigma_{i+1} \sinh \beta J \tag{7.5}$$

と表されることがわかる（[問題 1] を参照）．そして，この式を用いて (7.4) を丁寧に計算すると，

$$Z = 2^N (\cosh^N \beta J + \sinh^N \beta J) \tag{7.6}$$

が得られる（この計算に興味のある読者は付録 G を参照）．

　問題 1　(7.5) が成り立つことを示せ．[ヒント：$\sigma_i \sigma_{i+1}$ が $+1$ と -1 のそれぞれの場合に分けて考えてみよ．]

　ところで，$\cosh \beta J$ と $\sinh \beta J$ の比をとると，

$$\frac{\sinh \beta J}{\cosh \beta J} = \frac{e^{\beta J} - e^{-\beta J}}{e^{\beta J} + e^{-\beta J}} < 1 \qquad (\beta J \neq 0)$$

なので，スピンの数 N がアボガドロ定数 N_A のような巨視的な数の場合には，$\cosh^N \beta J \gg \sinh^N \beta J$ となる．したがって，(7.6) の右辺のカッコ内の第 2 項

は無視ができて，分配関数は

$$Z = 2^N \cosh^N \beta J \tag{7.7}$$

とおくことができる．

このように分配関数が得られたので，これよりヘルムホルツの自由エネルギーなどの熱力学的な諸量が求められる．特に，(4.46) より系の内部エネルギー E は

$$E = -\frac{\partial}{\partial \beta} \log Z = -\frac{1}{Z} \frac{\partial Z}{\partial \beta} = -\frac{1}{2^N \cosh^N \beta J} \cdot 2^N N \cosh^{N-1} \beta J \cdot J \sinh \beta J$$

$$= -NJ \tanh \beta J \tag{7.8}$$

と表されるので，系の定積モル比熱 C_V は

$$C_V = \left(\frac{\partial E}{\partial T} \right)_V = \frac{d\beta}{dT} \frac{\partial E}{\partial \beta} = -k_B \beta^2 \left(-\frac{N_A J^2}{\cosh^2 \beta J} \right) = N_A k_B \frac{(\beta J)^2}{\cosh^2 \beta J} \tag{7.9}$$

となる．ただし，系の体積 V ははじめから一定としているので，上の微分で V のことを気にする必要はない．

ここまでの計算で得られた 1 次元のイジングモデルの厳密解によれば，特に比熱の表式 (7.9) は温度の全域で滑らかな関数で表されており，どこにも異常は現れない．すなわち，1 次元のイジングモデルでは相転移は起こらない．しかし，2 次元のイジングモデルではオンサーガーが厳密解を求めており，それによると，ある有限温度で相転移が起こることがわかっている．

7.3 平均場近似

前節でも少し述べたように，粒子間に相互作用があるときは，分配関数を厳密に計算するのは非常に困難である．他方で，粒子間に相互作用があるのは普通に考えれば当たり前であり，それがなければ，例えば気体である水蒸気が凝結して水になったり，さらには水分子が格子状に整列して固体の氷になることはあり得ない．このことを考えると，相互作用のある多粒子系の統計力学が非常に重要であることがわかるであろう．

このような困難に直面して，それを曲がりなりにも打開する次善の策は，

近似の方法をみつけることであろう．そこで本節では，近似法の中でも特に簡単で汎用性の広い平均場近似をとり上げ，それを前節で紹介したイジングモデルに適用してみよう．

あるスピンが隣のスピンとだけ最近接相互作用するといっても，当の隣のスピンもその隣のスピンと相互作用するし，そのまた隣のスピンもさらに隣のスピンと相互作用するわけで，結局，間接的には元のスピンはすべてのスピンと相互作用することになる．ここに，相互作用がある場合の問題の難しさが潜んでいるのである．

それではどうすればよいか．間接的にしろ，すべてのスピンが作用し合っているのであれば，自分以外はすべて，すべてのスピンがつくる平均的な場の中にあって，スピン変数の平均値 $\langle \sigma \rangle$ をもつと割り切って，系のエネルギー (7.1) を

$$E = -Jz \sum_{i=1}^{N} \sigma_i \langle \sigma \rangle - \mu H \sum_{i=1}^{N} \sigma_i = \sum_{i=1}^{N} E_i \tag{7.10}$$

$$E_i = -Jz \langle \sigma \rangle \sigma_i - \mu H \sigma_i \tag{7.11}$$

とおくのである．ここで z は，ある 1 つのスピンの最近接点の数であり，配位数とよばれる．

(7.1) で i 番目のスピンだけに注目すれば，その最近接のスピン変数 z 個をすべて平均値 $\langle \sigma \rangle$ で置き換えたので，(7.10) の右辺第 1 項のようになるのである．このように近似すれば，系は N 個の独立なスピンの集まりとみなすことになり，これまでの統計力学的な手法を適用することができる．

このように，系の中の 1 個の粒子やスピンだけに注目し，それ以外との相互作用の効果はすべての粒子がつくる平均的な場で表されるとして，相互作用する相手の変数を平均値で置き換える近似を平均場近似，あるいは分子場近似という．この近似法は直観的にわかりやすく，計算が抜本的に簡単になるので，多粒子系の量子力学や統計力学的な問題の基本的な近似法となっている．

ここで 1 個のスピン変数 σ_i の平均値 $\langle \sigma_i \rangle$ を，(7.11) で外部磁場がない ($H = 0$) 場合について，(4.45) より求めてみよう．まず，スピンが 1 個の場合の分配関数 Z_1 は

7.3 平均場近似

$$Z_1 = \sum_{\sigma_i = \pm 1} e^{-\beta E_i} = e^{\beta J z \langle \sigma \rangle} + e^{-\beta J z \langle \sigma \rangle} \tag{7.12}$$

で与えられる．したがって，平均値 $\langle \sigma_i \rangle$ は

$$\langle \sigma_i \rangle = \frac{\sum_{\sigma_i = \pm 1} \sigma_i e^{-\beta E_i}}{Z_1} = \frac{e^{\beta J z \langle \sigma \rangle} - e^{-\beta J z \langle \sigma \rangle}}{e^{\beta J z \langle \sigma \rangle} + e^{-\beta J z \langle \sigma \rangle}} = \tanh \beta J z \langle \sigma \rangle$$

となる．

ところで，平均値 $\langle \sigma_i \rangle$ は他のスピンの平均値である $\langle \sigma \rangle$ と等しくなければならないから，上式は

$$\langle \sigma \rangle = \tanh \beta J z \langle \sigma \rangle \tag{7.13}$$

と表される．J と z が定数なので，温度 T (すなわち $\beta = k_\mathrm{B} T$) が与えられていると，(7.13) は平均値 $\langle \sigma \rangle$ を求めるための方程式であることがわかる．はじめに平均値 $\langle \sigma \rangle$ を仮定しておいて，後でそれが入った方程式を導いて，両者が矛盾しないように $\langle \sigma \rangle$ を決定するという意味で，(7.13) のような方程式を**自己無撞着方程式**といい，この方法を使えば平均値 $\langle \sigma \rangle$ を決定できるのが平均場近似の強みの1つである．

(7.13) の解は簡単には得られないので，図を描いて解の様子を調べてみることにしよう．図 7.4 のように，縦軸を y 軸に，横軸を $\langle \sigma \rangle$ 軸にして，曲線 $y = \tanh \beta J z \langle \sigma \rangle$ と直線 $y = \langle \sigma \rangle$ との交点を求めようという方針である．ここでのポイントは，曲線 $y = \tanh \beta J z \langle \sigma \rangle$ の原点 O での接線の傾きが $\beta J z$ であることに注目して，$\beta J z < 1$ の場合には，この曲線と直線 $y = \langle \sigma \rangle$ との

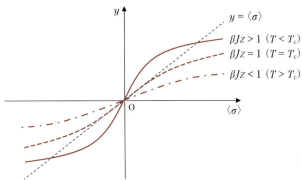

図 **7.4** 方程式 (7.13) の解の様子

交点は原点 O，すなわち $\langle \sigma \rangle = 0$ だけであるが，$\beta Jz > 1$ の場合には原点 O 以外に，それを挟んで対称的に正負に 2 つの交点があることである．すなわち，$\beta Jz > 1$ の場合には (7.13) の解は 3 つあり，$\beta Jz = 1$ が解の数が 1 と 3 の間の分岐点となる．そこで，この分岐点の温度を T_c とすると，$\beta = 1/k_B T$ より

$$T_c = \frac{Jz}{k_B} \tag{7.14}$$

となる．後でわかるように，これが平均場近似でのイジングモデルの相転移温度である．

こうして得られた $\langle \sigma \rangle$ の値を縦軸に，温度 T を横軸にプロットすると，図 7.5 のようになる．図のように，$T > T_c$ では $\langle \sigma \rangle = 0$ が唯一の解であり，これは上向きスピンと下向きスピンがほぼ同数で，系が常磁性的な状態になることを表す．これに対して，$T < T_c$ では $\langle \sigma \rangle \neq 0$ となる強磁性的な状態が出現する．このとき，$\langle \sigma \rangle = 0$ の状態もあるが，これは熱力学的に不安定であることが知られており，図では破線で示されている．

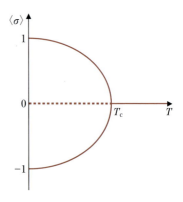

図 7.5 平均場近似によって得られたスピン変数の平均値 $\langle \sigma \rangle$

このように，$T > T_c$ ではスピンの向きがバラバラで，$\langle \sigma \rangle = 0$ の無秩序な状態（**無秩序相**という）にあるが，$T = T_c$ で相転移が起こり，$T < T_c$ では上向きまたは下向きスピンのどちらかが他方より多くなって，$\langle \sigma \rangle \neq 0$ の秩序のある状態（**秩序相**という）が自発的に現れる．そこで，この自発磁化を $\langle \sigma \rangle_s$ と記すことにしよう．

このとき，$\langle \sigma \rangle_s$ は秩序相と無秩序相を区別する量なので，一般に**秩序変数**（オーダーパラメータ）という．また，$T > T_c$ では平均としてスピンの向きが定まっていないという意味で，系は対称性が高い状態にあるが，$T < T_c$ では平均として上向きまたは下向きが優勢で，どちらかに偏った状態にあるという意味で，この状態は対称性が低い．対称性の低い 2 つの状態のうち

7.4 ランダウの相転移現象論　　　　169

どちらになるかは決まらないが，いずれにしても，この相転移によって対称性の高い状態から低い状態に変化するので，これを**自発的対称性の破れ**という．

7.4　ランダウの相転移現象論

　平均場近似での系のエネルギー (7.10) を平均すれば，この近似での系の内部エネルギーが得られる．ただし，このとき，単純に (7.10) の中間の式の第 1 項にある σ_i を $\langle\sigma\rangle$ で置き換えるわけにはいかない．なぜならば，自分が相互作用する相手を数えるのと，相手が自分を数えるのと，2 重に数えることになるからで，そのため，2 で割らなければならない．こうして，平均場近似での系の内部エネルギー E は，磁場がないとき，

$$E = -\frac{1}{2}NJz\langle\sigma\rangle^2 \tag{7.15}$$

と表されることになる．

　他方，(3.27) より系のエントロピー S は，$N_\uparrow$ 個の上向きスピンと $N_\downarrow$ 個の下向きスピンを N 個の格子点に配置する場合の数，すなわち，この場合の微視的状態数 $W = N!/N_\uparrow!N_\downarrow!$ の対数にボルツマン定数 k_B を掛けたもので表されるので，

$$S = k_\mathrm{B}\log\left(\frac{N!}{N_\uparrow!N_\downarrow!}\right) \tag{7.16}$$

となる．

例題 1

　系のエントロピーを平均値 $\langle\sigma\rangle$ で表すと，

$$S = \frac{1}{2}Nk_\mathrm{B}\{2\log 2 - (1+\langle\sigma\rangle)\log(1+\langle\sigma\rangle) - (1-\langle\sigma\rangle)\log(1-\langle\sigma\rangle)\} \tag{7.17}$$

となることを示せ．

解 $N = N_\uparrow + N_\downarrow$ および $N\langle\sigma\rangle = N_\uparrow - N_\downarrow$ であることから，$N_\uparrow = (N/2)(1+\langle\sigma\rangle)$，$N_\downarrow = (N/2)(1-\langle\sigma\rangle)$ が導かれるので，これを (7.16) に代入して付録 B の

スターリングの公式 (B.3) を用いると，エントロピー S は

$$S = k_B(\log N! - \log N_\uparrow! - \log N_\downarrow!)$$
$$= k_B\{(N\log N - N) - (N_\uparrow\log N_\uparrow - N_\uparrow) - (N_\downarrow\log N_\downarrow - N_\downarrow)\}$$
$$= k_B(N\log N - N_\uparrow\log N_\uparrow - N_\downarrow\log N_\downarrow)$$
$$= k_B\Big[N\log N - \frac{N}{2}(1+\langle\sigma\rangle)\log\Big\{\frac{N}{2}(1+\langle\sigma\rangle)\Big\} - \frac{N}{2}(1-\langle\sigma\rangle)\log\Big\{\frac{N}{2}(1-\langle\sigma\rangle)\Big\}\Big]$$
$$= \frac{1}{2}Nk_B\{2\log 2 - (1+\langle\sigma\rangle)\log(1+\langle\sigma\rangle) - (1-\langle\sigma\rangle)\log(1-\langle\sigma\rangle)\}$$

となって，(7.17) が得られる．

以上により，ヘルムホルツの自由エネルギー $F = E - TS$ は，(7.15) を使って

$$F = F_0 - \frac{1}{2}NJz\langle\sigma\rangle^2 + \frac{1}{2}Nk_BT\{(1+\langle\sigma\rangle)\log(1+\langle\sigma\rangle) + (1-\langle\sigma\rangle)\log(1-\langle\sigma\rangle)\}$$

$$\tag{7.18}$$

と表される．ここで，F_0 は秩序変数 $\langle\sigma\rangle$ によらない項を表す．熱平衡状態での $\langle\sigma\rangle$ は自由エネルギーを最小にするように決まるので，(7.18) を $\langle\sigma\rangle$ で微分して 0 とおくことで (7.13) が再現できる．

<u>問題 2</u>　(7.18) から (7.13) が得られることを確かめよ．

次に，秩序変数 $\langle\sigma\rangle$ が微小な場合について，系の自由エネルギー F を求めてみよう．このとき，(7.18) の F を $\langle\sigma\rangle$ についてテイラー展開すると，$\log(1+x) = x - x^2/2 + x^3/3 - x^4/4 + \cdots$ を用いて，

$$F = F_0 - \frac{1}{2}NJz\langle\sigma\rangle^2$$
$$+ \frac{1}{2}Nk_BT\Big\{(1+\langle\sigma\rangle)\Big(\langle\sigma\rangle - \frac{\langle\sigma\rangle^2}{2} + \frac{\langle\sigma\rangle^3}{3} - \frac{\langle\sigma\rangle^4}{4} + \cdots\Big)$$
$$- (1-\langle\sigma\rangle)\Big(\langle\sigma\rangle + \frac{\langle\sigma\rangle^2}{2} + \frac{\langle\sigma\rangle^3}{3} + \frac{\langle\sigma\rangle^4}{4} + \cdots\Big)\Big\}$$
$$= F_0 - \frac{1}{2}NJz\langle\sigma\rangle^2 + \frac{1}{2}Nk_BT\Big(\langle\sigma\rangle^2 + \frac{1}{6}\langle\sigma\rangle^4 + \cdots\Big)$$
$$= F_0 + \frac{1}{2}Nk_B(T - T_c)\langle\sigma\rangle^2 + \frac{1}{12}Nk_BT\langle\sigma\rangle^4 + \cdots \tag{7.19}$$

7.4 ランダウの相転移現象論

となる.ただし,上の最後の式の変形で (7.14) を用いた.

ここでは $\langle\sigma\rangle$ が微小である場合を考えているので,展開は $\langle\sigma\rangle$ の 4 次までで止めておいて,$\langle\sigma\rangle$ の 4 次関数

$$F = F_0 + \frac{1}{2}Nk_{\rm B}(T-T_{\rm c})\langle\sigma\rangle^2 + \frac{1}{12}Nk_{\rm B}T\langle\sigma\rangle^4 \qquad (7.20)$$

の性質を調べてみよう.

$F - F_0$ を縦軸に,$\langle\sigma\rangle$ を横軸にして,いろいろな温度で (7.20) をプロットしたのが図 7.6 である.$T > T_{\rm c}$ では (7.20) の $\langle\sigma\rangle^2$ の係数が正であり,曲線 $F - F_0$ は下に凸であって,$\langle\sigma\rangle = 0$ のときに自由エネルギー F が最小となる.すなわち,自発磁化 $\langle\sigma\rangle_{\rm s}$ はない.実際,(7.20) を $\langle\sigma\rangle$ で微分して,それが 0 となることから自発磁化を求めると,

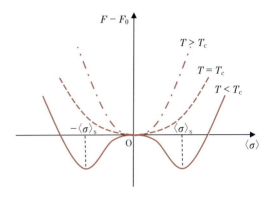

図 7.6 平均場近似によるヘルムホルツの自由エネルギー

$$\frac{\partial F}{\partial \langle\sigma\rangle} = Nk_{\rm B}(T-T_{\rm c})\langle\sigma\rangle + \frac{1}{3}Nk_{\rm B}T\langle\sigma\rangle^3 = 0$$

より,$\langle\sigma\rangle_{\rm s} = 0$ しか実数の解がない.

$T = T_{\rm c}$ では $F - F_0$ の $\langle\sigma\rangle$ の 2 次の項がなくなるので,その曲線は原点付近でかなりフラットなのが特徴である.それでも曲線 $F - F_0$ の最小は $\langle\sigma\rangle = 0$ のところで起こるので,自発磁化は $\langle\sigma\rangle_{\rm s} = 0$ である.一方,$T < T_{\rm c}$ では $F - F_0$ の $\langle\sigma\rangle$ の 2 次の項が負になり,原点付近では 4 次の項は $\langle\sigma\rangle$ が小さいので無視できて,曲線 $F - F_0$ は原点付近で上に凸になる.しかし,$\langle\sigma\rangle$ が大きくなると 4 次の項が効いてきて,その係数が正なので,結局,曲線 $F - F_0$ は図 7.6 の $T < T_{\rm c}$ の場合の曲線のようになる.

ここでのポイントは,$\pm\langle\sigma\rangle_{\rm s}(\neq 0)$ の 2 点で極小になることである.また,

$\langle\sigma\rangle = 0$ では極大となり，これは熱力学的に不安定であって，これが図7.5で破線で示したゆえんである．

(7.20) より自発磁化を求めてみると，

$$\frac{\partial F}{\partial \langle\sigma\rangle} = -Nk_{\mathrm{B}}(T_{\mathrm{c}} - T)\langle\sigma\rangle + \frac{1}{3}Nk_{\mathrm{B}}T\langle\sigma\rangle^3 = 0$$

から，

$$\langle\sigma\rangle_{\mathrm{s}} = \pm\sqrt{\frac{3}{T}}(T_{\mathrm{c}} - T)^{1/2} \cong \pm\sqrt{\frac{3}{T_{\mathrm{c}}}}(T_{\mathrm{c}} - T)^{1/2} \qquad (T < T_{\mathrm{c}})$$

(7.21)

が得られる．ただし，上式は $\langle\sigma\rangle$ が微小であるとして導いたものであることに注意しなければならない．すなわち，この式は相転移点 $T = T_{\mathrm{c}}$ の近傍で正しい式なのである．そこで，(7.21) の最後の式の $\sqrt{}$ の中の T を T_{c} に置き換えた．

(7.21) が，図7.6における $T < T_{\mathrm{c}}$ の場合の曲線の極小の位置を与える式となる．また，図7.6の曲線の極小の位置が温度とともにどのように変化するかで，自発的対称性の破れがどのように起こるかが実感できるであろう．

ここで秩序変数をこれまでの $\langle\sigma\rangle$ から，より一般的に m とおき，(7.19) のように自由エネルギー F を m で展開すると，

$$F = F_0 + Am^2 + Bm^4 + Cm^6 + \cdots \qquad (7.22)$$

が得られる．一般的には m の奇数項があってもよいが，イジングモデルのように，(7.3) ですべてのスピン変数 σ_i を $-\sigma_i$ に変えても系のエネルギーは変わらない．そこで，このような場合を念頭において，(7.22) では偶数項だけにしてある．(7.22) の右辺の m^2 の係数 A を (7.19) や (7.20) のように

$$A = a(T - T_{\mathrm{c}}) \qquad (a > 0) \qquad (7.23)$$

とおき，$B > 0$ とすれば，図7.6を含めて (7.19) から (7.21) に至るこれまでの相転移の議論がそのまま適用できることがわかるであろう．

例えば，(7.23) を (7.22) に代入して，$\partial F/\partial m = 0$ から熱平衡状態での秩序変数 m を求めると，

7.5 臨界現象と臨界指数

$$m^2 = \frac{a}{2B}(T_c - T), \qquad \therefore \quad m = \pm\sqrt{\frac{a}{2B}}(T_c - T)^{1/2} \qquad (T < T_c) \tag{7.24}$$

が得られる．これがイジングモデルの場合の (7.21) に対応することは直ちにわかるであろう．さらに，磁場などの外場 H によるエネルギーが (7.1) のように表される場合には，(7.22) に外場の項 $-N\mu Hm$ を加えて，

$$F = F_0 - N\mu Hm + a(T - T_c)m^2 + Bm^4 + Cm^6 + \cdots \tag{7.25}$$

とおけばよい．

(7.25) を基礎にして相転移を現象論的に議論する枠組みを，**ランダウの相転移現象論**という．これまでにみてきたように，$B > 0$ とすれば 2 次相転移の平均場近似の結果が再現できるだけでなく，$B < 0$ で $C > 0$ とすれば，1 次相転移も現象論的に議論できることを付記しておく．ランダウの相転移現象論は，平均場近似の本質を見抜き，それを一般化したものとみることができる．

ここはポイント!

7.5 臨界現象と臨界指数

2 次相転移の相転移点 T_c の近傍で比熱が発散するなど，系が示す異常な振る舞いを臨界現象ということは，すでに 7.1 節で述べた．そのため，2 次相転移点を**臨界点**ともいう．そして，この臨界現象を定量的に特徴づける重要な量に**臨界指数**がある．本節では，この臨界指数について解説しよう．

まず，秩序変数についてみてみよう．イジングモデルの平均場近似での秩序変数 $\langle\sigma\rangle_s$ やランダウの現象論での秩序変数 m が，臨界温度 T_c の近傍で，それぞれ (7.21)，(7.24) のように表されることはすでにみた．一般に，秩序変数 m が

$$m \sim (T_c - T)^\beta \qquad (T < T_c) \tag{7.26}$$

と表されるとき，指数 β を**秩序変数の臨界指数**という．ここで，記号 $\sim$ は左辺の量が右辺の量に比例することを表す記号である．この式と (7.21)，(7.24) を比較することにより，平均場近似では秩序変数の臨界指数 β が

$$\beta = \frac{1}{2} \tag{7.27}$$

であることがわかる.

系に外場 H を掛けたときに,秩序パラメータ m がどのように影響を受けるかを定量的に調べるためには,

$$\chi = \left(\frac{\partial m}{\partial H}\right)_{T:H\to 0} \tag{7.28}$$

を求めればよい.ここで( )の下付きは,温度 T を固定して外場 H を 0 に近づけることを表す.この χ を一般に感受率,特に磁性体では磁化率あるいは磁気的感受率という.

この感受率 χ を,ランダウの相転移現象論を用いて求めてみよう.外場があるときの熱平衡状態での秩序パラメータ m は,(7.25) を用いて $\partial F/\partial m$ $= 0$ より求められる.ここでは臨界点の近傍での振る舞いを問題にしているので,m の 4 次までの近似で,

$$\frac{\partial F}{\partial m} = -N\mu H + 2a(T - T_{\mathrm{c}})m + 4Bm^3 = 0$$

が成り立つ.この式をさらに外場 H で微分し,$H\to 0$ の極限をとって (7.28) を用いると,

$$\chi = \frac{N\mu}{2a(T - T_{\mathrm{c}}) + 12Bm^2} \tag{7.29}$$

が得られる.

$H\to 0$ の極限で秩序パラメータ m は $T > T_{\mathrm{c}}$ で 0 であり,$T < T_{\mathrm{c}}$ では (7.24) で与えられる.したがって,感受率 χ は (7.29) を 2 つの場合に分けて

$$\chi = \begin{cases} \dfrac{N\mu}{4a}(T_{\mathrm{c}} - T)^{-1} & (T < T_{\mathrm{c}}) \\[2mm] \dfrac{N\mu}{2a}(T - T_{\mathrm{c}})^{-1} & (T > T_{\mathrm{c}}) \end{cases} \tag{7.30}$$

と表される.

問題 3　(7.29),(7.30) を導け.

一般に,臨界点 T_{c} の近傍での感受率 χ を

7.5 臨界現象と臨界指数

$$\chi \sim \begin{cases} (T_c - T)^{-\gamma} & (T < T_c) \\ (T - T_c)^{-\gamma'} & (T > T_c) \end{cases} \tag{7.31}$$

と表し，指数 γ, γ' (γ, $\gamma' > 0$) を感受率の臨界指数という．平均場近似あるいはランダウの現象論では，(7.30) より

$$\gamma = \gamma' = 1 \tag{7.32}$$

である．

イジングモデルでの平均場近似によれば，系の内部エネルギー E は (7.15) で与えられるので，系の定積モル比熱 C_V は，粒子数 N をアボガドロ定数 N_A で置き換えて，

$$C_V = \left(\frac{\partial E}{\partial T} \right)_V = -\frac{1}{2} N_A J z \frac{d\langle\sigma\rangle^2}{dT} \tag{7.33}$$

と表される．臨界点 T_c の近傍では，(7.21) より，熱平衡状態で $T < T_c$ のときに $\langle\sigma\rangle^2 = (3/T_c)(T_c - T)$ であり，$T > T_c$ では $\langle\sigma\rangle^2 = 0$ なので，(7.33) は，(7.14) より $Jz = k_B T_c$ に注意して，

$$C_V = \begin{cases} \dfrac{3}{2} N_A k_B & (T < T_c) \\ 0 & (T > T_c) \end{cases} \tag{7.34}$$

となることがわかる．したがって，平均場近似では臨界点で比熱は発散することはないが，不連続的に変化するという異常性を示すことになる．

一般に系の定積モル比熱 C_V は，臨界点 T_c の近傍で

$$C_V \sim \begin{cases} (T_c - T)^{-\alpha} & (T < T_c) \\ (T - T_c)^{-\alpha'} & (T > T_c) \end{cases} \tag{7.35}$$

と表すのが慣例で，指数 α, α' (α, $\alpha' \geq 0$) を比熱の臨界指数という．平均場近似では，比熱は臨界点の近くで (7.34) のように表されるので，この場合の臨界指数 α, α' は

$$\alpha = \alpha' = 0 \tag{7.36}$$

となる．

ところで，オンサーガーによる 2 次元のイジングモデルの厳密解によれば，臨界点 T_c の近傍で，比熱は

$$C_V \sim \log|T - T_c|$$

のように対数的に発散し，指数としては平均場近似の (7.34) と同じ値であるが，その振る舞いは平均場近似の (7.34) と本質的に異なる．さらに秩序パラメータや感受率の指数も，オンサーガーによれば

$$\beta = \frac{1}{8}, \qquad \gamma = \frac{7}{4}$$

であって，平均場近似での値 (7.27) や (7.32) とは明らかに異なる値になる．

このように平均場近似が臨界指数の正しい値を与えない理由は，本来の系のエネルギー (7.2) を，平均場を用いて (7.10)，(7.11) のように近似し，あたかも系を N 個の独立なスピンの集まりとみなしたことに原因があることは明らかであろう．たとえ最近接のスピン同士でしか相互作用しないとしても，間接的には，すべてのスピンと相互作用するのである．そのため，隣同士が揃う傾向（強磁性的相互作用）があれば，さらにその隣も揃う傾向が現れるであろう．このように，大まかにみればランダムであっても，局所的には揃う傾向を，揺らぎという．

高温ではスピンはバラバラになる傾向が強いので，揺らぎは弱い．逆に低温ではスピンが揃い過ぎているので，やはり揺らぎは弱い．しかし，臨界点近傍では，この揺らぎが強いであろう．何しろ，臨界点でスピンが系全体にわたって揃いはじめるのだから．平均場近似では，他のすべてのスピンの効果を全体にわたる平均値で置き換えるという意味で，平均してしまえば 0 になる揺らぎの効果は一切無視されている．これが，平均場近似での臨界指数の結果とオンサーガーの理論値との食い違いの原因である．

ただ，この揺らぎの効果を臨界指数の理論的取扱いに組み入れるのは非常に難しく，本書の範囲をはるかに超えてしまう．興味のある読者には，この問題の専門書を参照されることを勧めたい．

7.6 まとめとポイントチェック

本章では前章までとは違い，系を構成する粒子間に相互作用がある場合の統計力学的取扱いについて解説した．もちろん，粒子間に相互作用があると，気体でさえ理想気体ではなくなって，現実の気体にみられる理想気体の状態

方程式からのずれや粘性などが生じるようになり，このような問題も統計力学の守備範囲である．しかし，本章では，気体の水蒸気が液体の水になったり，それがさらに固体の氷になったりする，系の状態の急激な変化である相転移に注目した．

　現実の気体の場合には気体分子間の 2 体衝突を考えれば十分であるが，相転移の問題では，最近接粒子間の相互作用だけを考慮しても，それが遠くまで波及することになり，一般的には非常に難しい問題になる．しかし，それが却(かえ)って抜本的な近似法の余地を残すことになり，はるかに簡単な問題に変更できることもあり得る．それが本章で紹介した平均場近似，あるいはそれをさらに一般化したランダウの相転移現象論であった．

　平均場近似によれば，2 次相転移点近傍でみられる臨界現象の臨界指数を導くことはできるが，ほとんどの場合，現実の系の測定結果と一致しない．そのため，これまでに平均場近似を超える数多くの近似法が提案されてきたが，未だにきちんと理解できたとはいえないのが現状である．さらに，突然水が氷になったり，水蒸気になったりする 1 次相転移は，定性的，現象論的にしか理解されていない．その意味で，相転移の統計力学は未だに興味深い問題として残されているというべきであろう．

ポイントチェック

- ☐ 相転移，臨界現象とは何かを説明できるようになった．
- ☐ イジングモデルとはどのようなモデルかが理解できた．
- ☐ 1 次元イジングモデルの分配関数の計算の仕方がわかった．
- ☐ イジングモデルに対する平均場近似の考え方が理解できた．
- ☐ イジングモデルでの平均場近似による秩序変数の求め方が理解できた．
- ☐ ランダウの相転移現象論の考え方が理解できた．
- ☐ 臨界指数とはどのような量であるか，説明できるようになった．
- ☐ 平均場近似による臨界指数の求め方が理解できた．

付　　録

付録 A　2項分布から正規分布へ

　2項分布 (1.5) において N が 1 に比べて非常に大きい ($N \gg 1$) とき, p が極端に小さくない限り, 平均値 $\mu = Np$ も 1 よりはるかに大きい ($\mu \gg 1$) としてよいであろう. また, 2項分布 (1.5) に含まれる $N!$ などは極端に大きな数なので, そのような場合に取扱いが容易になるように (1.5) の対数をとると,

$$\log P_N(n) = \log N! - \log n! - \log(N-n)! + n \log p + (N-n)\log(1-p)$$

$$(A.1)$$

となる. 上式の右辺第 1 項の $\log N!$ に対しては, 次の付録 B で導かれるスターリングの公式 (B.3) を使う. $\log N!$ は統計力学の計算にしばしば登場するので, (B.3) のスターリングの公式は記憶しておくと何かと便利である.

　いま, 平均値が $\mu = Np \gg 1$ であり, 図 1.1, 図 1.2 および (1.12) から, $N \gg 1$ のとき, 分布の幅 2σ が非常に狭く, n は事実上, $\mu - \sigma < n < \mu + \sigma$ の範囲に限られているとみなして構わない. したがって, n も $n \gg 1$ とおいてよく, $N - n \gg 1$ であり, 結局, スターリングの公式 (B.3) を (A.1) の右辺第 1 項から 3 項までに適用することができて, (A.1) は

$$\begin{aligned}
\log P_N(n) &\cong N \log N - N - (n \log n - n) - \{(N-n)\log(N-n) - (N-n)\} \\
&\quad + n \log p + (N-n)\log(1-p) \\
&= N \log N - n \log n - (N-n)\log(N-n) + n \log p + (N-n)\log(1-p)
\end{aligned}$$

$$(A.2)$$

となる.

　上に記したように, n が平均値 μ を中心にして幅の狭い範囲に限られることから, $n = \mu + \varepsilon$ ($|\varepsilon| \ll \mu = Np$) とおくことができる. これと $\mu = Np$, $N - \mu = N(1-p)$ を (A.2) に代入すると,

$$\begin{aligned}
\log P_N(n) &= N \log N - (\mu + \varepsilon) \log \mu\Big(1 + \frac{\varepsilon}{\mu}\Big) - (N - \mu - \varepsilon) \log(N - \mu)\Big(1 - \frac{\varepsilon}{N - \mu}\Big) \\
&\quad + (\mu + \varepsilon) \log p + (N - \mu - \varepsilon) \log(1 - p) \\
&= N \log N - (\mu + \varepsilon) \log Np\Big(1 + \frac{\varepsilon}{\mu}\Big) - (N - \mu - \varepsilon) \log N(1-p)\Big(1 - \frac{\varepsilon}{N - \mu}\Big) \\
&\quad + (\mu + \varepsilon) \log p + (N - \mu - \varepsilon) \log(1 - p) \\
&= N \log N - (\mu + \varepsilon)\Big\{\log N + \log p + \log\Big(1 + \frac{\varepsilon}{\mu}\Big)\Big\} \\
&\quad - (N - \mu - \varepsilon)\Big\{\log N + \log(1 - p) + \log\Big(1 - \frac{\varepsilon}{N - \mu}\Big)\Big\}
\end{aligned}$$

$$+ (\mu + \varepsilon) \log p + (N - \mu - \varepsilon) \log (1 - p)$$

$$= N \log N - (\mu + \varepsilon) \log N - (\mu + \varepsilon) \log \left(1 + \frac{\varepsilon}{\mu} \right)$$

$$- (N - \mu - \varepsilon) \log N - (N - \mu - \varepsilon) \log \left(1 - \frac{\varepsilon}{N - \mu} \right)$$

$$= -(\mu + \varepsilon) \log \left(1 + \frac{\varepsilon}{\mu} \right) - (N - \mu - \varepsilon) \log \left(1 - \frac{\varepsilon}{N - \mu} \right)$$

となることがわかる．さらに，上の最後の式で近似式

$$\log (1 + x) \cong x - \frac{1}{2} x^2 \qquad (|x| \ll 1)$$

を使い，微小量 ε/μ, $\varepsilon/(N - \mu)$ の 2 次の項まで残す近似計算をすると，

$$\log P_N(n) \cong -(\mu + \varepsilon) \left(\frac{\varepsilon}{\mu} - \frac{\varepsilon^2}{2\mu^2} \right) - (N - \mu - \varepsilon) \left\{ -\frac{\varepsilon}{N - \mu} - \frac{\varepsilon^2}{2(N - \mu)^2} \right\}$$

$$\cong -\varepsilon + \frac{\varepsilon^2}{2\mu} - \frac{\varepsilon^2}{\mu} + \varepsilon + \frac{\varepsilon^2}{2(N - \mu)} - \frac{\varepsilon^2}{N - \mu} = -\frac{\varepsilon^2}{2\mu} - \frac{\varepsilon^2}{2(N - \mu)}$$

$$= -\frac{\varepsilon^2}{2} \left(\frac{1}{\mu} + \frac{1}{N - \mu} \right) = -\frac{\varepsilon^2}{2} \frac{N}{\mu(N - \mu)} = -\frac{\varepsilon^2}{2} \frac{1}{Np(1 - p)}$$

$$= -\frac{(n - \mu)^2}{2\sigma^2} \tag{A.3}$$

となって，ε の 1 次の項が消える．ここで，最後から 1 つ手前の等号では平均値の式 (1.9) を，最後の等号では標準偏差の式 (1.11) を使った．

以上の長い計算によって，$P_N(n)$ の対数が (A.3) で与えられることがわかったので，$P_N(n)$ そのものは

$$P(n) = C \exp \left\{ -\frac{(n - \mu)^2}{2\sigma^2} \right\} \tag{A.4}$$

と表される．ここで，上式の右辺では形式的に N が消えたので，左辺でも下付きの N を省略した．また，係数 C は $P(n)$ が確率分布であり，その規格化条件から決まる定数である．

(A.4) に含まれる n は，もとの 2 項分布では事象 A が起こる回数を表し，0 からはじまる整数の変数である．しかし，いまの場合，$n \gg 1$ なので連続変数とみなしてよく，n についての和は積分に置き換えられる．こうして，確率分布 (A.4) に対する規格化条件は，積分変数を x として，

$$\sum_{n=0}^{\infty} P(n) = \int_0^{\infty} P(x) \, dx = C \int_0^{\infty} e^{-(x - \mu)^2/2\sigma^2} \, dx = 1 \tag{A.5}$$

と表される．

(A.5) の最後の積分で変数変換 $x - \mu = t$, $dx = dt$ とすると，変数 t の積分範囲

180　　　　　　　　　　　　付　　　録

は $-\mu$ から ∞ までとなるが，$\mu \gg 1$ なので，t の積分範囲を $-\infty$ から ∞ までとおくことができる．こうして，(A.5) の規格化条件は

$$C \int_0^\infty e^{-(x-\mu)^2/2\sigma^2} dx = C \int_{-\mu}^\infty e^{-t^2/2\sigma^2} dt \cong C \int_{-\infty}^\infty e^{-t^2/2\sigma^2} dt = 2C \int_0^\infty e^{-t^2/2\sigma^2} dt$$
$$= C\sqrt{2\pi\sigma^2} = 1$$

と表され，係数 C が $C = 1/\sqrt{2\pi\sigma^2}$ と決まる．ここで，最後の積分で公式

$$\int_0^\infty e^{-ax^2} dx = \frac{1}{2}\sqrt{\frac{\pi}{a}} \qquad (a > 0) \tag{A.6}$$

を使った．

　この積分も統計力学にはしばしば現れ，**ガウス積分**とよばれる（この積分およびこれに関連した積分の計算の仕方に興味のある読者は，拙著：『力学・電磁気学・熱力学のための 基礎数学』の第2章を参照してほしい）．

　こうして，(A.4) の係数 C が決まり，2項分布の $N \gg 1$ の極限での確率分布が決定されたことになる．ここでは，x が任意の実数変数であり，μ と σ がそれぞれ，平均値と標準偏差であるとして，これまでのように大きさや正負の制限をつけないで (A.4) を一般化すると，確率分布

$$P(x) = \frac{1}{\sqrt{2\pi\sigma^2}} \exp\left\{-\frac{(x-\mu)^2}{2\sigma^2}\right\} = \frac{1}{\sqrt{2\pi\sigma^2}} e^{-(x-\mu)^2/2\sigma^2} \tag{A.7}$$

が得られる．これが確率・統計の分野で頻繁に現れる，**正規分布**あるいは**ガウス分布**とよばれる確率分布である．

　以上のことから，$N \gg 1$ の極限で2項分布 (1.5) が正規分布 (A.7) に近づくことが示されたことになる．これは，中心極限定理の2項分布の場合への適用例に相当する．

付録B　スターリングの公式

　$N \gg 1$ のとき，$N!$ はさらに大きな数であり，統計力学では状態数を数えるときなどにしばしば出てくる．このような巨大な数を扱う場合，それ自体より，その対数をとる方が計算の見通しがきくようになることが多い．その際，$\log N!$ の近似式であるスターリングの公式が非常に便利なので，この付録で導いておこう．

　図 B.1 には，自然対数の関数 $y = \log x$ が破線で示されている．この対数関数を $x = 1$ から N まで積分すると，$\log x$ の不定積分が $x \log x - x$ であることから

$$\int_1^N \log x \, dx = [x \log x - x]_1^N = N \log N - N \tag{B.1}$$

が得られる．ただし，最後の式で $N \gg 1$ として1を省略した．

　一方で，この積分は関数 $y = \log x$ と x 軸との間の，$x = 1$ から N までの面積である．この面積を，$x = n(n = 1, 2, 3, \cdots, N-1, N)$ を中心に幅1，高さ $\log n$ の

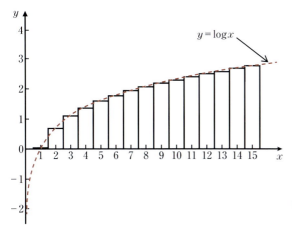

図 B.1 対数関数の積分の棒グラフによる近似

長方形(面積$\log n$)を隙間なく並べて近似したのが,図 B.1 の棒グラフである.図では棒グラフは $x=1$ から 15 までしか示していないので,$x=1$ での長方形が左に 1/2 だけはみ出している(これは $\log 1 = 0$ なので,問題ない)ことや,$x=15$ での長方形が右に 1/2 だけはみ出していることが気になるかもしれない.しかし,N がアボガドロ定数に近いような巨大な数の場合には,この程度のはみ出しは全く気にしなくてよい.

こうして,棒グラフで近似した関数 $y = \log x$ と x 軸との間の,$x=1$ から N までの面積は

$$\log 1 + \log 2 + \log 3 + \cdots + \log(N-1) + \log N$$
$$= \sum_{n=1}^{N} \log n = \log\{1 \cdot 2 \cdot 3 \cdot \cdots \cdot (N-1) \cdot N\} = \log N! \quad (\text{B.2})$$

で与えられる.この面積 (B.2) が積分 (B.1) を近似したものなので,

$$\log N! \cong N \log N - N \quad (\text{B.3})$$

が成り立つ.この (B.3) が,本文でしばしば使うことになる**スターリングの公式**である.

付録 C n 次元単位球の体積

n 次元単位球(半径 1 の n 次元球)の体積 C_n を求めるために,次の積分

$$I_n = \int_{-\infty}^{\infty}\int_{-\infty}^{\infty}\cdots\int_{-\infty}^{\infty} e^{-(x_1^2+x_2^2+\cdots+x_n^2)}\, dx_1 dx_2 \cdots dx_n \quad (\text{C.1})$$

を 2 通りの方法で計算する.まず,各変数ごとに積分することにすると

$$I_n = \left(\int_{-\infty}^{\infty} e^{-x^2} dx \right)^n \tag{C.2}$$

と表される．ここで

$$J = \int_{-\infty}^{\infty} e^{-x^2} dx \tag{C.3}$$

とおくと，

$$J^2 = \int_{-\infty}^{\infty} e^{-x^2} dx \int_{-\infty}^{\infty} e^{-y^2} dy = \int_{-\infty}^{\infty} \int_{-\infty}^{\infty} e^{-(x^2+y^2)} dx\, dy$$

と表されるが，これは xy 平面全体にわたる積分であり，2 次元極座標 (r, θ) を使うと

$$J^2 = \int_0^{\infty} \int_0^{2\pi} e^{-r^2} r\, dr\, d\theta = 2\pi \int_0^{\infty} e^{-r^2} r\, dr = \pi \int_0^{\infty} e^{-t} dt = \pi$$

となるので，

$$J = \pi^{1/2} \tag{C.4}$$

となる．これを (C.2) に代入すると

$$I_n = \pi^{n/2} \tag{C.5}$$

が得られる．

一方，n 次元極座標を用いると，$x_1^2 + x_2^2 + \cdots + x_n^2 = r^2$ であり，半径 r の n 次元球の体積が $C_n r^n$，表面積が $n C_n r^{n-1}$ であることから，(C.1) の右辺の積分は

$$I_n = \int_0^{\infty} e^{-r^2} n C_n r^{n-1} dr$$

と表される．ここで (C.4) を導いたときと同じように変数変換 $r^2 = t$ とすると，$r = t^{1/2}$, $dr = (1/2) t^{-1/2} dt$ より，上の積分は

$$I_n = \frac{n}{2} C_n \int_0^{\infty} e^{-t} t^{n/2-1} dt = \frac{n}{2} C_n \Gamma\left(\frac{n}{2}\right) = C_n \Gamma\left(\frac{n}{2} + 1\right) \tag{C.6}$$

となる．ここで，ガンマ関数の定義 (2.18) およびその性質 (2.19) を使った．

以上により，(C.5) と (C.6) が等しいことから，n 次元単位球の体積 C_n として

$$C_n = \frac{\pi^{n/2}}{\Gamma\left(\dfrac{n}{2} + 1\right)} \tag{C.7}$$

が得られ，(2.17) が導かれたことになる．

付録 D　ラグランジュの未定乗数法

話を進めやすくするために，3 変数関数 $f(x, y, z)$ を考えよう．実際には変数の数はいくらあってもよく，4.1 節の例では変数は $(n_1, n_2, n_3, \cdots) = \{n_j\}$ であって，

付録 D　ラグランジュの未定乗数法　　　　183

多数あることが前提となっている．3つの変数 x, y, z が皆お互いに独立であれば，関数 $f(x, y, z)$ の極値問題は単純で，

$$\frac{\partial f(x, y, z)}{\partial x} = 0, \qquad \frac{\partial f(x, y, z)}{\partial y} = 0, \qquad \frac{\partial f(x, y, z)}{\partial z} = 0 \quad \text{(D.1)}$$

を連立させて解けば，極値を与える x, y, z が決まり，これらを関数 $f(x, y, z)$ に代入することによって極値を求めることができる．しかし，ここで3変数 x, y, z が付加的に

$$g(x, y, z) = c \qquad (c \text{ は定数}) \qquad \qquad \text{(D.2)}$$

という条件を満たさなければならない場合には，3変数 x, y, z が独立ではなくなり，関数 $f(x, y, z)$ の極値問題は (D.1) のように簡単には求められない．では，どうすればよいか．それを比較的容易に解決できるのが，以下に述べるラグランジュの未定乗数法である．

　関数 $f(x, y, z)$ が極値をとるという条件は，3変数 x, y, z をそれぞれ，微小量 dx, dy, dz だけ動かしても，それらの1次の範囲では関数 $f(x, y, z)$ の微小変化 df が0であり，

$$df \equiv f(x + dx, y + dy, z + dz) - f(x, y, z) \cong \frac{\partial f}{\partial x}dx + \frac{\partial f}{\partial y}dy + \frac{\partial f}{\partial z}dz = 0$$
$$\text{(D.3)}$$

と表される．もちろん，3変数 x, y, z が独立であれば，(D.3) で微小量 $dx, dy,$ dz を勝手に変えることができ，それでも (D.3) が成り立つためには，(D.1) が成り立たなければならない．それが極値条件 (D.1) の意味だったのである．しかし，いまの場合，(D.2) のために (D.1) は成り立たないので，別の方策を講じなければならない．

　関数 $f(x, y, z)$ が条件 (D.2) を満たしながらも，点 (x, y, z) で極値をとって (D.3) を満たすのであれば，当然，関数 $g(x, y, z)$ も点 (x, y, z) と $(x + dx, y +$ $dy, z + dz)$ でも (D.2) が満たされており，

$$g(x + dx, y + dy, z + dz) = g(x, y, z) \qquad \qquad \text{(D.4)}$$

が成り立ち，これより (D.3) と同じ形の式

$$\frac{\partial g}{\partial x}dx + \frac{\partial g}{\partial y}dy + \frac{\partial g}{\partial z}dz = 0 \qquad \qquad \text{(D.5)}$$

が導かれる．これは dx, dy, dz が独立ではないことを表している．(D.3) と (D.5) は式の上では同じ形をしているが，(D.3) は関数 $f(x, y, z)$ が点 (x, y, z) で極値をとることから導かれ，(D.5) は，その点の近くで関数 $g(x, y, z)$ が条件 (D.2) のために変化しないことから出てきた式であって，考え方の違いに注意すべきである．

　(D.5) より dz を dx, dy で表し，それを (D.3) の dz に代入して整理すると，

184 付　　録

$$df = \left(\frac{\partial f}{\partial x} - \frac{\frac{\partial g}{\partial x}}{\frac{\partial g}{\partial z}} \frac{\partial f}{\partial z} \right) dx + \left(\frac{\partial f}{\partial y} - \frac{\frac{\partial g}{\partial y}}{\frac{\partial g}{\partial z}} \frac{\partial f}{\partial z} \right) dy = 0 \qquad \text{(D.6)}$$

が得られる. ここで，上式の 2 つの (　) 内に共通の因子 $(\partial f/\partial z)/(\partial g/\partial z)$ があることに注目して，

$$\alpha = \frac{\frac{\partial f}{\partial z}}{\frac{\partial g}{\partial z}} \qquad \text{(D.7)}$$

とおくと，(D.6) は

$$df = \left(\frac{\partial f}{\partial x} - \alpha \frac{\partial g}{\partial x} \right) dx + \left(\frac{\partial f}{\partial y} - \alpha \frac{\partial g}{\partial y} \right) dy = 0 \qquad \text{(D.8)}$$

と表される.

(D.8) で重要なことは，関数 f の微小変化 df が dx と dy の 2 つだけで表されており，これらは独立に変えられるので，それでも (D.8) が成り立つためには，それぞれの係数がともに 0 でなければならず，

$$\frac{\partial f}{\partial x} - \alpha \frac{\partial g}{\partial x} = 0, \qquad \frac{\partial f}{\partial y} - \alpha \frac{\partial g}{\partial y} = 0 \qquad \text{(D.9)}$$

が成り立つことになる. 一方，(D.7) をよくみると，うまい具合に (D.9) と同じ形の式

$$\frac{\partial f}{\partial z} - \alpha \frac{\partial g}{\partial z} = 0 \qquad \text{(D.10)}$$

が成り立つことがわかる.

このようにして得られた (D.9) と (D.10) をまとめて考えると，これらはちょうど関数 f の極値条件が (D.1) であったように，α を定数とみなしたときの関数 $f - \alpha g$ の極値条件の形をしている. すなわち，条件 (D.2) があるときの関数 f の極値を考える代わりに，一旦条件 (D.2) のことを忘れて，関数 $\mathcal{F} \equiv f - \alpha g$ の極値問題を考えればよいことがわかったのである.

以上の結果をもう一度まとめると，付加条件 (D.2) が付いているときの関数 $f(x, y, z)$ の極値問題は，それを直接解く代わりに，α を定数とみなした関数

$$\mathcal{F}(x, y, z) = f(x, y, z) - \alpha g(x, y, z) \qquad (\alpha \text{ は定数}) \qquad \text{(D.11)}$$

には (D.2) のような条件が付いていないとして，その極値問題を解けばよいことを示している. この係数 α をラグランジュの未定乗数という.

一見，未定の定数 α が増えたようにみえるが，関数 $\mathcal{F}$ の極値条件 (D.9) と (D.10) に加えて，もともとの付加条件 (D.2) を考慮すれば，4 個の等式があるこ

とになり，極値を与える x, y, z と α の4つの値を決めるのに，必要にして十分であることがわかる．条件付きの極値問題を条件なしの極値問題に変える，このような方法を，ラグランジュの未定乗数法という．

　実際には，付加条件が1つとは限らず，2つ以上ある場合も考えられよう．事実，4.2節では付加条件が (4.8) と (4.9) の2つある場合に相当している．このような場合，付加条件は (D.2) の代わりに

$$g_1(x, y, z) = c_1, \qquad g_2(x, y, z) = c_2 \qquad (c_1, c_2 \text{は定数}) \qquad \text{(D.12)}$$

と表される．この場合の極値問題は，2個のラグランジュの未定乗数 α, β を使って，関数

$$\mathcal{F}(x, y, z) = f(x, y, z) - \alpha g_1(x, y, z) - \beta g_2(x, y, z) \qquad (\alpha, \beta \text{は定数})$$
$$\text{(D.13)}$$

を導入し，3変数 x, y, z が独立に変化するものとして極値問題を解けばよい．このとき，極値条件は

$$\frac{\partial \mathcal{F}}{\partial x} = 0, \qquad \frac{\partial \mathcal{F}}{\partial y} = 0, \qquad \frac{\partial \mathcal{F}}{\partial z} = 0 \qquad \text{(D.14)}$$

の3式が得られ，これらと2つの付加条件 (D.12) より，確かに極値を与える x, y, z と α, β の5つの値が決められる．

　以上により，付加条件がいくつあっても，容易にラグランジュの未定乗数法を適用できることがわかるであろう．

付録 E　フェルミ分布関数に関する低温での積分

(6.25) で与えられるフェルミ分布関数 $f(\varepsilon)$ を含む積分

$$I = \int_0^\infty a(\varepsilon) f(\varepsilon) \, d\varepsilon \qquad \text{(6.38)}$$

の低温の極限 $(T \to 0, \beta \to \infty)$ での展開式 (6.39) を導くのが，この付録 E の目標である．

　まず，$a(\varepsilon)$ の不定積分を

$$A(\varepsilon) = \int_0^\varepsilon a(x) \, dx, \qquad \therefore \quad A'(\varepsilon) = a(\varepsilon) \qquad \text{(E.1)}$$

として，これを (6.38) に代入して部分積分すると，

$$I = \int_0^\infty A'(\varepsilon) f(\varepsilon) \, d\varepsilon = [A(\varepsilon) f(\varepsilon)]_0^\infty - \int_0^\infty A(\varepsilon) f'(\varepsilon) \, d\varepsilon \qquad \text{(E.2)}$$

となる．関数 $a(\varepsilon)$ が ε の滑らかな関数であるとしているので，その不定積分 $A(\varepsilon)$ も滑らかな関数である．ところが，フェルミ分布関数 $f(\varepsilon)$ は (6.25) からわかるように，$\varepsilon \to \infty$ で指数関数的に減少するので，$\varepsilon \to \infty$ で $A(\varepsilon) f(\varepsilon) \to 0$ となる．また，(E.1) より $A(0) = 0$ であり，低温の極限で $f(0) = 1$ なので $[A(\varepsilon) f(\varepsilon)]_0^\infty = 0$

となる. 結局, (E.2) は

$$I = -\int_0^\infty A(\varepsilon) f'(\varepsilon)\, d\varepsilon \tag{E.3}$$

と表される.

ところで, フェルミ分布関数の微分は (6.25) より

$$f'(\varepsilon) = \frac{-\beta e^{\beta(\varepsilon-\mu)}}{\{e^{\beta(\varepsilon-\mu)}+1\}^2} = \frac{-\beta}{e^{-\beta(\varepsilon-\mu)}\{e^{\beta(\varepsilon-\mu)}+1\}^2} = \frac{-\beta}{\{e^{\beta(\varepsilon-\mu)}+1\}\{e^{-\beta(\varepsilon-\mu)}+1\}}$$

と表されるので,

$$g(x) = \frac{1}{(e^x+1)(e^{-x}+1)} \tag{E.4}$$

という偶関数を定義しておくと,

$$f'(\varepsilon) = -\beta g(x), \qquad x = \beta(\varepsilon-\mu) \tag{E.5}$$

となる.

ここで, 滑らかな関数 $A(\varepsilon)$ を $\varepsilon = \mu$ の周りでテイラー展開すると,

$$A(\varepsilon) = A(\mu) + A'(\mu)(\varepsilon-\mu) + \frac{1}{2!}A''(\mu)(\varepsilon-\mu)^2 + \frac{1}{3!}A'''(\mu)(\varepsilon-\mu)^3$$
$$+ \frac{1}{4!}A''''(\mu)(\varepsilon-\mu)^4 + \cdots$$

となるので, これを (E.3) に代入し, 続いて積分変数を ε から $x = \beta(\varepsilon-\mu)$ に変えると,

$$I = -A(\mu)\int_0^\infty f'(\varepsilon)\, d\varepsilon - A'(\mu)\int_0^\infty (\varepsilon-\mu) f'(\varepsilon)\, d\varepsilon - \frac{1}{2!}A''(\mu)\int_0^\infty (\varepsilon-\mu)^2 f'(\varepsilon)\, d\varepsilon$$
$$- \frac{1}{3!}A'''(\mu)\int_0^\infty (\varepsilon-\mu)^3 f'(\varepsilon)\, d\varepsilon - \frac{1}{4!}A''''(\mu)\int_0^\infty (\varepsilon-\mu)^4 f'(\varepsilon)\, d\varepsilon - \cdots$$
$$= A(\mu)\int_{-\beta\mu}^\infty g(x)\, dx + A'(\mu)\beta^{-1}\int_{-\beta\mu}^\infty x g(x)\, dx + \frac{1}{2!}A''(\mu)\beta^{-2}\int_{-\beta\mu}^\infty x^2 g(x)\, dx$$
$$+ \frac{1}{3!}A'''(\mu)\beta^{-3}\int_{-\beta\mu}^\infty x^3 g(x)\, dx + \frac{1}{4!}A''''(\mu)\beta^{-4}\int_{-\beta\mu}^\infty x^4 g(x)\, dx + \cdots$$
$$\cong A(\mu)\int_{-\infty}^\infty g(x)\, dx + A'(\mu)\beta^{-1}\int_{-\infty}^\infty x g(x)\, dx + \frac{1}{2!}A''(\mu)\beta^{-2}\int_{-\infty}^\infty x^2 g(x)\, dx$$
$$+ \frac{1}{3!}A'''(\mu)\beta^{-3}\int_{-\infty}^\infty x^3 g(x)\, dx + \frac{1}{4!}A''''(\mu)\beta^{-4}\int_{-\infty}^\infty x^4 g(x)\, dx + \cdots$$
$$= 2A(\mu)\int_0^\infty g(x)\, dx + A''(\mu)\beta^{-2}\int_0^\infty x^2 g(x)\, dx$$
$$+ \frac{2}{4!}A''''(\mu)\beta^{-4}\int_0^\infty x^4 g(x)\, dx + \cdots \tag{E.6}$$

が得られる. ここで, 低温の極限では $\beta \to \infty$ なので, 第3の等号での変形で積分の下限を $-\infty$ とした. また, 最後の等号での変形では $x g(x)$ や $x^3 g(x)$ などの被積

付録 E　フェルミ分布関数に関する低温での積分　　　187

分関数は奇関数なので，その $-\infty$ から $+\infty$ までの積分は 0 であり，残る偶関数の $-\infty$ から $+\infty$ までの積分は 0 から $+\infty$ までの積分の 2 倍であることを使った.

(E.6) で残っている積分は $\int_0^\infty x^n g(x)\, dx$ $(n = 0, 2, 4, \cdots)$ の形をしており，

$$g(x) = \frac{1}{(e^x + 1)(e^{-x} + 1)} = -\frac{d}{dx}\left(\frac{1}{e^x + 1}\right)$$

なので，

$$\int_0^\infty g(x)\, dx = -\int_0^\infty \frac{d}{dx}\left(\frac{1}{e^x + 1}\right) dx = -\left[\frac{x^n}{e^x + 1}\right]_0^\infty = \frac{1}{2} \qquad (n = 0)$$
$$(\text{E.7})$$

$$\int_0^\infty x^n g(x)\, dx = -\int_0^\infty x^n \frac{d}{dx}\left(\frac{1}{e^x + 1}\right) dx = -\left[\frac{x^n}{e^x + 1}\right]_0^\infty + n\int_0^\infty \frac{x^{n-1}}{e^x + 1} dx$$

$$= n\int_0^\infty \frac{x^{n-1}}{e^x + 1} dx \qquad (n = 2, 4, 6, \cdots) \tag{E.8}$$

となる．(E.8) にある積分は

$$\int_0^\infty \frac{x^{n-1}}{e^x + 1} dx = \int_0^\infty \frac{x^{n-1}e^{-x}}{1 + e^{-x}} dx = \int_0^\infty x^{n-1}e^{-x}(1 - e^{-x} + e^{-2x} - e^{-3x} + \cdots)\, dx$$

$$= \sum_{k=1}^\infty (-1)^{k-1} \int_0^\infty x^{n-1}e^{-kx} dx = \sum_{k=1}^\infty (-1)^{k-1} k^{-n} \int_0^\infty s^{n-1}e^{-s} ds$$

$$= \Gamma(n) \sum_{k=1}^\infty \frac{(-1)^{k-1}}{k^n} = \Gamma(n)\left(\sum_{k\text{奇数}} \frac{1}{k^n} - \sum_{k\text{偶数}} \frac{1}{k^n}\right)$$

$$= \Gamma(n)\left\{\left(\sum_{k\text{奇数}} \frac{1}{k^n} + \sum_{k\text{偶数}} \frac{1}{k^n}\right) - 2\sum_{k\text{偶数}} \frac{1}{k^n}\right\}$$

$$= \Gamma(n)\left(\sum_{k=1}^\infty \frac{1}{k^n} - \frac{2}{2^n}\sum_{k=1}^\infty \frac{1}{k^n}\right)$$

$$= \Gamma(n)(1 - 2^{1-n})\sum_{k=1}^\infty \frac{1}{k^n} = \Gamma(n)(1 - 2^{1-n})\zeta(n) \tag{E.9}$$

となる．途中の計算でガンマ関数の定義 (2.18) を使い，最後の結果には，すでに本文に現れたリーマンのツェータ関数

$$\zeta(n) = \sum_{k=1}^\infty \frac{1}{k^n} \tag{E.10}$$

を使った．特に

$$\zeta(2) = \sum_{k=1}^\infty \frac{1}{k^2} = 1 + \frac{1}{2^2} + \frac{1}{3^2} + \cdots = \frac{\pi^2}{6}, \qquad \zeta(4) = \sum_{k=1}^\infty \frac{1}{k^4} = 1 + \frac{1}{2^4} + \frac{1}{3^4} + \cdots = \frac{\pi^4}{90}$$
$$(\text{E.11})$$

となることが知られている.

(E.9) を (E.8) に代入すると，

$$\int_0^\infty x^n g(x)\, dx = n\, \Gamma(n)\, (1 - 2^{1-n})\, \zeta(n) = n!\, (1 - 2^{1-n})\, \zeta(n) \qquad (n = 2,\, 4,\, 6,\, \cdots)$$

(E.12)

が得られ，特に

$$\int_0^\infty x^2 g(x)\, dx = 2!\, (1 - 2^{-1})\, \zeta(2) = \frac{\pi^2}{6}, \qquad \int_0^\infty x^4 g(x)\, dx = 4!\, (1 - 2^{-3})\, \zeta(4) = \frac{7\pi^4}{30}$$

(E.13)

となる．

(E.7) と (E.13) を (E.6) に代入し，(E.1) の不定積分や $\beta^{-1} = k_{\mathrm B} T$ などを使って整理すると，

$$\begin{aligned}
I &= A(\mu) + \frac{\pi^2}{6} A''(\mu)\, \beta^{-2} + \frac{7\pi^4}{360} A''''(\mu)\, \beta^{-4} + \cdots \\
&= \int_0^\mu a(\varepsilon)\, d\varepsilon + \frac{\pi^2}{6} (k_{\mathrm B} T)^2 \left(\frac{da}{d\varepsilon}\right)_{\varepsilon = \mu} + \frac{7\pi^4}{360} (k_{\mathrm B} T)^4 \left(\frac{d^3 a}{d\varepsilon^3}\right)_{\varepsilon = \mu} + \cdots
\end{aligned}$$

(E.14)

が得られる．これの第 2 項までが (6.39) に示されている．

付録 F　理想ボース気体の熱力学的諸量

(6.56) などからもわかるように，理想ボース気体の熱力学的な量の計算にはボース分布関数を含む

$$J = \int_0^\infty \frac{\varepsilon^{\sigma-1}}{e^{\beta(\varepsilon - \mu)} - 1}\, d\varepsilon \tag{F.1}$$

の形の積分をしなければならない．そこで

$$z = e^{\beta\mu} \tag{F.2}$$

とおくと，理想ボース気体では (6.55) より $\mu \le 0$ なので $z \le 1$ であり，(F.1) は

$$\begin{aligned}
J(\sigma,\, z) &= \int_0^\infty \frac{\varepsilon^{\sigma-1}}{\dfrac{1}{z} e^{\beta\varepsilon} - 1}\, d\varepsilon = \int_0^\infty \frac{z\varepsilon^{\sigma-1} e^{-\beta\varepsilon}}{1 - z e^{-\beta\varepsilon}}\, d\varepsilon = \beta^{-\sigma} \int_0^\infty \frac{z x^{\sigma-1} e^{-x}}{1 - z e^{-x}}\, dx \\
&= \beta^{-\sigma} \int_0^\infty z x^{\sigma-1} e^{-x} (1 + z e^{-x} + z^2 e^{-2x} + z^3 e^{-3x} + \cdots)\, dx \\
&= \beta^{-\sigma} \sum_{n=1}^\infty z^n \int_0^\infty x^{\sigma-1} e^{-nx}\, dx = \beta^{-\sigma} \sum_{n=1}^\infty \frac{z^n}{n^\sigma} \int_0^\infty t^{\sigma-1} e^{-t}\, dt \\
&= \beta^{-\sigma} \Gamma(\sigma) \sum_{n=1}^\infty \frac{z^n}{n^\sigma} = (k_{\mathrm B} T)^\sigma\, \Gamma(\sigma)\, \phi(\sigma,\, z)
\end{aligned}$$

(F.3)

と展開できる．ここで最後の表式に現れた関数 $\phi(\sigma,\, z)$ は

$$\phi(\sigma,\, z) = \frac{1}{\Gamma(\sigma)} \sum_{n=1}^\infty z^n \int_0^\infty x^{\sigma-1} e^{-nx}\, dx = \sum_{n=1}^\infty \frac{z^n}{n^\sigma} \tag{F.4}$$

付録 F　理想ボース気体の熱力学的諸量　　　　189

と定義され，**アッペル関数**とよばれる（森口繁一・宇田川銈久・一松信 著：『岩波数学公式 III』の p.19 を参照）．特に $z = 1$ のとき，

$$\phi(\sigma, 1) = \sum_{n=1}^{\infty} \frac{1}{n^\sigma} = \zeta(\sigma) \tag{F.5}$$

であり，リーマンのツェータ関数となる．

アッペル関数の応用には，その微分が必要なことがある．（F.2）からわかるように，温度が変わると，それにつれて z も変化するからである．そこで（F.4）を z で微分すると，

$$\frac{d\phi(\sigma, z)}{dz} = \sum_{n=1}^{\infty} \frac{n z^{n-1}}{n^\sigma} = \frac{1}{z} \sum_{n=1}^{\infty} \frac{z^n}{n^{\sigma-1}} = \frac{1}{z} \phi(\sigma - 1, z) \tag{F.6}$$

という，微分の含まれる漸化式が得られる．

F.1　系の粒子数

ボース粒子系では，ボース–アインシュタイン凝縮という，質的に異なる状態変化が温度 T_c で巨視的に起こるので，熱力学的な量を統計力学的に計算する際には（1）$T < T_c$ と（2）$T \geq T_c$ とに分けて議論しなければならない．

（1）　$T < T_c$

このとき化学ポテンシャル μ が 0 であり，ボース凝縮しない粒子数 $N'(T)$ は（6.58）であり，状態密度が（6.35）で与えられることから，

$$\begin{aligned}
N'(T) &= 2\pi g V \left(\frac{2m}{h^2}\right)^{3/2} \int_0^\infty \frac{\varepsilon^{1/2}}{e^{\beta\varepsilon} - 1} d\varepsilon = 2\pi g V \left(\frac{2m}{h^2}\right)^{3/2} \int_0^\infty \frac{\varepsilon^{3/2-1}}{e^{\beta\varepsilon} - 1} d\varepsilon \\
&= 2\pi g V \left(\frac{2m}{h^2}\right)^{3/2} J\left(\frac{3}{2}, 1\right) = 2\pi g V \left(\frac{2m}{h^2}\right)^{3/2} (k_B T)^{3/2} \Gamma\left(\frac{3}{2}\right) \phi\left(\frac{3}{2}, 1\right) \\
&= g V \left(\frac{2\pi m k_B T}{h^2}\right)^{3/2} \zeta\left(\frac{3}{2}\right)
\end{aligned} \tag{F.7}$$

が得られる．途中の計算で，（F.3），（F.5），およびガンマ関数の $\Gamma(3/2) = \Gamma(1/2)/2 = \sqrt{\pi}/2$ を使った．（F.7）が（6.60）に一致することは明らかであろう．

（2）　$T \geq T_c$

このとき，ボース凝縮している粒子がないので，系の粒子数 N は（6.56）で与えられ，

$$\begin{aligned}
N &= 2\pi g V \left(\frac{2m}{h^2}\right)^{3/2} \int_0^\infty \frac{\varepsilon^{3/2-1}}{e^{\beta(\varepsilon - \mu)} - 1} d\varepsilon = 2\pi g V \left(\frac{2m}{h^2}\right)^{3/2} J\left(\frac{3}{2}, z\right) \\
&= g V \left(\frac{2\pi m k_B T}{h^2}\right)^{3/2} \phi\left(\frac{3}{2}, z\right)
\end{aligned} \tag{F.8}$$

となる．ここでも（F.3）を使った．

系を指定する量として体積 V および粒子数 N が与えられているとすれば，原理

的には，この (F.8) から温度 T の関数として z が求められ，(F.2) より化学ポテンシャル μ が得られることになる．実際，(F.8) の両辺を温度で微分して z の温度微分を求めると，V および N は一定とみなされるので，

$$0 = \frac{3}{2T} g V \left(\frac{2\pi m k_{\mathrm{B}} T}{h^2}\right)^{3/2} \phi\left(\frac{3}{2}, z\right) + g V \left(\frac{2\pi m k_{\mathrm{B}} T}{h^2}\right)^{3/2} \frac{d\phi\left(\frac{3}{2}, z\right)}{dz} \frac{\partial z}{\partial T}$$

となり，

$$\frac{\partial z}{\partial T} = -\frac{3}{2T} \phi\left(\frac{3}{2}, z\right) \left\{ \frac{d\phi\left(\frac{3}{2}, z\right)}{dz} \right\}^{-1} = -\frac{3}{2T} \phi\left(\frac{3}{2}, z\right) \left\{ \frac{1}{z} \phi\left(\frac{1}{2}, z\right) \right\}^{-1}$$

$$= -\frac{3}{2} \frac{z}{T} \frac{\phi\left(\frac{3}{2}, z\right)}{\phi\left(\frac{1}{2}, z\right)} \tag{F.9}$$

となることがわかる．ここで，最後の結果を得るために (F.6) を使った．この微分関係式は後で使うことになる．

F.2　内部エネルギー E

系の内部エネルギーは $E = \int_0^\infty \varepsilon f(\varepsilon) \rho(\varepsilon)\, d\varepsilon$ と表されるので，(F.3) を使うと一般に

$$E = 2\pi g V \left(\frac{2m}{h^2}\right)^{3/2} \int_0^\infty \frac{\varepsilon^{5/2-1}}{e^{\beta(\varepsilon-\mu)}-1} d\varepsilon = 2\pi g V \left(\frac{2m}{h^2}\right)^{3/2} (k_{\mathrm{B}} T)^{5/2} \Gamma\left(\frac{5}{2}\right) \phi\left(\frac{5}{2}, z\right)$$

$$= \frac{3}{2} k_{\mathrm{B}} T g V \left(\frac{2\pi m k_{\mathrm{B}} T}{h^2}\right)^{3/2} \phi\left(\frac{5}{2}, z\right) \tag{F.10}$$

となる．

（1） $T < T_{\mathrm{c}}$

このとき，$\mu = 0$ より $z = 1$ であり，$\phi(5/2, 1) = \zeta(5/2)$ なので

$$E = \frac{3}{2} k_{\mathrm{B}} T g V \left(\frac{2\pi m k_{\mathrm{B}} T}{h^2}\right)^{3/2} \zeta\left(\frac{5}{2}\right) \tag{F.11}$$

が得られる．ここにはボース凝縮した粒子の寄与は全く入っていない．ボース凝縮した粒子のエネルギーは 0 だから，それは当然なのである．

(6.63) あるいは (6.64) で定義されるボース‐アインシュタイン凝縮の相転移温度 T_{c} を使うと，(F.11) は

付録 F　理想ボース気体の熱力学的諸量　　　191

$$E = \frac{3}{2} N k_B T \left(\frac{T}{T_c}\right)^{3/2} \frac{\zeta\left(\frac{5}{2}\right)}{\zeta\left(\frac{3}{2}\right)} \tag{F.12}$$

とも表される．したがって，定積モル比熱 C_V は，(F.12) を温度で微分し，粒子数 N をアボガドロ定数 N_A に置き換えて

$$C_V = \frac{15}{4} N_A k_B \left(\frac{T}{T_c}\right)^{3/2} \frac{\zeta\left(\frac{5}{2}\right)}{\zeta\left(\frac{3}{2}\right)} \tag{F.13}$$

となる．

（2）　$T \geq T_c$

このとき，系の内部エネルギーはそのまま (F.10) で与えられる．したがって，系の定積モル比熱は (F.10) を温度で微分して，

$$\begin{aligned}
C_V &= \frac{3}{2}\frac{5}{2} k_B g V \left(\frac{2\pi m k_B T}{h^2}\right)^{3/2} \phi\left(\frac{5}{2}, z\right) + \frac{3}{2} k_B T g V \left(\frac{2\pi m k_B T}{h^2}\right)^{3/2} \frac{d\phi\left(\frac{5}{2}, z\right)}{dz}\frac{\partial z}{\partial T} \\
&= \frac{3}{2} k_B g V \left(\frac{2\pi m k_B T}{h^2}\right)^{3/2}\left[\frac{5}{2}\phi\left(\frac{5}{2}, z\right) + T\frac{1}{z}\phi\left(\frac{3}{2}, z\right)\left\{-\frac{3}{2}\frac{z}{T}\frac{\phi\left(\frac{3}{2}, z\right)}{\phi\left(\frac{1}{2}, z\right)}\right\}\right] \\
&= \frac{3}{2} k_B g V \left(\frac{2\pi m k_B T}{h^2}\right)^{3/2}\left\{\frac{5}{2}\phi\left(\frac{5}{2}, z\right) - \frac{3}{2}\frac{\phi^2\left(\frac{3}{2}, z\right)}{\phi\left(\frac{1}{2}, z\right)}\right\} \\
&= \frac{3}{2} k_B g V \left(\frac{2\pi m k_B T_c}{h^2}\right)^{3/2}\left(\frac{T}{T_c}\right)^{3/2}\left\{\frac{5}{2}\phi\left(\frac{5}{2}, z\right) - \frac{3}{2}\frac{\phi^2\left(\frac{3}{2}, z\right)}{\phi\left(\frac{1}{2}, z\right)}\right\} \\
&= \frac{3}{2} N_A k_B \frac{1}{\zeta\left(\frac{3}{2}\right)}\left(\frac{T}{T_c}\right)^{3/2}\left\{\frac{5}{2}\phi\left(\frac{5}{2}, z\right) - \frac{3}{2}\frac{\phi^2\left(\frac{3}{2}, z\right)}{\phi\left(\frac{1}{2}, z\right)}\right\} \tag{F.14}
\end{aligned}$$

で与えられる．ここでも，途中の変形で (F.6)，(F.9) および (6.63)，あるいは (6.64) で定義されるボース－アインシュタイン凝縮の相転移温度 T_c を使った．

高温の極限では (6.71) から明らかなように，$z = e^{\beta\mu} \ll 1$ であり，

$$J(\sigma, z) = \int_0^\infty \frac{\varepsilon^{\sigma-1}}{\frac{1}{z}e^{\beta\varepsilon} - 1}d\varepsilon = \int_0^\infty \frac{z\varepsilon^{\sigma-1}e^{-\beta\varepsilon}}{1 - ze^{-\beta\varepsilon}}d\varepsilon \cong z\beta^{-\sigma}\int_0^\infty x^{\sigma-1}e^{-x}dx$$

$$= z\beta^{-\sigma}\Gamma(\sigma) = z(k_{\mathrm{B}}T)^{\sigma}\Gamma(\sigma)$$

となる. したがって, 上式を (F.3) と比べることにより, $z \ll 1$ の場合には

$$\phi(\sigma, z) \cong z \tag{F.15}$$

となって, σ によらない. このとき, (F.10) より

$$E = \frac{3}{2}k_{\mathrm{B}}TgV\left(\frac{2\pi m k_{\mathrm{B}}T}{h^2}\right)^{3/2}z$$

が得られる. ところが, $z = e^{\beta\mu}$ は高温の極限で (6.75) と表されるので, これを上式に代入すると,

$$E = \frac{3}{2}Nk_{\mathrm{B}}T \tag{F.16}$$

となり, 定積モル比熱も粒子数 N をアボガドロ定数 N_{A} に置き換えると

$$C_V = \frac{3}{2}N_{\mathrm{A}}k_{\mathrm{B}} = \frac{3}{2}R \tag{F.17}$$

が得られ, 確かに古典理想気体の結果が再現される.

F.3 エントロピー

ボース粒子系のエントロピーは (6.9) で与えられている. 理想ボース気体の場合には1つの状態当たりの分布関数 (6.14) の ε_j を ε に置き換えたボース分布関数 (6.54) を用い, 微視的状態 j についての和を状態密度 $\rho(\varepsilon)$ を考慮したエネルギー ε の積分に変えると,

$$S = k_{\mathrm{B}}\int_0^\infty \rho(\varepsilon)\,d\varepsilon\,[\{f(\varepsilon)+1\}\log\{f(\varepsilon)+1\} - f(\varepsilon)\log f(\varepsilon)]$$

$$= k_{\mathrm{B}}\int_0^\infty \rho(\varepsilon)\,d\varepsilon\left[f(\varepsilon)\log\frac{f(\varepsilon)+1}{f(\varepsilon)} + \log\{f(\varepsilon)+1\}\right]$$

$$= k_{\mathrm{B}}\int_0^\infty \rho(\varepsilon)\,d\varepsilon\left[\frac{\beta(\varepsilon-\mu)e^{\beta(\varepsilon-\mu)}}{e^{\beta(\varepsilon-\mu)}-1} - \log\{e^{\beta(\varepsilon-\mu)}-1\}\right]$$

$$= k_{\mathrm{B}}\int_0^\infty \rho(\varepsilon)\left[\frac{\beta(\varepsilon-\mu)}{e^{\beta(\varepsilon-\mu)}-1} - \log\{1-e^{-\beta(\varepsilon-\mu)}\}\right]d\varepsilon \tag{F.18}$$

となる.

(F.18) の右辺にある積分の第2のものは, (6.35) を代入して部分積分すると,

$$\int_0^\infty \rho(\varepsilon)\,d\varepsilon\log\{1-e^{-\beta(\varepsilon-\mu)}\} = \rho_0\int_0^\infty \varepsilon^{1/2}\log\{1-e^{-\beta(\varepsilon-\mu)}\}\,d\varepsilon$$

$$= \frac{2\rho_0}{3}[\varepsilon^{3/2}\log\{1-e^{-\beta(\varepsilon-\mu)}\}]_0^\infty - \frac{2\rho_0\beta}{3}\int_0^\infty \frac{\varepsilon^{3/2}}{e^{\beta(\varepsilon-\mu)}-1}\,d\varepsilon$$

$$= -\frac{2\beta}{3}\int_0^\infty \varepsilon\rho(\varepsilon)f(\varepsilon)\,d\varepsilon = -\frac{2\beta}{3}E \tag{F.19}$$

が得られる．ここで $\varepsilon \to \infty$ のとき，$\log\{1 - e^{-\beta(\varepsilon - \mu)}\} \cong -e^{-\beta(\varepsilon - \mu)}$ なので $\varepsilon^{3/2}\log\{1 + e^{-\beta(\varepsilon - \mu)}\} \to 0$ となることを使った．また，最後の結果には (6.37) を使った．同様にして，(F.18) のもう 1 つの積分も行うと，

$$\int_0^\infty \rho(\varepsilon)\,d\varepsilon\,\frac{\beta(\varepsilon - \mu)}{e^{\beta(\varepsilon - \mu)} - 1} = \beta E - \beta\mu\int_0^\infty \rho(\varepsilon)f(\varepsilon)\,d\varepsilon \qquad (\text{F.20})$$

となる．

(F.18) と (F.19) を (F.17) に代入すると，エントロピーは

$$S = \frac{5}{3}\frac{E}{T} - \frac{\mu}{T}\int_0^\infty \rho(\varepsilon)f(\varepsilon)\,d\varepsilon \qquad (\text{F.21})$$

と表される．

(1) $T < T_c$

このとき化学ポテンシャルは $\mu = 0$ で，内部エネルギーは (F.11) あるいは (F.12) で与えられるので，(F.21) よりエントロピーは

$$S = \frac{5}{3}\frac{E}{T} = \frac{5}{2}k_B gV\left(\frac{2\pi m k_B T}{h^2}\right)^{3/2}\zeta\left(\frac{5}{2}\right) = \frac{5}{2}N'(T)\,k_B\frac{\zeta\left(\frac{5}{2}\right)}{\zeta\left(\frac{3}{2}\right)} = \frac{5}{2}Nk_B\left(\frac{T}{T_c}\right)^{3/2}\frac{\zeta\left(\frac{5}{2}\right)}{\zeta\left(\frac{3}{2}\right)}$$

$$(\text{F.22})$$

と表される．ここで $N'(T)$ が (6.60) で与えられ，(6.66) より $N'(T) = N(T/T_c)^{3/2}$ とも表されることを使った．

(F.22) で重要なことは，(6.66) で表される凝縮したボース粒子が一切現れないことである．凝縮した状態はエネルギーが $\varepsilon = 0$ の基底状態であり，この状態の状態数は 1 であって，この状態にある粒子からのエントロピーへの寄与はないのである．

(2) $T \geq T_c$

このときの (F.21) の右辺第 2 項の積分は系の粒子数 N そのものであり，系のエントロピーは理想フェルミ粒子の場合の (6.47) と同じく，

$$S = \frac{5}{3T}E - \frac{1}{T}\mu N \qquad (\text{F.23})$$

と表される．したがって，これに (F.10) と (F.8) を代入すると，エントロピーの表式として

$$\begin{aligned}
S &= \frac{5}{2}k_B gV\left(\frac{2\pi m k_B T}{h^2}\right)^{3/2}\phi\left(\frac{5}{2}, z\right) - \frac{1}{T}\mu gV\left(\frac{2\pi m k_B T}{h^2}\right)^{3/2}\phi\left(\frac{3}{2}, z\right) \\
&= k_B gV\left(\frac{2\pi m k_B T}{h^2}\right)^{3/2}\left\{\frac{5}{2}\phi\left(\frac{5}{2}, z\right) - \frac{\mu}{k_B T}\phi\left(\frac{3}{2}, z\right)\right\} \qquad (\text{F.24})
\end{aligned}$$

が得られる．

194 付　　録

F.4　ヘルムホルツの自由エネルギー

ヘルムホルツの自由エネルギーは

$$F = E - TS \tag{F.25}$$

で定義される．これまでと同様に，ボース凝縮の相転移温度 T_c を挟んで 2 つの場合に分けて考える．

（1） $T < T_c$

(F.11)，(F.12)，(F.22) を (F.25) に代入して，

$$F = E - \frac{5}{3}E = -\frac{2}{3}E = -k_B TgV\left(\frac{2\pi mk_B T}{h^2}\right)^{3/2}\zeta\left(\frac{5}{2}\right) = -Nk_B T\left(\frac{T}{T_c}\right)^{3/2}\frac{\zeta\left(\frac{5}{2}\right)}{\zeta\left(\frac{3}{2}\right)} \tag{F.26}$$

と表される．

（2） $T \geq T_c$

(F.10) と (F.23)，(F.24) を (F.25) に代入して，

$$F = -\frac{2}{3}E + \mu N = -k_B TgV\left(\frac{2\pi mk_B T}{h^2}\right)^{3/2}\phi\left(\frac{5}{2}, z\right) + \mu N \tag{F.27}$$

が得られる．

アッペル関数 $\phi(\sigma, z)$ が (F.4) で，z が (F.2) で定義されているので，ヘルムホルツの自由エネルギー F が (F.26)，(F.27) のようにすべての温度領域で求められたことになる．したがって，原理的には理想ボース気体の他のすべての熱力学的な量が (F.26) と (F.27) から計算できるのである．

付録 G　1 次元イジングモデルの分配関数

1 次元イジングモデルの分配関数は (7.4)，(7.5) より

$$\begin{aligned}
Z &= \sum_{\sigma_1, \sigma_2, \cdots, \sigma_N = \pm 1} \prod_{i=1}^{N} (\cosh\beta J + \sigma_i \sigma_{i+1} \sinh\beta J) \\
&= \sum_{\sigma_1, \sigma_2, \cdots, \sigma_N = \pm 1} (\cosh\beta J + \sigma_1 \sigma_2 \sinh\beta J)(\cosh\beta J + \sigma_2 \sigma_3 \sinh\beta J) \cdots \\
&\qquad \cdots (\cosh\beta J + \sigma_N \sigma_1 \sinh\beta J)
\end{aligned} \tag{G.1}$$

と表される．そこで，スピン変数 σ_1 だけが関わる部分の計算を行うと，

$$\begin{aligned}
&\sum_{\sigma_1 = \pm 1} (\cosh\beta J + \sigma_1 \sigma_2 \sinh\beta J)(\cosh\beta J + \sigma_N \sigma_1 \sinh\beta J) \\
&\quad = (\cosh\beta J + \sigma_2 \sinh\beta J)(\cosh\beta J + \sigma_N \sinh\beta J) \\
&\qquad + (\cosh\beta J - \sigma_2 \sinh\beta J)(\cosh\beta J - \sigma_N \sinh\beta J)
\end{aligned}$$

付録 G　1 次元イジングモデルの分配関数

$$= \cosh^2\beta J + \sigma_2\sinh\beta J\cosh\beta J + \sigma_N\sinh\beta J\cosh\beta J + \sigma_2\sigma_N\sinh^2\beta J$$
$$+ \cosh^2\beta J - \sigma_2\sinh\beta J\cosh\beta J - \sigma_N\sinh\beta J\cosh\beta J + \sigma_2\sigma_N\sinh^2\beta J$$
$$= 2(\cosh^2\beta J + \sigma_2\sigma_N\sinh^2\beta J) \tag{G.2}$$

が得られる．この結果を用いると，(G.1) は

$$Z = 2\sum_{\sigma_2,\cdots,\sigma_N=\pm1}(\cosh^2\beta J + \sigma_2\sigma_N\sinh^2\beta J)(\cosh\beta J + \sigma_2\sigma_3\sinh\beta J)\cdots$$
$$\cdots(\cosh\beta J + \sigma_{N-1}\sigma_N\sinh\beta J) \tag{G.3}$$

となる．

こうして σ_1 だけの部分の計算が終わったので，次に同じようにして，σ_2 だけの部分の計算を行うと，

$$\sum_{\sigma_2=\pm1}(\cosh^2\beta J + \sigma_2\sigma_N\sinh^2\beta J)(\cosh\beta J + \sigma_2\sigma_3\sinh\beta J)$$
$$= (\cosh^2\beta J + \sigma_N\sinh^2\beta J)(\cosh\beta J + \sigma_3\sinh\beta J)$$
$$+ (\cosh^2\beta J - \sigma_N\sinh^2\beta J)(\cosh\beta J - \sigma_3\sinh\beta J)$$
$$= 2(\cosh^3\beta J + \sigma_3\sigma_N\sinh^3\beta J)$$

が得られ，これを (G.3) に代入すると，分配関数は

$$Z = 2^2\sum_{\sigma_2,\cdots,\sigma_N=\pm1}(\cosh^3\beta J + \sigma_3\sigma_N\sinh^3\beta J)(\cosh\beta J + \sigma_3\sigma_4\sinh\beta J)\cdots$$
$$\cdots(\cosh\beta J + \sigma_{N-1}\sigma_N\sinh\beta J)$$

となる．

同じ計算を σ_3, σ_4, $\cdots$ と続けて σ_{N-1} まで行うと，分配関数が

$$Z = 2^{N-2}\sum_{\sigma_{N-1},\sigma_N=\pm1}(\cosh^{N-1}\beta J + \sigma_{N-1}\sigma_N\sinh^{N-1}\beta J)(\cosh\beta J + \sigma_{N-1}\sigma_N\sinh\beta J)$$

となるので，これもこれまでと全く同じように，まず σ_{N-1} について計算すると，

$$Z = 2^{N-1}\sum_{\sigma_N=\pm1}(\cosh^N\beta J + \sigma_N^2\sinh^N\beta J)$$

となるが，$\sigma_N^2 = 1$ であり，σ_N について和をとると，さらに 2 が因子として加わって，結局，分配関数は

$$Z = 2^N(\cosh^N\beta J + \sinh^N\beta J) \tag{G.4}$$

と表されることがわかる．これが，本文の (7.6) に示した表式である．

あ　と　が　き

　統計力学は，微視的な力学・量子力学と巨視的な熱力学の間の橋渡しをする学問である．そもそも熱力学がわかりにくくて厄介な分野であるだけに，統計力学はさらに理解しにくい，難しい分野であるとよくいわれる．これは，50年以上も前に大学で学んだ頃の，筆者自身の偽らざる感想でもある．そして，その理由ははっきりしている．従来の多くの教科書では，統計力学の形式的な方法が紹介されるけれども，なぜそうしなければならないのかという疑問に対するわかりやすい解説がない．その後には，これでもか，これでもかといわんばかりに，延々と難しい計算が続くのである．これでは，数学があまり得意でない学生にとって，統計力学は取り付く島もないものと思われても仕方がない．

　そこで筆者は，理工学部のどの学科に所属する学生であっても，何とか取り付く島がみつけられるような統計力学の教科書を書きたいものと考え，本書でそれを試みた次第である．そのために，統計力学に固有な難しい概念のいくつかを，誰もが楽しんだことのあるサイコロ投げを用いて解説することに1章を費やした．

　統計力学では，アボガドロ定数ほどもある粒子からなる系の振る舞いを扱うので，力学と熱力学を結び付ける際に，確率・統計に頼ることはほとんど必然である．その結果として，統計力学を学びはじめると間もなく，いろいろなアンサンブルの方法に出会うことになる．そして，これがまた，その先に進む際の躓きのもとでもあるとよくいわれる．そこで，本書では，アンサンブルとはどういう考え方で，何を目的としているのかということを，なるべく詳しく解説するように心掛けた．

　統計力学の理解を困難にしているさらなる理由は，出てくる数式がめったやたらに多く，計算しなければならないことが大量にあるということである．よくよくみると，初歩の統計力学で使われている数学はそれほど難しいものではないが，あまりにも多い数式と計算の森の中で，いま自分がどこにいて

あ と が き　　　197

何をしようとしているのかわからなくなり，迷子になってしまうのである．
しかし，私たちの目標はあくまでも物理学としての統計力学の理解であって，
数学的な計算ではない．それを踏まえて，本書では統計力学をなぜ学び，
どのように考えるのかを，初学者にとっつきやすいように，あまり数式や計算
に深入りせず，わかりやすく解説することを心掛けた．もちろん，理工学部
の学生を対象に書いたので，少々の数式や計算は避けられないが，それは
あくまでも，統計力学を学んで理解するために必要なものだけである．

　本書は，大学ではじめて統計力学を学ぶ人のための教科書として書いたも
のである．『物理学講義』シリーズの『力学』や『電磁気学』，『熱力学』，『量子
力学入門』と同様に，統計力学をどのように考えたらよいかを最小限の分量
でわかりやすく書くことに重点をおいたために，本書では重要な話題や興味
深い応用例を十分に取り上げることはできなかった．しかし，もちろん筆者
は，読者が本書を読んで統計力学に興味を抱き，広くて深い統計力学をさら
に学びたい気持ちになることを期待している．

　力学や電磁気学，熱力学，量子力学と同様，統計力学の教科書も数が多く，
選択に困るほどである．そんな中で，筆者の目にとまった教科書をいくつか
以下に列挙して，さらに学びたい読者の参考に供したい．
・戸田盛和 著：「物理入門コース 熱・統計力学」(岩波書店)
　熱力学と統計力学の基礎的な事柄を丁寧に書いてある入門書．
・阿部龍蔵 著：「熱統計力学」(裳華房)
　熱力学からはじめて，統計力学の内容がわかりやすく丁寧に書いてある．
・岡部 豊 著：「裳華房テキストシリーズ－物理学 統計力学」(裳華房)
　統計力学のエッセンスをコンパクトにまとめてある．
・小田垣 孝 著：「統計力学」(裳華房)
　抽象的になりがちな統計力学の内容を，パソコンを用いたシミュレーション
　で実感できるように工夫されている．
・香取眞理 著：「裳華房フィジックスライブラリー 統計力学」(裳華房)
　統計力学の理論的な考え方がしっかりとまとめてあり，統計力学そのもの

を学習したい読者に好適.

・久保亮五 監訳：「バークレー物理学コース5 統計物理（上，下）」（丸善）
このシリーズの他の教科書と同様，物理的な説明がとても詳しくわかりやすい.

・市村 浩 著：「基礎物理学選書10 統計力学（改訂版）」（裳華房）
統計力学の基礎が詳しく丁寧に解説してある．本書の読後にさらに学習したい読者に，ぜひ薦めたい教科書.

・原田義也 著：「統計熱力学」（裳華房）
物理化学において必要な熱力学，統計力学が詳しく解説してある.

・久保亮五 編「大学演習 熱学・統計力学（修訂版）」（裳華房）
熱力学と統計力学で出会う公式と問題を集大成したハンドブックのような著書．手元にあると，何かと役に立つ.

問 題 解 答

すべての問題はその前にある例題か，直前の本文の内容に関係したものばかりである．したがって，もしわからなかったり間違えたりした場合には，関連した例題や本文の説明に戻って，じっくりと考え直してみるとよい．

第 1 章

[問題 1]　例題 1 より，サイコロを振ったときに出る目の平均値が $\mu = 3.5$ なので，この場合の分散 σ^2 は，(1.2) より

$$
\sigma^2 = \sum_{i=1}^{6} (i - \mu)^2 P(i)
$$

$$
= \frac{1}{6} \{ (1-3.5)^2 + (2-3.5)^2 + (3-3.5)^2 + (4-3.5)^2 + (5-3.5)^2 + (6-3.5)^2 \}
$$

$$
= \frac{17.5}{6} \cong 2.92
$$

したがって，標準偏差 σ は

$$
\sigma = \sqrt{\frac{17.5}{6}} \cong 1.71
$$

[問題 2]　(1.5) より，2 項定理 (1.7) を用いて

$$
\sum_{n=0}^{N} P_N(n) = \sum_{n=0}^{N} \binom{N}{n} p^n q^{N-n} = (p + q)^N = 1
$$

すなわち，規格化条件 (1.6) が成り立つ．
　☞　2 項定理 (1.7) を覚えておくと，何かと便利．

[問題 3]　試行回数が $N = 360$，1 の目が出る確率が $p = 1/6$ なので，1 の目が出る回数の平均値 μ は (1.9) より，

$$
\mu = 360 \times \frac{1}{6} = 60
$$

である．また，分散は (1.10) より

$$
\sigma^2 = Np(1 - p) = 360 \times \frac{1}{6} \times \frac{5}{6} = 50
$$

となる．

[問題 4]　(1.15) で $N = 100$ とおくと，

$$
\sigma = \sqrt{\frac{35}{12 \times 100}} \cong 0.17 \tag{1.15}
$$

となり，図 1.11 の結果と一致することがわかる．

第2章

[問題1]　極角 θ，方位角 φ の範囲がそれぞれ，$0 \sim \pi$，$0 \sim 2\pi$ であることに注意して，(2.7) の前の式を θ と φ について積分すると，

$$\frac{V}{(2\pi)^3} k^2 dk \int_0^\pi \sin\theta\, d\theta \int_0^{2\pi} d\varphi = \frac{V}{(2\pi)^3} k^2 dk \left[-\cos\theta\right]_0^\pi \times 2\pi = \frac{4\pi V}{(2\pi)^3} k^2 dk$$

となり，(2.7) が得られる．

☞　3次元極座標 (r, θ, φ) による積分については，拙著：『力学・電磁気学・熱力学のための 基礎数学』の 2.7 節を参照．

[問題2]　$\varepsilon = (1/2m)p^2$ より $p = (2m)^{1/2}\varepsilon^{1/2}$．　∴　$dp = (1/2)(2m)^{1/2}\varepsilon^{-1/2}d\varepsilon$．
これらを (2.11) に代入すると，

$$dV = 4\pi V \times 2m\varepsilon \times \frac{1}{2}(2m)^{1/2}\varepsilon^{-1/2}d\varepsilon = 2\pi V(2m)^{3/2}\varepsilon^{1/2}d\varepsilon$$

が得られ，(2.12) が導かれた．

次に，これを 0 から ε まで積分すると，

$$\int_0^\varepsilon dV = 2\pi V(2m)^{3/2} \int_0^\varepsilon \varepsilon'^{1/2}d\varepsilon' = \frac{4\pi V}{3}(2m\varepsilon)^{3/2}$$

となり，(2.13) が導かれる．

[問題3]　ガンマ関数の定義 (2.18) より $\Gamma(s+1) = \int_0^\infty e^{-t}t^s dt$ であり，これを $f' = e^{-t}$，$g = t^s$ とおいて部分積分すると，$f = -e^{-t}$，$g' = st^{s-1}$ だから，

$$\Gamma(s+1) = \int_0^\infty e^{-t}t^s dt = \left[-e^{-t}t^s\right]_0^\infty - \int_0^\infty (-e^{-t})st^{s-1}dt = s\int_0^\infty e^{-t}t^{s-1}dt = s\,\Gamma(s)$$

となって，(2.19) が導かれる．ただし，$s > 0$ のとき，$\left[-e^{-t}t^s\right]_0^\infty = 0$ であることを使った．

特に，s が自然数 $n(= 1, 2, 3, \cdots)$ のとき，(2.19) を順々に使って，

$$\Gamma(n+1) = n\Gamma(n) = n(n-1)\Gamma(n-1) = \cdots = n(n-1)\cdot\cdots\cdot3\cdot2\cdot1\cdot\Gamma(1)$$
$$= n!\,\Gamma(1)$$

となる．ここで，$n!$ は自然数を 1 から順に n まで掛ける記号であり，**n 階乗**といい，

$$n! = 1\cdot2\cdot3\cdot\cdots\cdot(n-1)\,n$$

である．

ところで，ガンマ関数の定義 (2.18) より

$$\Gamma(1) = \int_0^\infty e^{-t}dt = \left[-e^{-t}\right]_0^\infty = 1$$

なので，これを (1) に代入すれば，

$$\Gamma(n+1) = n!$$

が得られ，(2.20) が導かれる．

第 4 章

第3章

[問題1] この場合のはじめと終わりの微視的状態数の比は，例題1と同じように計算して，

$$\frac{W_{\mathrm{i}}(E)}{W_{\mathrm{f}}(E)} = \frac{\dfrac{3N}{2}\left(\dfrac{2\pi m}{h^2}\right)^{3N/2} \dfrac{(3V/4)^N}{\Gamma\left(\dfrac{3N}{2}+1\right)} E^{(3N/2)-1}\varDelta E}{\dfrac{3N}{2}\left(\dfrac{2\pi m}{h^2}\right)^{3N/2} \dfrac{V^N}{\Gamma\left(\dfrac{3N}{2}+1\right)} E^{(3N/2)-1}\varDelta E} = \left(\frac{3}{4}\right)^N$$

が得られ，この場合も例題1の場合と同様に，はじめの状態数 $W_{\mathrm{i}}(E)$ が終わりの状態数 $W_{\mathrm{f}}(E)$ に比べて圧倒的に小さいが，この比の値は例題1の場合より一層大きい．

[問題2] 例題2の解の (3) の右辺で，E が E^* よりはるかに小さく，0 に近いときには，第1項が第2項より圧倒的に大きく，微分値は正となり，$\log P(E)$ は $E < E^*$ で増加関数．それに対して，E が E^* よりはるかに大きく，$E^{(0)}$ に近いときには，第2項が負でその絶対値が第1項よりはるかに大きく，微分値は負となり，$\log P(E)$ は $E > E^*$ で減少関数．したがって，$\log P(E)$ の極値は最大値である．

[問題3] 熱力学第1法則 $dE = TdS - pdV$ の両辺を，体積 V が一定の下で E で微分すると，

$$1 = T\left(\frac{\partial S}{\partial E}\right)_V, \qquad \therefore \quad \frac{1}{T} = \left(\frac{\partial S}{\partial E}\right)_V$$

が得られ，(3.16) が導かれる．本文では系の体積 V は一定と考えているので，右辺の下付きの V を省略しているのである．

[問題4] 本文の例の場合と同じく，全く同じ系を2つ合わせて1つの系とした場合のエントロピー S' は，(3.36) で V が $2V$ に，N が $2N$ になるだけで，$2V/2N = V/N$ は変わらないので，$S' = 2S$ となってギブス・パラドックスは現れず，この場合のエントロピー (3.36) が示量変数であることがわかる．

第4章

[問題1] (4.12) の対数をとり，スターリングの公式 (B.3) を $n_j!$ に適用すると，

$$\log W(E, V, N) = \sum_j n_j \log \varDelta_j - \sum_j \log n_j! \cong \sum_j n_j \log \varDelta_j - \sum_j (n_j \log n_j - n_j)$$
$$= N + \sum_j n_j \log \varDelta_j - \sum_j n_j \log n_j$$

となって，(4.14) が得られる．ここで最後の式の変形には (4.8) を使った．

[問題2] (4.14) の $\{n_j\}$ に $\{n_j^*\}$ を代入したものを $\log W^*(E, V, N)$ とすると，それは

$$\log W^*(E, V, N) = N + \sum_j n_j^* \log \Delta_j - \sum_j n_j^* \log n_j^* = N - \sum_j n_j^* \log \frac{n_j^*}{\Delta_j}$$

$$= N - \sum_j n_j^*(-\alpha - \beta \varepsilon_j) = (1 + \alpha)N + \beta E$$

となり，(4.24) が成り立つことがわかる．ここで第 3 式から第 4 式への変形には (4.18) を使い，最後の変形には (4.8) と (4.9) を使った．

[問題 3]　(4.23) の左辺の分子は，j についての和 $\sum_j \Delta_j$ の代わりに k についての和 $\sum_k$ に置き換えると $\sum_k \varepsilon_k e^{-\beta \varepsilon_k}$ となるので，これを計算すると

$$\sum_k \varepsilon_k e^{-\beta \varepsilon_k} = -\frac{\partial}{\partial \beta} \sum_k e^{-\beta \varepsilon_k} = -\frac{\partial Z_1}{\partial \beta} = \frac{3}{2\beta} \frac{V}{(2\pi)^3} \left(\frac{2\pi m}{\beta \hbar^2}\right)^{3/2} = \frac{3}{2} k_B T Z_1$$

となり，(4.29) が得られる．上式の 2 番目の等号では $Z_1 = \sum_k e^{-\beta \varepsilon_k}$ を，3 番目および最後の等号では (4.28) を用いた．

☞　ヒントに記した等式 $\varepsilon_k e^{-\beta \varepsilon_k} = -(\partial / \partial \beta) e^{-\beta \varepsilon_k}$ やこれに類する関係式は，和や積分がすでにわかっている結果を微分することで容易に計算できることを意味する．このような場合がしばしばあるので，覚えておくと便利である．

[問題 4]　(3.31) の両辺に対して，すべての状態について和をとると，

$$\sum_i P(E_i) = C \sum_i e^{-\beta E_i}$$

となる．上式の左辺は確率の規格化から 1 であり，右辺の和は (4.41) より分配関数 Z に等しい．したがって，係数 C は $C = 1/Z$ となり，これを (3.31) に代入すると，

$$P(E_i) = \frac{e^{-\beta E_i}}{Z}$$

が得られる．これは (4.42) に等しく，(4.42) は規格化条件を満たしていることがわかる．

[問題 5]　1 個の 1 次元調和振動子の分配関数 $Z_1 = \sum_{n=0}^{\infty} e^{-\beta \varepsilon_n}$ は，この右辺に (4.57) を代入し，等比級数の公式を用いれば

$$Z_1 = e^{-\beta \hbar \omega / 2} \sum_{n=0}^{\infty} e^{-\beta \hbar \omega n} = \frac{e^{-\beta \hbar \omega / 2}}{1 - e^{-\beta \hbar \omega}} = \frac{e^{\beta \hbar \omega / 2}}{e^{\beta \hbar \omega} - 1}$$

となり，(4.58) が得られる．

[問題 6]　1 個の 1 次元調和振動子の平均エネルギー ε は，(4.46) より $\varepsilon = -(\partial / \partial \beta) \log Z_1$ で与えられるので，これに (4.58) を代入して

第 4 章

$$\varepsilon = -\frac{\partial}{\partial\beta}\log Z_1 = -\frac{1}{Z_1}\frac{\partial Z_1}{\partial\beta} = -\frac{e^{\beta\hbar\omega}-1}{e^{\beta\hbar\omega/2}}\frac{\frac{1}{2}\hbar\omega e^{\beta\hbar\omega/2}(e^{\beta\hbar\omega}-1)-e^{\beta\hbar\omega/2}\hbar\omega e^{\beta\hbar\omega}}{(e^{\beta\hbar\omega}-1)^2}$$

$$= -\hbar\omega\frac{\frac{1}{2}(e^{\beta\hbar\omega}-1)-e^{\beta\hbar\omega}}{e^{\beta\hbar\omega}-1} = -\hbar\omega\frac{\frac{1}{2}(e^{\beta\hbar\omega}-1)-(e^{\beta\hbar\omega}-1)-1}{e^{\beta\hbar\omega}-1}$$

$$= -\hbar\omega\frac{-\frac{1}{2}(e^{\beta\hbar\omega}-1)-1}{e^{\beta\hbar\omega}-1} = \hbar\omega\left(\frac{1}{2}+\frac{1}{e^{\beta\hbar\omega}-1}\right)$$

となり，(4.59) の最後の式が得られる.

[問題7] (4.49) より $F = -k_\mathrm{B}T\log Z$ なので，これに (4.61) の $Z = Z_1{}^N$ を代入し，さらに (4.58) の Z_1 を代入すると，

$$F = -k_\mathrm{B}T\log Z = -Nk_\mathrm{B}T\log Z_1 = -Nk_\mathrm{B}T\log\frac{e^{\beta\hbar\omega/2}}{e^{\beta\hbar\omega}-1}$$

$$= -Nk_\mathrm{B}T\left\{\frac{1}{2}\beta\hbar\omega-\log(e^{\beta\hbar\omega}-1)\right\} = -\frac{1}{2}N\hbar\omega+Nk_\mathrm{B}T\log(e^{\beta\hbar\omega}-1)$$

が得られる. これが N 個の 1 次元調和振動子からなる理想系のヘルムホルツの自由エネルギーである.

[問題8] 系の温度 T，体積 V が一定のもとで，(4.86) をもう一度 μ で微分すると，

$$\frac{\partial N}{\partial\mu} = k_\mathrm{B}T\frac{\partial}{\partial\mu}\left(\frac{1}{Z_\mathrm{G}}\frac{\partial Z_\mathrm{G}}{\partial\mu}\right) = k_\mathrm{B}T\left\{\frac{1}{Z_\mathrm{G}}\frac{\partial^2 Z_\mathrm{G}}{\partial\mu^2}-\left(\frac{1}{Z_\mathrm{G}}\frac{\partial Z_\mathrm{G}}{\partial\mu}\right)^2\right\} \tag{1}$$

が得られる. また，大分配関数 (4.77) を化学ポテンシャル μ で微分すれば，

$$\frac{\partial Z_\mathrm{G}}{\partial\mu} = \beta\sum_{i,j}N_j e^{-\beta(E_{ij}-\mu N_j)}, \qquad \frac{\partial^2 Z_\mathrm{G}}{\partial\mu^2} = \beta^2\sum_{i,j}N_j{}^2 e^{-\beta(E_{ij}-\mu N_j)}$$

となる. これらを大分配関数 Z_G で割ると，平均値の定義 (4.68) より

$$\frac{1}{Z_\mathrm{G}}\frac{\partial Z_\mathrm{G}}{\partial\mu} = \beta\langle N\rangle, \qquad \frac{1}{Z_\mathrm{G}}\frac{\partial^2 Z_\mathrm{G}}{\partial\mu^2} = \beta^2\langle N^2\rangle \tag{2}$$

となる. ここで，$\langle N\rangle$，$\langle N^2\rangle$ はそれぞれ，統計力学的に求められた系の粒子数およびその 2 乗の平均値である. (2) を (1) に代入すれば

$$\frac{\partial N}{\partial\mu} = k_\mathrm{B}T\{\beta^2\langle N^2\rangle-(\beta\langle N\rangle)^2\} = \frac{1}{k_\mathrm{B}T}\{\langle N^2\rangle-\langle N\rangle^2\} = \frac{1}{k_\mathrm{B}T}\langle(N-\langle N\rangle)^2\rangle \tag{3}$$

が得られる. ここで，統計力学的に求められた系の粒子数 N の平均値からの揺らぎ $\varDelta N = N-\langle N\rangle$ を用いると，(3) は

$$\frac{\partial N}{\partial\mu} = \frac{1}{k_\mathrm{B}T}\langle(\varDelta N)^2\rangle$$

となって，確かに (4.87) が導かれる.

[問題 9]　系のエントロピー S, 化学ポテンシャル μ は (4.83) よりそれぞれ,

$$S = -\left(\frac{\partial G}{\partial T}\right)_{p,N}, \qquad \mu = \left(\frac{\partial G}{\partial N}\right)_{T,p}$$

と表される. これらに (4.90) を代入すると,

$$S = k_{\mathrm{B}}\log \Xi_{\mathrm{G}} + k_{\mathrm{B}}T\left(\frac{\partial \log \Xi_{\mathrm{G}}}{\partial T}\right)_{p,N}, \qquad \mu = -k_{\mathrm{B}}T\left(\frac{\partial \log \Xi_{\mathrm{G}}}{\partial N}\right)_{T,p}$$

が得られる.

第5章

[問題 1]　(5.4) の対数をとると,

$$
\begin{aligned}
\log Z_{\mathrm{AB}} &= N\log V - \log N_{\mathrm{A}}! - \log N_{\mathrm{B}}! + \frac{3N_{\mathrm{A}}}{2}\log\left(\frac{2\pi m_{\mathrm{A}}k_{\mathrm{B}}T}{h^2}\right) + \frac{3N_{\mathrm{B}}}{2}\log\left(\frac{2\pi m_{\mathrm{B}}k_{\mathrm{B}}T}{h^2}\right) \\
&= N\log V - (N_{\mathrm{A}}\log N_{\mathrm{A}} - N_{\mathrm{A}}) - (N_{\mathrm{B}}\log N_{\mathrm{B}} - N_{\mathrm{B}}) \\
&\quad + \frac{3N_{\mathrm{A}}}{2}\log\left(\frac{2\pi m_{\mathrm{A}}k_{\mathrm{B}}T}{h^2}\right) + \frac{3N_{\mathrm{B}}}{2}\log\left(\frac{2\pi m_{\mathrm{B}}k_{\mathrm{B}}T}{h^2}\right) \\
&= N\log V - N_{\mathrm{A}}\log N_{\mathrm{A}} - N_{\mathrm{B}}\log N_{\mathrm{B}} + N \\
&\quad + \frac{3N_{\mathrm{A}}}{2}\log\left(\frac{2\pi m_{\mathrm{A}}k_{\mathrm{B}}T}{h^2}\right) + \frac{3N_{\mathrm{B}}}{2}\log\left(\frac{2\pi m_{\mathrm{B}}k_{\mathrm{B}}T}{h^2}\right)
\end{aligned}
$$

となって, (5.5) が示された. ここで第 2 の等号の変形でスターリングの公式 (B.3) を用い, 第 3 の等号の変形では $N_{\mathrm{A}} + N_{\mathrm{B}} = N$ であることを使った.

[問題 2]　まず, (5.5) を T で微分すると,

$$\left(\frac{\partial \log Z_{\mathrm{AB}}}{\partial T}\right)_{V,N} = \frac{3N_{\mathrm{A}}}{2T} + \frac{3N_{\mathrm{B}}}{2T} = \frac{3N}{2T}$$

となる. これと (5.5) を (5.9) に代入すると,

$$
\begin{aligned}
S &= Nk_{\mathrm{B}}\log V - N_{\mathrm{A}}k_{\mathrm{B}}\log N_{\mathrm{A}} - N_{\mathrm{B}}k_{\mathrm{B}}\log N_{\mathrm{B}} + Nk_{\mathrm{B}} \\
&\quad + \frac{3N_{\mathrm{A}}k_{\mathrm{B}}}{2}\log\left(\frac{2\pi m_{\mathrm{A}}k_{\mathrm{B}}T}{h^2}\right) + \frac{3N_{\mathrm{B}}k_{\mathrm{B}}}{2}\log\left(\frac{2\pi m_{\mathrm{B}}k_{\mathrm{B}}T}{h^2}\right) + \frac{3Nk_{\mathrm{B}}}{2} \\
&= N_{\mathrm{A}}k_{\mathrm{B}}\left\{\log V - \log N_{\mathrm{A}} + \frac{3}{2}\log T + \frac{3}{2}\log\left(\frac{2\pi m_{\mathrm{A}}k_{\mathrm{B}}}{h^2}\right) + \frac{5}{2}\right\} \\
&\quad + N_{\mathrm{B}}k_{\mathrm{B}}\left\{\log V - \log N_{\mathrm{B}} + \frac{3}{2}\log T + \frac{3}{2}\log\left(\frac{2\pi m_{\mathrm{B}}k_{\mathrm{B}}}{h^2}\right) + \frac{5}{2}\right\} \\
&= N_{\mathrm{A}}k_{\mathrm{B}}\left(\log\frac{V}{N_{\mathrm{A}}} + \frac{3}{2}\log T + \sigma_{0\mathrm{A}}\right) + N_{\mathrm{B}}k_{\mathrm{B}}\left(\log\frac{V}{N_{\mathrm{B}}} + \frac{3}{2}\log T + \sigma_{0\mathrm{B}}\right) \\
&= S_{\mathrm{A}} + S_{\mathrm{B}}
\end{aligned}
$$

となって, (5.10) が導かれた. ここで, 第 2 の等号の変形で $N_{\mathrm{A}} + N_{\mathrm{B}} = N$ であることを使った.

第 5 章

[問題 3] ボルツマン関係式 (3.27) に (5.16) を代入し，スターリングの公式 (B.3) を用いると，

$$
\begin{aligned}
S = k_{\mathrm{B}} \log W(E, N) &= k_{\mathrm{B}} \log \frac{N!}{N_1! N_2!} \\
&= k_{\mathrm{B}} \{ N \log N - N - (N_1 \log N_1 - N_1) - (N_2 \log N_2 - N_2) \} \\
&= k_{\mathrm{B}} (N \log N - N_1 \log N_1 - N_2 \log N_2)
\end{aligned}
$$

となり，(5.17) が示された．ただし，最後の等号での変形には $N = N_1 + N_2$ を用いた．

[問題 4] (5.19) の右辺は，N を一定にして (5.18) を E で微分することなので，

$$
\begin{aligned}
\frac{1}{T} = -\frac{1}{2} N k_{\mathrm{B}} &\left\{ -\frac{1}{N\varepsilon} \log\Big(1 - \frac{E}{N\varepsilon}\Big) + \Big(1 - \frac{E}{N\varepsilon}\Big) \frac{-\dfrac{1}{N\varepsilon}}{\Big(1 - \dfrac{E}{N\varepsilon}\Big)} + \frac{1}{N\varepsilon} \log\Big(1 + \frac{E}{N\varepsilon}\Big) \right. \\
&\left. + \Big(1 + \frac{E}{N\varepsilon}\Big) \frac{\dfrac{1}{N\varepsilon}}{\Big(1 + \dfrac{E}{N\varepsilon}\Big)} \right\} \\
= \frac{k_{\mathrm{B}}}{2\varepsilon} &\left\{ \log\Big(1 - \frac{E}{N\varepsilon}\Big) - \log\Big(1 + \frac{E}{N\varepsilon}\Big) \right\}
\end{aligned}
$$

となり，(5.20) が導かれた．

[問題 5] (5.20) より，

$$
\log \frac{N\varepsilon - E}{N\varepsilon + E} = \frac{2\varepsilon}{k_{\mathrm{B}} T} = 2\beta\varepsilon, \qquad \therefore \ \frac{N\varepsilon - E}{N\varepsilon + E} = e^{2\beta\varepsilon} \tag{1}
$$

(1) を E について解くと，

$$
E = N\varepsilon \frac{1 - e^{2\beta\varepsilon}}{1 + e^{2\beta\varepsilon}} = -N\varepsilon \frac{e^{\beta\varepsilon} - e^{-\beta\varepsilon}}{e^{\beta\varepsilon} + e^{-\beta\varepsilon}} = -N\varepsilon \tanh\beta\varepsilon \tag{2}
$$

が得られ，(5.21) が導かれた．

(2) を T で微分すると，$\beta = 1/k_{\mathrm{B}} T$ に注意して，

$$
\begin{aligned}
\frac{\partial E}{\partial T} &= -N\varepsilon \frac{d\beta}{dT} \frac{d}{d\beta} \tanh\beta\varepsilon = -N\varepsilon \Big(\frac{-1}{k_{\mathrm{B}} T^2}\Big) \frac{d}{d\beta} \frac{e^{\beta\varepsilon} - e^{-\beta\varepsilon}}{e^{\beta\varepsilon} + e^{-\beta\varepsilon}} \\
&= N k_{\mathrm{B}} \varepsilon \beta^2 \frac{\varepsilon(e^{\beta\varepsilon} + e^{-\beta\varepsilon})^2 - \varepsilon(e^{\beta\varepsilon} - e^{-\beta\varepsilon})^2}{(e^{\beta\varepsilon} + e^{-\beta\varepsilon})^2} = N k_{\mathrm{B}} (\beta\varepsilon)^2 \frac{4}{(e^{\beta\varepsilon} + e^{-\beta\varepsilon})^2} \\
&= N k_{\mathrm{B}} (\beta\varepsilon)^2 \frac{1}{\cosh^2 \beta\varepsilon} = N k_{\mathrm{B}} (\beta\varepsilon)^2 \operatorname{sech}^2 \beta\varepsilon
\end{aligned}
$$

が得られる．上式の粒子数 N をアボガドロ定数 N_{A} で置き換えると，(5.23) が得られる．

[問題 6] (5.24) で外部磁場が弱いことから $|\beta\mu H| \ll 1$ とおくことができ，$|x| \ll 1$

のときの近似式 $\tanh x \cong x$ を使って

$$M \cong N\mu^2\beta H$$

となる．これより

$$\chi = \frac{\partial M}{\partial H} = N\mu^2\beta = \frac{N\mu^2}{k_B T}$$

が得られ，(5.25) が導かれる．

[問題7] 理想気体のエネルギーが $E = (3/2)Nk_B T$ なので，$T = (2/3k_B)E/N$ となる．これを理想気体のエントロピーの表式 (3.36) に代入すると，

$$S = Nk_B\left\{\log\frac{V}{N} + \frac{3}{2}\log\left(\frac{2}{3k_B}\frac{E}{N}\right) + \sigma_0\right\} = Nk_B\left(\log\frac{V}{N} + \frac{3}{2}\log\frac{E}{N} + \sigma_0 + \frac{3}{2}\log\frac{2}{3k_B}\right)$$

と表され，(5.29) が導かれる．これを N で微分すると，

$$\begin{aligned}
\left(\frac{\partial S}{\partial N}\right)_{E,V} &= k_B\left(\log\frac{V}{N} + \frac{3}{2}\log\frac{E}{N} + \sigma_0 + \frac{3}{2}\log\frac{2}{3k_B}\right) + Nk_B\left(-\frac{1}{N} - \frac{3}{2N}\right)\\
&= k_B\left\{\log\frac{V}{N} + \frac{3}{2}\log\left(\frac{2}{3k_B}\frac{E}{N}\right) + \sigma_0 - \frac{5}{2}\right\}\\
&= k_B\left\{\log\frac{V}{N} + \frac{3}{2}\log T + \frac{3}{2}\log\left(\frac{2\pi m k_B}{h^2}\right)\right\}\\
&= k_B\left\{\log\frac{V}{N} + \frac{3}{2}\log\left(\frac{2\pi m k_B T}{h^2}\right)\right\} = k_B\log\left\{\frac{V}{N}\left(\frac{2\pi m k_B T}{h^2}\right)^{3/2}\right\} \quad (1)
\end{aligned}$$

となる．ただし，第3の等号の変形で (3.23) と (3.37) を使った．

(1) を (5.28) に代入すると，

$$\mu = -k_B T\log\left\{\frac{V}{N}\left(\frac{2\pi m k_B T}{h^2}\right)^{3/2}\right\} \tag{2}$$

が得られ，(5.30) が導かれた．(2) を変形すれば，

$$-\frac{\mu}{k_B T} = -\beta\mu = \log\left\{\frac{V}{N}\left(\frac{2\pi m k_B T}{h^2}\right)^{3/2}\right\}$$

$$\therefore \quad e^{-\beta\mu} = \frac{V}{N}\left(\frac{2\pi m k_B T}{h^2}\right)^{3/2} = \frac{k_B T}{p}\left(\frac{2\pi m k_B T}{h^2}\right)^{3/2}$$

が得られ，(5.31) が導かれる．ただし，最後の変形で理想気体の状態方程式 $pV = Nk_B T$ を使った．

[問題8] (5.37) の右辺で，まず A 分子の数の微小変化 dN_A だけを考えると，Z_{1A} は1分子の分配関数であって N_A が含まれないことから，

$$\begin{aligned}
d(N_A\log Z_{1A} - N_A\log N_A + N_A) &= dN_A\log Z_{1A} - dN_A\log N_A - N_A\frac{dN_A}{N_A} + dN_A\\
&= dN_A\log Z_{1A} - dN_A\log N_A = dN_A\log\frac{Z_{1A}}{N_A}
\end{aligned}$$

第 5 章

となる．B，AB 分子についても同様の式が得られるので，それらをまとめて $d\log Z_{\text{A,B,AB}}$ を求めると，(5.38) の中央の式が得られる．

[問題 9] まず，(5.44) より

$$\left\langle \frac{1}{2} m\omega^2 x^2 \right\rangle = \frac{\displaystyle\int_{-\infty}^{\infty} \frac{1}{2} m\omega^2 x^2 e^{-(\beta m\omega^2/2)x^2}\,dx}{\displaystyle\int_{-\infty}^{\infty} e^{-(\beta m\omega^2/2)x^2}\,dx} \tag{1}$$

である．(1) の右辺の分母はガウス積分 (A.6) の形をしており，これを使うと，

$$\int_{-\infty}^{\infty} e^{-(\beta m\omega^2/2)x^2}\,dx = \sqrt{\frac{2\pi}{\beta m\omega^2}} \tag{2}$$

となる．(1) の右辺の分子は，

$$\int_{-\infty}^{\infty} \frac{1}{2} m\omega^2 x^2 e^{-(\beta m\omega^2/2)x^2}\,dx = -\frac{\partial}{\partial \beta} \int_{-\infty}^{\infty} e^{-(\beta m\omega^2/2)x^2}\,dx = -\frac{d}{d\beta}\sqrt{\frac{2\pi}{\beta m\omega^2}}$$

$$= \frac{1}{2\beta}\sqrt{\frac{2\pi}{\beta m\omega^2}} \tag{3}$$

となり，わざわざ積分するまでもなく，(2) を微分して求められる．(2) と (3) を (1) の右辺に代入すると

$$\left\langle \frac{1}{2} m\omega^2 x^2 \right\rangle = \frac{1}{2\beta} = \frac{1}{2} k_{\text{B}} T$$

となって，(5.48) が導かれる．

[問題 10] (5.43) の分配関数は 2 つのガウス積分 (5.45) と前問の解答の式 (2) の積なので，

$$Z = \int_{-\infty}^{\infty} dp_x \int_{-\infty}^{\infty} dx\, e^{-\beta u} = \sqrt{\frac{2\pi m}{\beta}}\sqrt{\frac{2\pi}{\beta m\omega^2}} = \frac{2\pi}{\beta\omega}$$

となる．$\langle u \rangle$ は平均値の定義に従って $\langle u \rangle = \dfrac{1}{Z}\displaystyle\int_{-\infty}^{\infty} dp_x \int_{-\infty}^{\infty} dx\, u\, e^{-\beta u}$ なので，

$$\langle u \rangle = -\frac{1}{Z}\frac{\partial}{\partial \beta}\int_{-\infty}^{\infty} dp_x \int_{-\infty}^{\infty} dx\, e^{-\beta u} = -\frac{1}{Z}\frac{d}{d\beta}\left(\frac{2\pi}{\beta\omega}\right) = -\frac{\beta\omega}{2\pi}\left(-\frac{2\pi}{\beta^2\omega}\right) = \frac{1}{\beta} = k_{\text{B}} T$$

となり，(5.49) が導かれる．

[問題 11] 高温の極限 ($T \to \infty$，$\beta \to 0$) で $e^{\beta\hbar\omega} \cong 1 + \beta\hbar\omega$ なので，これを (4.59) に代入すると，

$$\varepsilon \cong \hbar\omega\left(\frac{1}{2} + \frac{1}{1 + \beta\hbar\omega - 1}\right) = \hbar\omega\left(\frac{1}{2} + \frac{k_{\text{B}} T}{\hbar\omega}\right) \cong k_{\text{B}} T$$

となって，(5.49) が再現される．

[問題 12] $T \to \infty$ の極限で $e^{h\nu_{\text{E}}/k_{\text{B}} T} \cong 1 + h\nu_{\text{E}}/k_{\text{B}} T$ なので，これを (5.54) に代入して

$$C_V \cong 3R\left(\frac{h\nu_E}{k_B T}\right)^2 \frac{1+\dfrac{h\nu_E}{k_B T}}{\left(1+\dfrac{h\nu_E}{k_B T}-1\right)^2} \cong 3R\left(\frac{h\nu_E}{k_B T}\right)^2 \frac{1}{\left(\dfrac{h\nu_E}{k_B T}\right)^2} = 3R$$

$T\to 0$ の極限で $e^{h\nu_E/k_B T} \gg 1$ なので,

$$C_V \cong 3R\left(\frac{h\nu_E}{k_B T}\right)^2 \frac{e^{h\nu_E/k_B T}}{(e^{h\nu_E/k_B T})^2} = 3R\left(\frac{h\nu_E}{k_B T}\right)^2 e^{-h\nu_E/k_B T}$$

☞ ここでも,指数関数 e^x の極限的な振る舞いが問題.

[問題 13] (5.68) の T による微分を $\beta = 1/k_B T$ の微分に換えると

$$C_V = \frac{\partial E}{\partial T} = \frac{d\beta}{dT}\frac{\partial E}{\partial \beta} = \left(\frac{-1}{k_B T^2}\right)\frac{9N_A h}{\nu_D^{\ 3}}\int_0^{\nu_D}\frac{-h\nu e^{\beta h\nu}\nu^3\,d\nu}{(e^{\beta h\nu}-1)^2} = \frac{9N_A k_B h}{\nu_D^{\ 3}(k_B T)^2}\int_0^{\nu_D}\frac{h\nu e^{\beta h\nu}\nu^3\,d\nu}{(e^{\beta h\nu}-1)^2} \tag{1}$$

となる.次に,$\beta h\nu = h\nu/k_B T = x$ とおいて ν の積分を x の積分に換えると,$\nu = (k_B T/h)x$, $d\nu = (k_B T/h)dx$ であり,積分の上限は ν_D から $h\nu_D/k_B T = \Theta_D/T$ に変わる.ここで,デバイ温度 Θ_D の定義 (5.63) を用いた.したがって,(1) は

$$C_V = \frac{9N_A k_B h}{\nu_D^{\ 3}(k_B T)^2}\int_0^{\Theta_D/T}\frac{k_B T x e^x}{(e^x-1)^2}\left(\frac{k_B T}{h}\right)^4 x^3\,dx = 9N_A k_B\left(\frac{k_B T}{h\nu_D}\right)^3\int_0^{\Theta_D/T}\frac{x^4 e^x\,dx}{(e^x-1)^2}$$

となり,再びデバイ温度 Θ_D の定義 (5.63) を用いると,(5.69) が得られる.

[問題 14] 高温の極限では $0 < x = h\nu/k_B T \ll 1$ なので,(5.69) の右辺の被積分関数の分子にある e^x は展開の第 1 項で近似して $e^x \cong 1$ とおくことができる.また,分母にある e^x はその後に 1 があることを考慮すれば,展開の第 2 項までの近似で,$e^x \cong 1+x$ とおくことができる.これらを (5.69) の右辺に代入すると,

$$C_V \cong 9R\left(\frac{T}{\Theta_D}\right)^3\int_0^{\Theta_D/T}x^2\,dx = 9R\left(\frac{T}{\Theta_D}\right)^3\frac{1}{3}\left(\frac{\Theta_D}{T}\right)^3 = 3R$$

となり,(5.70) が得られる.

[問題 15] (5.68) でも右辺の積分の積分変数を問題 13 と同様に,ν から $x = \beta h\nu = h\nu/k_B T$ に換えると,固体の内部エネルギー E は

$$E = \frac{9N_A h}{\nu_D^{\ 3}}\left(\frac{k_B T}{h}\right)^4\int_0^{\Theta_D/T}\frac{x^3\,dx}{e^x-1} = \frac{9RT^4}{\Theta_D^{\ 3}}\int_0^{\Theta_D/T}\frac{x^3\,dx}{e^x-1} \tag{1}$$

となる.ここでも,デバイ温度 Θ_D の定義 (5.63) および気体定数 $R = N_A k_B$ を用いた.

高温の極限では $0 < x = h\nu/k_B T \ll 1$ なので,(1) の右辺の被積分関数の分母にある e^x は $1+x$ と近似できる.これを (5.68) に代入すると,

$$E \cong \frac{9RT^4}{\Theta_D^{\ 3}}\int_0^{\Theta_D/T}x^2\,dx = \frac{9RT^4}{\Theta_D^{\ 3}}\frac{1}{3}\left(\frac{\Theta_D}{T}\right)^3 = 3RT$$

となるので,これを T で微分すれば,確かに (5.70) が得られる.

第 6 章 **209**

低温の極限では，例題 5 で示されているように，(1) の積分の上限 Θ_D/T を ∞ とおくことができるので，

$$E \cong \frac{9RT^4}{\Theta_D{}^3} \int_0^\infty \frac{x^3 dx}{e^x - 1} = \frac{9RT^4}{\Theta_D{}^3} \frac{\pi^4}{15} = \frac{3\pi^4 RT^4}{5\Theta_D{}^3}$$

となる．これを T で微分すれば，確かに (5.71) が得られる．

☞ 高温および低温の極限で比熱を求めるだけなら，ここで行ったように，内部エネルギーを求めてからの方が幾分計算が簡単になることに注意．

第 6 章

[問題 1]　(6.17) の平均をとると，

$$\langle \varepsilon_n \rangle = \varepsilon_\nu = \left(\langle n \rangle + \frac{1}{2} \right) h\nu = \frac{1}{2} h\nu + n_\nu h\nu$$

となるので，これに (6.16) を代入すれば，直ちに (6.18) が得られる．

[問題 2]　フェルミ粒子系の熱平衡状態でのエントロピー S は，(3.27) と (6.20) で n_j を熱平衡分布 $n_j{}^*$ とおき，

$$\begin{aligned}
S &= k_B \log \prod_j \frac{\Delta_j!}{n_j{}^*! (\Delta_j - n_j{}^*)!} = k_B \sum_j \{\log \Delta_j! - \log n_j{}^*! - \log (\Delta_j - n_j{}^*)!\} \\
&= k_B \sum_j \big[(\Delta_j \log \Delta_j - \Delta_j) - (n_j{}^* \log n_j{}^* - n_j{}^*) \\
&\qquad\qquad - \{(\Delta_j - n_j{}^*) \log (\Delta_j - n_j{}^*) - (\Delta_j - n_j{}^*)\} \big] \\
&= k_B \sum_j \{\Delta_j \log \Delta_j - n_j{}^* \log n_j{}^* - (\Delta_j - n_j{}^*) \log (\Delta_j - n_j{}^*)\} \\
&= k_B \sum_j \left(n_j{}^* \log \frac{\Delta_j - n_j{}^*}{n_j{}^*} + \Delta_j \log \frac{\Delta_j}{\Delta_j - n_j{}^*} \right)
\end{aligned}$$

で与えられる．これはボース統計の場合の (6.9) に対応する．

[問題 3]　フェルミ粒子の熱平衡分布 (6.21) を使うと，

$$\frac{\Delta_j - n_j{}^*}{n_j{}^*} = e^{\alpha + \beta \varepsilon_j}, \qquad \frac{\Delta_j}{\Delta_j - n_j{}^*} = \frac{e^{\alpha + \beta \varepsilon_j} + 1}{e^{\alpha + \beta \varepsilon_j}} = 1 + e^{-\alpha - \beta \varepsilon_j} \qquad (1)$$

となる．系の温度 T は熱力学関係 (3.16) で与えられるので，エントロピーとして前問の式の最後から 2 番目の等号の後の式を用い，途中の計算で (1) を使うと，

$$\begin{aligned}
\frac{1}{T} &= \left(\frac{\partial S}{\partial E} \right)_V = k_B \sum_j \left\{ -\frac{\partial n_j{}^*}{\partial E} \log n_j{}^* - \frac{\partial n_j{}^*}{\partial E} + \frac{\partial n_j{}^*}{\partial E} \log (\Delta_j - n_j{}^*) + \frac{\partial n_j{}^*}{\partial E} \right\} \\
&= k_B \sum_j \frac{\partial n_j{}^*}{\partial E} \log \frac{\Delta_j - n_j{}^*}{n_j{}^*} = k_B \sum_j \frac{\partial n_j{}^*}{\partial E} (\alpha + \beta \varepsilon_j) = k_B \frac{\partial}{\partial E} \sum_j (\alpha n_j{}^* + \beta n_j{}^* \varepsilon_j) \\
&= k_B \frac{\partial}{\partial E} (\alpha N + \beta E) = k_B \beta
\end{aligned}$$

が得られ，確かに (6.10) が成り立つことがわかる．

次に，(6.11) を使って化学ポテンシャル μ を求めると，

$$\mu = -k_{\rm B}T\sum_j \frac{\partial n_j^*}{\partial N} \log \frac{\varDelta_j - n_j^*}{n_j^*} = -k_{\rm B}T\sum_j \frac{\partial n_j^*}{\partial N}(\alpha + \beta\varepsilon_j)$$

$$= -k_{\rm B}T\frac{\partial}{\partial N}\sum_j n_j^*(\alpha + \beta\varepsilon_j) = -k_{\rm B}T\frac{\partial}{\partial N}(\alpha N + \beta E) = -k_{\rm B}T\alpha$$

が得られ，この場合にも (6.12) が成り立つことがわかる．

[問題 4] K の原子量が 39 なので，1 mol 当たりの質量は 39 g である．また，金属 K の密度が $0.86\,{\rm g/cm^3}$ であり，K の 0.86 g は 0.86/39 mol に相当し，それには $(0.86/39) \times N_{\rm A}$ 個の K 原子が含まれる．したがって，金属 K の数密度 n は，$N_{\rm A} = 6.022 \times 10^{23}\,{\rm mol^{-1}}$ として，

$$n = \frac{0.86 \times 6.022 \times 10^{23}}{39} = 1.33 \times 10^{22}\,[{\rm cm^{-3}}] = 1.33 \times 10^{28}\,[{\rm m^{-3}}]$$

である．電子のスピンは 1/2 なので，スピン自由度は $g = 2$ となる．以上の数値を (6.32) に代入すると，

$$k_{\rm F} \cong \left(\frac{6 \times 3.14^2 \times 1.33 \times 10^{28}}{2}\right)^{1/3} \cong 7.33 \times 10^9\,[{\rm m^{-1}}] \tag{1}$$

が得られる．

金属 K の化学ポテンシャル μ_0 は，(6.30) でプランク定数 $\hbar = 1.055 \times 10^{-34}\,[{\rm J \cdot s}]$，電子の質量 $m = 9.109 \times 10^{-31}\,[{\rm kg}]$ とおき，(1) を代入すると，

$$\mu_0 \cong \frac{(1.055 \times 10^{-34})^2 \times (7.33 \times 10^9)^2}{2 \times 9.109 \times 10^{-31}} \cong 3.28 \times 10^{-19}\,[{\rm J}] \cong 2.38 \times 10^4\,[{\rm K}]$$

となる．

☞ 金属 K でも，金属 Na と同様，μ_0 が室温よりはるかに高いことに注意せよ．

[問題 5] (6.41) より，

$$\mu^{5/2} \cong \mu_0^{5/2}\left\{1 - \frac{\pi^2}{12}\left(\frac{k_{\rm B}T}{\mu_0}\right)^2\right\}^{5/2}$$

$$\cong \mu_0^{5/2}\left\{1 - \frac{5\pi^2}{24}\left(\frac{k_{\rm B}T}{\mu_0}\right)^2\right\} \tag{1}$$

となる．また，(6.42) の上にある E の表式の第 2 項には $(k_{\rm B}T)^2$ が含まれるので，その中の $\mu^{1/2}$ は

$$\mu^{1/2} = \mu_0^{1/2}[1 + O(T^2)] \tag{2}$$

とおけばよい．これまでは $O(T^4)$ を省略してきたが，ここでは $O(T^2)$ は残しておく．

(1) と (2) を (6.42) の上にある E の最後の表式に代入すると，

$$E \cong \frac{2}{5}\rho_0\mu_0^{5/2}\left\{1 - \frac{5\pi^2}{24}\left(\frac{k_{\mathrm{B}}T}{\mu_0}\right)^2\right\} + \frac{\pi^2}{4}(k_{\mathrm{B}}T)^2\rho_0\mu_0^{1/2}\{1 + O(T^2)\}$$

$$\cong \frac{2}{5}\rho_0\mu_0^{5/2}\left\{1 - \frac{5\pi^2}{24}\left(\frac{k_{\mathrm{B}}T}{\mu_0}\right)^2\right\} + \frac{2}{5}\rho_0\mu_0^{5/2}\frac{5}{2}\frac{\pi^2}{4}\left(\frac{k_{\mathrm{B}}T}{\mu_0}\right)^2\{1 + O(T^2)\}$$

$$\cong \frac{2}{5}\rho_0\mu_0^{5/2}\left\{1 - \frac{5\pi^2}{24}\left(\frac{k_{\mathrm{B}}T}{\mu_0}\right)^2 + \frac{5\pi^2}{8}\left(\frac{k_{\mathrm{B}}T}{\mu_0}\right)^2\right\}$$

$$= \frac{2}{5}\rho_0\mu_0^{5/2}\left\{1 + \frac{5\pi^2}{12}\left(\frac{k_{\mathrm{B}}T}{\mu_0}\right)^2\right\}$$

となって，(6.42) が得られる．

[問題6] 液体ヘリウム中のヘリウム原子の数密度 n は，その密度が $\rho = 0.15\,[\mathrm{g \cdot cm^{-3}}]$ であることより，

$$n = \frac{0.15 \times 10^3\,[\mathrm{kg/m^3}]}{6.69 \times 10^{-27}\,[\mathrm{kg}]} = 2.24 \times 10^{28}\,[\mathrm{m^{-3}}]$$

となる．(6.64) で $g = 1$ とおいて上の値を代入すると，

$$T_{\mathrm{c}} = \frac{h^2}{2\pi m k_{\mathrm{B}}}\left\{\frac{n}{\zeta\left(\frac{3}{2}\right)}\right\}^{2/3}$$

$$= \frac{(6.626 \times 10^{-34})^2\,[\mathrm{J^2 \cdot s^2}]}{2 \times 3.14 \times 6.69 \times 10^{-27} \times 1.38 \times 10^{-23}\,[\mathrm{kg \cdot J \cdot K^{-1}}]}\left(\frac{2.24 \times 10^{28}\,[\mathrm{m^{-3}}]}{2.612}\right)^{2/3}$$

$$= \frac{6.626^2 \times 10^{-68}}{2 \times 3.14 \times 6.69 \times 1.38 \times 10^{-50}} \times \left(\frac{2.24 \times 10^{28}}{2.612}\right)^{2/3}\,[\mathrm{K}]$$

$$= 0.757 \times 10^{-18} \times 4.19 \times 10^{18}\,[\mathrm{K}] = 3.17\,[\mathrm{K}]$$

が得られる．

第7章

[問題1] $\sigma_i\sigma_{i+1} = \pm 1$ なので，$+1$ と -1 の場合に分けて考える．$\sigma_i\sigma_{i+1} = +1$ の場合，(7.5) の左辺は $e^{\beta J}$ であり，右辺は

$$\cosh\beta J + \sinh\beta J = \frac{e^{\beta J} + e^{-\beta J}}{2} + \frac{e^{\beta J} - e^{-\beta J}}{2} = e^{\beta J}$$

となって，(7.5) が成り立つ．次に $\sigma_i\sigma_{i+1} = -1$ の場合，(7.5) の左辺は $e^{-\beta J}$ であり，右辺は

$$\cosh\beta J - \sinh\beta J = \frac{e^{\beta J} + e^{-\beta J}}{2} - \frac{e^{\beta J} - e^{-\beta J}}{2} = e^{-\beta J}$$

となって，この場合も (7.5) が成り立つ．したがって，常に (7.5) が成り立つことが示された．

[問題2] (7.18) を $\langle\sigma\rangle$ で微分すると，

$$\frac{\partial F}{\partial \langle \sigma \rangle} = -NJz\langle \sigma \rangle + \frac{1}{2}Nk_{\mathrm{B}}T\Big\{\log\left(1+\langle \sigma \rangle\right) + (1+\langle \sigma \rangle)\frac{1}{1+\langle \sigma \rangle}$$
$$-\log\left(1-\langle \sigma \rangle\right) + (1-\langle \sigma \rangle)\frac{-1}{1-\langle \sigma \rangle}\Big\}$$
$$= -NJz\langle \sigma \rangle + \frac{1}{2}Nk_{\mathrm{B}}T\log\frac{1+\langle \sigma \rangle}{1-\langle \sigma \rangle}$$

となる. これを 0 とおくと,

$$\log\frac{1+\langle \sigma \rangle}{1-\langle \sigma \rangle} = 2\beta Jz\langle \sigma \rangle, \qquad \therefore \quad \frac{1+\langle \sigma \rangle}{1-\langle \sigma \rangle} = e^{2\beta Jz\langle \sigma \rangle}$$

が得られ, これを $\langle \sigma \rangle$ について解くと

$$\langle \sigma \rangle = \frac{e^{2\beta Jz\langle \sigma \rangle}-1}{e^{2\beta Jz\langle \sigma \rangle}+1} = \frac{e^{\beta Jz\langle \sigma \rangle}-e^{-\beta Jz\langle \sigma \rangle}}{e^{\beta Jz\langle \sigma \rangle}+e^{-\beta Jz\langle \sigma \rangle}} = \tanh\beta Jz\langle \sigma \rangle$$

となって, (7.13) が得られる.

[問題 3]　(7.29) の上にある $\partial F/\partial m$ の式を外場 H で微分し, $H \to 0$ の極限をとっ
て (7.28) を用いると,

$$-N\mu H + 2a(T-T_{\mathrm{c}})\frac{\partial m}{\partial H} + 12Bm^2\frac{\partial m}{\partial H} = -N\mu H + \{2a(T-T_{\mathrm{c}}) + 12Bm^2\}\chi = 0$$

が得られ, 感受率 χ は

$$\chi = \frac{N\mu}{2a(T-T_{\mathrm{c}}) + 12Bm^3} \tag{1}$$

となって, (7.29) が導かれる.

$T > T_{\mathrm{c}}$ では $m = 0$ であり, (1) は

$$\chi = \frac{N\mu}{2a(T-T_{\mathrm{c}})} \tag{2}$$

となる.

一方, $T < T_{\mathrm{c}}$ では (7.24) より $m^2 = (a/2B)(T_{\mathrm{c}}-T)$ なので, これを (1) に
代入すると,

$$\chi = \frac{N\mu}{2a(T-T_{\mathrm{c}}) + 6a(T_{\mathrm{c}}-T)} = \frac{N\mu}{4a(T_{\mathrm{c}}-T)} \tag{3}$$

となって, (2) と (3) をまとめると (7.30) が得られる.

索　引

ア

アインシュタイン温度　118

アインシュタイン・モデル　117

アッペル関数　189

アンサンブル（統計集団）　16,61,62

　── 平均（集団平均）　16

イ

1 次相転移　161

イジングモデル　159,162

位相空間　34

エ

n 階乗　200

液相　160

エネルギー固有値　29

エネルギー等分配則　116

エントロピー　50

　混合──　102

オ

大きな状態和（大分配関数）　91

オーダーパラメータ

（秩序変数）　168

カ

ガウス積分　180

ガウス分布（正規分布）　12,180

化学ポテンシャル　63

確率　3

　── 分布　5

カットオフ周波数　120

カノニカル・アンサンブル（正準集団）　61,64,78

カノニカル分布　65,82

感受率　174

　── の臨界指数　175

　磁気的──　174

ガンマ関数　37

キ

規格化条件　6

気相　160

基底状態　151

ギブスの自由エネルギー　62,66

ギブス・パラドックス　57

吸着　108

キュリーの法則　108

強磁性状態　162

巨視的状態量　24

ク

グランドカノニカル・アンサンブル（大正準集団）　62,65,88

　T-p ──　66,96

グランドカノニカル分布　91

　T-p ──　96

グランドポテンシャル　66,93

コ

格子振動　114

固相　160

孤立系　38

混合エントロピー　102

サ

3 重点　162

シ

磁化率　174

磁気的感受率　174

示強変数　56

自己無憧着方程式　167

質量作用の法則　111

自発的対称性の破れ　169

周期的境界条件　29

集団平均（アンサンブル

平均） 16
縮退 53
シュレーディンガー方程
　式 29
準巨視的 68
常磁性状態 162
常磁性体 107
小正準集団（ミクロカノ
　ニカル・アンサンブル）
　67
状態 14
　――数 14
　――密度 39,141
　――量 17
　――和（分配関数）
　　65,74,81
示量変数 56

ス

スターリングの公式
　181
スピン 137

セ

正規分布（ガウス分布）
　12,180
正準集団（カノニカル・
　アンサンブル） 78
　大―― 88

ソ

相 159,160
　――図 160
　無秩序―― 168
相転移 159,160

1次―― 161
2次―― 161
粗視化 68

タ

大数の法則 3
大正準集団（グランドカ
　ノニカル・アンサンブ
　ル） 88
大分配関数（大きな状態
　和） 62,91
　T-p―― 96

チ

秩序相 168
秩序変数（オーダーパラ
　メータ） 168
　――の臨界指数 173
中心極限定理 12
超流動状態 153

テ

T-p グランドカノニカ
　ル・アンサンブル
　66,96
T-p グランドカノニカ
　ル分布 96
T-p 大分配関数 96
デバイ温度 121
デュロン‐プティの法則
　117
伝導電子 136

ト

等確率の原理 24,38

統計集団（アンサンブル）
　16
等重率の原理 24

ニ

2階偏微分 29
2項分布 6
2次相転移 161

ネ

熱的ド・ブロイ波長
　156
熱平衡状態 38
熱浴 54

ハ

配位数 166
パウリの排他原理 133
波数ベクトル 30
波動関数 119

ヒ

微視的状態 23
比熱の臨界指数 175
標準偏差 4

フ

フェルミ運動量 140
フェルミ温度 147
フェルミ準位（フェルミ
　エネルギー） 136
フェルミ‐ディラック
　統計（フェルミ統計）
　134
フェルミ‐ディラック

分布（フェルミ分布）
　135
フェルミ波数　139
フェルミ分布関数　136
プランク定数　29
分散　4
——関係　119
分子場近似
　（平均場近似）　166
分配関数（状態和）　61,
　65,74,81

ヘ

平均状態量　17
平均値　3
平均場近似
　（分子場近似）　166
平衡定数　111
ヘルムホルツの自由エネ
　ルギー　61,64
偏微分　29

ホ

ボース‐アインシュタイ
　ン凝縮　151
ボース‐アインシュタイ
　ン統計（ボース統計）
　127

ボース‐アインシュタイ
　ン分布（ボース分布）
　130
ボース凝縮　151
ボース分布関数　148
ボルツマン因子　55
ボルツマン関係式　51,
　53
ボルツマン定数　53

マ

マクスウェル分布　78
マクスウェル‐ボルツマ
　ン分布　78

ミ

ミクロカノニカル・アン
　サンブル（小正準集団）
　61,63,67
ミクロカノニカル分布
　64,67

ム

無秩序相　168

モ

最も確からしい状態　23

ユ

揺らぎ　176

ラ

ラグランジュの未定乗数
　184
——法　72,185
ラングミュアの吸着等温
　式　111
ランダウの相転移現象論
　173

リ

理想気体　149
理想フェルミ気体　136
臨界現象　159,161
臨界指数　159,173
　感受率の——　175
　秩序変数の——　173
　比熱の——　175
臨界点　161,173

レ

零点振動　118

著者略歴
松下　貢（まつした　みつぐ）

　1943年 富山県出身．東京大学工学部物理工学科卒，同大学院理学系物理学博士課程修了．日本電子（株）開発部，東北大学電気通信研究所助手，中央大学理工学部助教授，教授を経て，現在，同大学名誉教授．理学博士．

　主な著訳書：「裳華房テキストシリーズ－物理学　物理数学」，「裳華房フィジックスライブラリー　フラクタルの物理（Ⅰ）・（Ⅱ）」，「物理学講義　力学」，「物理学講義　電磁気学」，「物理学講義　熱力学」，「物理学講義　量子力学入門」，「力学・電磁気学・熱力学のための　基礎数学」（以上，裳華房），「医学・生物学におけるフラクタル」（編著，朝倉書店），「カオス力学入門」（ベイカー・ゴラブ著，啓学出版），「フラクタルな世界」（ブリッグズ著，監訳，丸善），「生物にみられるパターンとその起源」（編著，東京大学出版会），「英語で楽しむ寺田寅彦」（共著，岩波科学ライブラリー 203），「キリンの斑論争と寺田寅彦」（編著，岩波科学ライブラリー 220），他．

物理学講義　統計力学入門

2019 年 7 月 15 日　第 1 版 1 刷発行

検印省略

定価はカバーに表示してあります．

著 作 者	松　下　　貢
発 行 者	吉　野　和　浩
発 行 所	東京都千代田区四番町 8-1 電　話　03-3262-9166（代） 郵便番号　102-0081 株式会社　裳　華　房
印 刷 所	三報社印刷株式会社
製 本 所	株式会社　松　岳　社

一般社団法人
自然科学書協会会員

JCOPY 〈出版者著作権管理機構 委託出版物〉
本書の無断複製は著作権法上での例外を除き禁じられています．複製される場合は，そのつど事前に，出版者著作権管理機構（電話03-5244-5088, FAX03-5244-5089, e-mail:info@jcopy.or.jp）の許諾を得てください．

ISBN 978-4-7853-2267-0

Ⓒ 松下　貢，2019　　Printed in Japan

『物理学講義』シリーズ

松下 貢 著 各Ａ５判／２色刷

学習者の理解を高めるために，各章の冒頭には学習目標を提示し，章末には学習した内容をきちんと理解できたかどうかを学習者自身に確認してもらうためのポイントチェックのコーナーが用意されている．さらに，本文中の重要箇所については，ポイントであることを示す吹き出しが付いており，問題解答には，間違ったり解けなかった場合に対するフィードバックを示すなど，随所に工夫の見られる構成となっている．

物理学講義 力　学
236頁／定価（本体2300円＋税）

物理学のすべての分野の基礎であり，また現代の自然科学・社会科学すべてにかかわる基本的な道具としてのカオスを学ぶためにも不可欠である力学について，順序立ててやさしく解説した．
【主要目次】1．物体の運動の表し方　2．力とそのつり合い　3．質点の運動　4．仕事とエネルギー　5．運動量とその保存則　6．角運動量　7．円運動　8．中心力場の中の質点の運動　9．万有引力と惑星の運動　10．剛体の運動

物理学講義 電磁気学
260頁／定価（本体2500円＋税）

「なぜそのようになるのか」「なぜそのように考えるのか」など，一般的にはあまり解説がなされていないことについても触れた入門書．
【主要目次】1．電荷と電場　2．静電場　3．静電ポテンシャル　4．静電ポテンシャルと導体　5．電流の性質　6．静磁場　7．磁場とベクトル・ポテンシャル　8．ローレンツ力　9．時間変動する電場と磁場　10．電磁場の基本的な法則　11．電磁波と光　12．電磁ポテンシャル

物理学講義 熱力学
192頁／定価（本体2400円＋税）

数学的な議論が多くて難しそうに見える熱力学について，数学が必要なところではなるべく図を使って直観的にわかるように説明し，道具としての使い方も説明した入門書．
【主要目次】1．温度と熱　2．熱と仕事　3．熱力学第1法則　4．熱力学第2法則　5．エントロピーの導入　6．利用可能なエネルギー　7．熱力学の展開　8．非平衡現象　9．熱力学から統計物理学へ　－マクロとミクロをつなぐ－

物理学講義 量子力学入門
－その誕生と発展に沿って－
292頁／定価（本体2900円＋税）

量子力学が誕生し，現代の科学に応用されるまでの歴史に沿って解説した，初学者向けの入門書．
【主要目次】1．原子・分子の実在　2．電子の発見　3．原子の構造　4．原子の世界の不思議な現象　5．量子という考え方の誕生　6．ボーアの量子論　7．粒子・波動の2重性　8．量子力学の誕生　9．量子力学の基本原理と法則　10．量子力学の応用

★『物理学講義』シリーズ 姉妹書 ★
力学・電磁気学・熱力学のための 基礎数学
242頁／定価（本体2400円＋税）

「力学」「電磁気学」「熱力学」に共通する道具としての数学を一冊にまとめ，豊富な問題と共に，直観的な理解を目指して懇切丁寧に解説．取り上げた題材には，通常の「物理数学」の書籍では省かれることの多い「微分」と「積分」，「行列と行列式」も含めた．
数学に悩める貴方の，頼もしい味方になってくれる一冊である．
【主要目次】
1．微分　2．積分　3．微分方程式　4．関数の微小変化と偏微分　5．ベクトルとその性質　6．スカラー場とベクトル場　7．ベクトル場の積分定理　8．行列と行列式

裳華房ホームページ　https://www.shokabo.co.jp/